清华电脑学堂

UI界面设计与制作标准教程

全彩微课版

张博文 张亚琼 职秀梅 ◎ 编著

清华大学出版社
北京

内 容 简 介

本书围绕UI界面设计展开创作，以“理论+实操”为写作原则，用通俗易懂的语言对UI界面设计的相关知识进行详细介绍。

全书共9章，内容涵盖UI设计基础知识，界面设计在线工具——MasterGo，界面图标设计，基础控件设计，常用组件设计，移动端App界面设计，PC端界面设计，小程序界面设计以及界面的标注、输出与动效制作，等等。在介绍理论知识的同时，穿插了大量的实操演示，部分章结尾安排“案例实战”或“新手答疑”板块，旨在让读者学会并掌握，达到举一反三的目的。

全书结构编排合理，所选案例贴合UI界面设计实际需求，可操作性强。案例讲解详细，一步一图，即学即用。本书适合高等院校师生、UI设计师等阅读使用，也适合作为社会培训机构相关课程的教材。

图书在版编目（CIP）数据

UI界面设计与制作标准教程 : 全彩微课版 / 张博文,
张亚琼, 职秀梅编著. -- 北京 : 清华大学出版社, 2025. 3.
(清华电脑学堂). -- ISBN 978-7-302-68070-3

Ⅰ. TP311.1

中国国家版本馆CIP数据核字第2025QA4716号

责任编辑：袁金敏
封面设计：阿南若
责任校对：徐俊伟
责任印制：沈 露

出版发行：清华大学出版社
网 址：https://www.tup.com.cn，https://www.wqxuetang.com
地 址：北京清华大学学研大厦A座 **邮 编：**100084
社 总 机：010-83470000 **邮 购：**010-62786544
投稿与读者服务：010-62776969，c-service@tup.tsinghua.edu.cn
质 量 反 馈：010-62772015，zhiliang@tup.tsinghua.edu.cn
课 件 下 载：https://www.tup.com.cn，010-83470236
印 装 者：北京博海升彩色印刷有限公司
经 销：全国新华书店
开 本：185mm×260mm **印 张：**14.5 **字 数：**365千字
版 次：2025年4月第1版 **印 次：**2025年4月第1次印刷
定 价：69.80元

产品编号：105277-01

前 言

UI是指用户界面，是软件、网站或应用程序与用户交互的部分。它是用户与系统进行信息交流和操作的媒介。UI界面设计则是对软件的人机交互、操作逻辑、界面美观的整体设计。本书以理论与实际应用相结合的方式，从易教、易学的角度出发，详细地介绍UI界面设计基础理论及设计规范，同时也为读者讲解设计思路，让读者掌握动效设计与制作的方法，提高读者的操作能力。

本书特色

- **理论+实操，实用性强**。本书为疑难知识点配备相关的实操案例，使读者在学习过程中能够从实际出发，学以致用。
- **结构合理，全程图解**。本书全程采用图解的方式，让读者能够直观地看到每一步的具体操作。
- **疑难解答，学习无忧**。本书每章最后安排“新手答疑”板块，主要针对实际工作中一些常见的疑难问题进行解答，让读者能够及时地处理学习或工作中遇到的问题。同时还可举一反三地解决其他类似的问题。

内容概述

全书共9章，各章内容见表1。

表1

章序	内容	难度指数
第1章	主要介绍UI设计基础、UI设计方向、UI设计规范、UI设计的项目流程、AIGC在UI中的应用，以及UI设计元素应用规范	★☆☆
第2章	主要介绍界面设计在线工具——MasterGo的工作界面、标尺与参考线、基础工具、协同评论、切图和导出、组件与样式及原型交互	★★☆
第3章	主要介绍图标的类型、图标的设计风格、iOS图标设计规范、Android图标设计规范及HarmonyOS图标设计规范	★★★
第4章	主要介绍控件的基础知识、按钮控件、选择控件、分段控件、信息反馈控件以及文本框控件的类型与设计规范	★★★
第5章	主要介绍组件的基础知识、导航类组件、输入类组件、展示类组件以及反馈类组件的设计规范	★★★
第6章	主要介绍App常用界面类型、App原型设计以及App设计规范	★★★
第7章	主要介绍PC端UI设计、PC源生UI、客户端UI、网页端UI类型与设计规范	★★★

（续表）

章序	内容	难度指数
第8章	主要介绍移动端微信小程序、PC端微信小程序、微信小程序的创建以及微信小程序界面设计规范	★★☆
第9章	主要介绍界面标注、界面的切图以及界面的动效设计的要点与常用工具等内容	★★☆

本书的读者对象

- 高等院校相关专业的师生。
- 从事UI设计的工作人员。
- 对UI设计有着浓厚兴趣的爱好者。
- 想通过知识改变命运的有志青年。
- 希望掌握更多技能的办公室人员。

本书的配套素材和教学课件可扫描下面的二维码获取，如果在下载过程中遇到问题，请联系袁老师，邮箱：yuanjm@tup.tsinghua.edu.cn。书中重要的知识点和关键操作均配备高清视频，读者可扫描书中二维码边看边学。

本书由张博文、张亚琼、职秀梅编写，在编写过程中得到了郑州轻工业大学教务处的大力支持，在此表示感谢。写作过程中作者虽力求严谨细致，但由于时间与精力有限，书中疏漏之处在所难免。如果读者在阅读过程中有任何疑问，请扫描下面的技术支持二维码，联系相关技术人员解决。教师在教学过程中有任何疑问，请扫描下面的教学支持二维码，联系相关技术人员解决。

配套素材

教学课件

技术支持

教学支持

目录

第1章 UI设计基础知识

第2章 界面设计在线工具——MasterGo

第3章 界面图标设计

第4章 基础控件设计

第5章 常用组件设计

第6章 移动端App界面设计

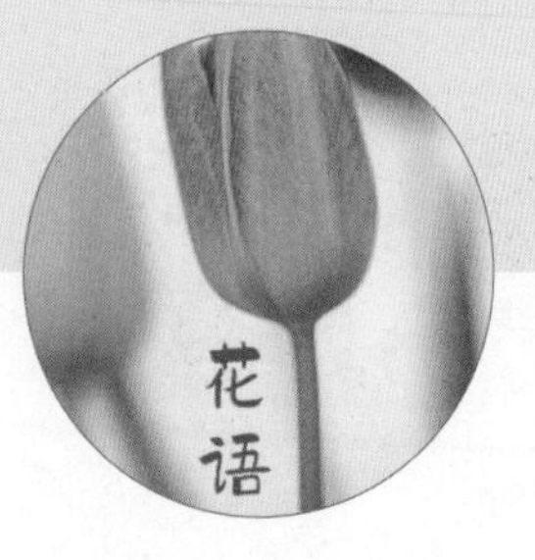

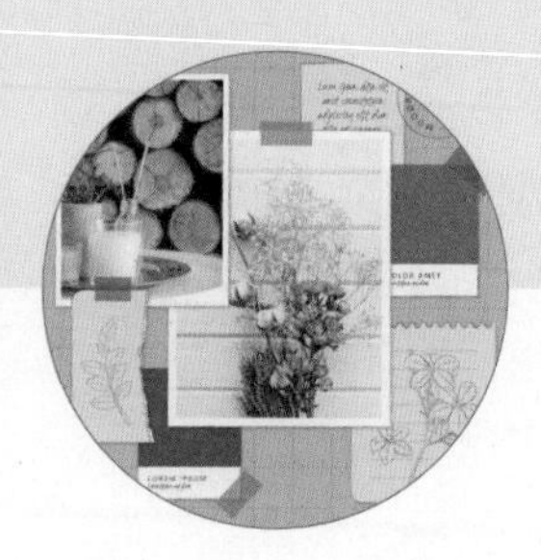

第7章 PC端界面设计

第8章 小程序界面设计

第9章 界面的标注、输出与动效制作

UI

第1章 UI设计基础知识

UI设计即界面设计，通过统一的设计风格和色彩搭配，可以增强品牌形象，让软件或网站更加美观、专业，以获得更多的用户留存率和转化率。本章将对UI设计、UI设计方向、UI设计规范、UI设计项目流程以及UI设计元素应用规范进行讲解。

1.1 认识UI设计

UI（User Interface）即用户界面，是系统和用户之间进行交互和信息交换的媒介，实现信息的内部形式与人类可以接受的形式之间的转换。UI设计（User Interface Design）即界面设计，是指人对软件的人机交互、操作逻辑、界面美观的整体设计，如图1-1所示。

图 1-1

UI设计根据用到的终端设备可大致分为三类：移动端UI设计、PC端UI设计以及其他终端UI设计。

- **移动端UI设计**：一般指互联网终端，是通过无线技术上网接入互联网的终端设备，它的主要功能是移动上网，除了日常使用的手机之外，还包括iPad、智能手表等。
- **PC端UI设计**：PC是个人计算机（Personal Computer）的简称，主要指用户计算机界面设计，其中包括系统界面设计、软件界面设计、网站界面设计。
- **其他终端UI设计**：主要指除移动端和PC端之外所需要用到的UI界面，例如AR、VR、智能电视、车载系统、ATM等。

1.2 UI设计方向

UI设计是涉及人机交互、操作逻辑以及界面美观整体性的设计，可分为用户研究、交互设计以及界面设计三个大方向。

1.2.1 用户研究

用户研究是通过对用户的工作环境、产品的使用习惯等进行研究，使产品在开发前期能够把用户对于产品功能的期望、对设计和外观方面的要求融入产品的开发过程中去，从而使产品更符合用户的习惯、经验和期待。

用户研究包含两个方面，一是对于新产品来说，需要明确用户需求点，确定设计的方向；二是对于已经发布的产品，发现存在的问题并进行优化调整。具体的步骤与方法如图1-2所示。

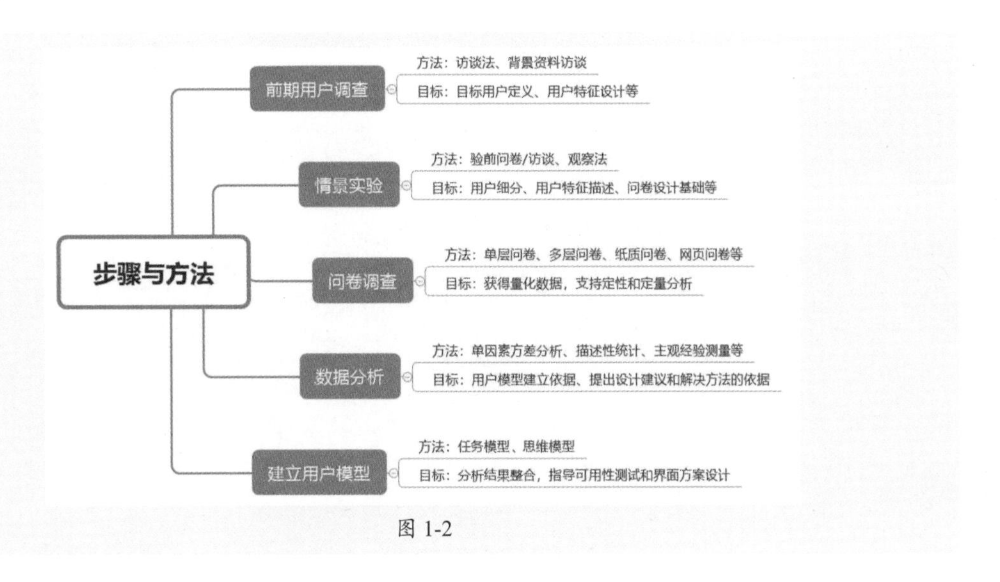

图 1-2

1.2.2 交互设计

交互设计是指设计师对产品和用户之间的互动机制进行分析、预测、定义、规划、描述和探索的过程，主要分为分析、设计、配合以及验证四个阶段，如图1-3所示。在交互设计的过程中，设计师需要了解用户的操作习惯，思考用户的需求，进而设计出一种让用户舒适、便捷、高效的交互体验。

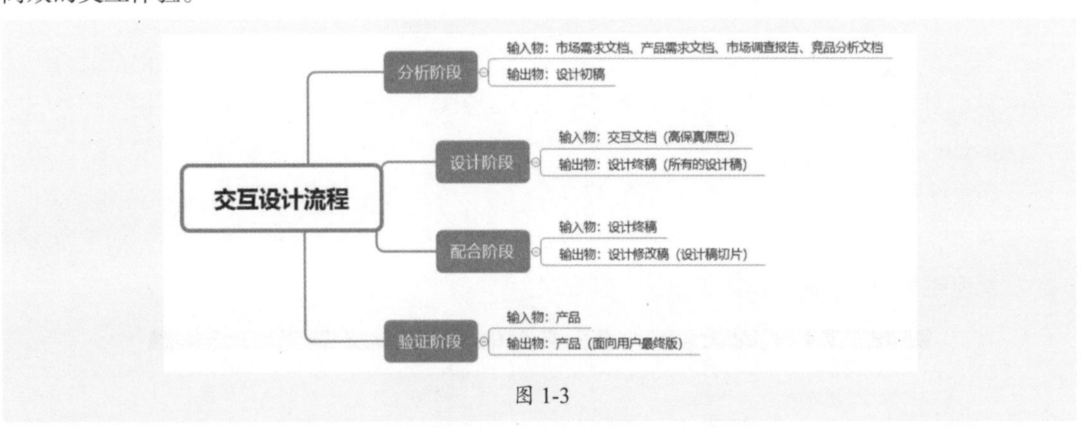

图 1-3

从用户角度来说，交互设计是一种如何让产品易用、有效且愉悦的技术，其致力于了解目标用户和他们的期望，了解用户在同产品交互时彼此的行为，了解“人”本身的心理和行为特点，同时，还包括了解各种有效的交互方式，并对它们进行增强和扩充。

1.2.3 界面设计

界面设计与工业产品中的工业造型设计一样，是产品的重要卖点。一个好的界面可以给人带来舒适的视觉享受，拉近人机距离，为商家制造卖点。界面设计也不是单纯的美术绘画与素材拼贴，设计师需要根据使用者、使用环境以及使用方式为最终用户而设计，是纯粹的科学性艺术设计，如图1-4所示。界面设计是一个不断为最终用户设计满意视觉效果的过程，需要和用户研究紧密结合。

图 1-4

1.3 UI设计规范

UI设计规范是指设计和开发人员在进行UI设计时，必须遵守的一系列准则和指导方针，可以在提高工作效率的同时降低工作中的失误。

1.3.1 一致性原则

一致性原则是坚持以用户体验为中心的设计原则，界面直观、简洁，操作方便快捷，用户接触软件后对界面上对应的功能一目了然，不需要太多培训就可以方便使用本应用系统。

- **字体：**保持字体及颜色一致，避免一套主题出现多个字体；不可修改的字段，统一用灰色文字显示。
- **对齐：**保持页面内元素对齐方式的一致，图1-5所示为文字内容统一左对齐。如无特殊情况应避免同一页面出现多种数据对齐方式。

图 1-5

- **表单录入：**在包含必须与选填的页面中，必须在必填项旁给出醒目标识（*）；各类型数据输入需限制文本类型并做格式校验，如电话号码输入只允许输入数字、邮箱地址需要包含“@”等，在用户输入有误时给出明确提示等，如图1-6所示。

图 1-6

- **鼠标手势：**点击的按钮、链接需要切换鼠标手势至手型，图1-7和图1-8所示为点击前后的效果。

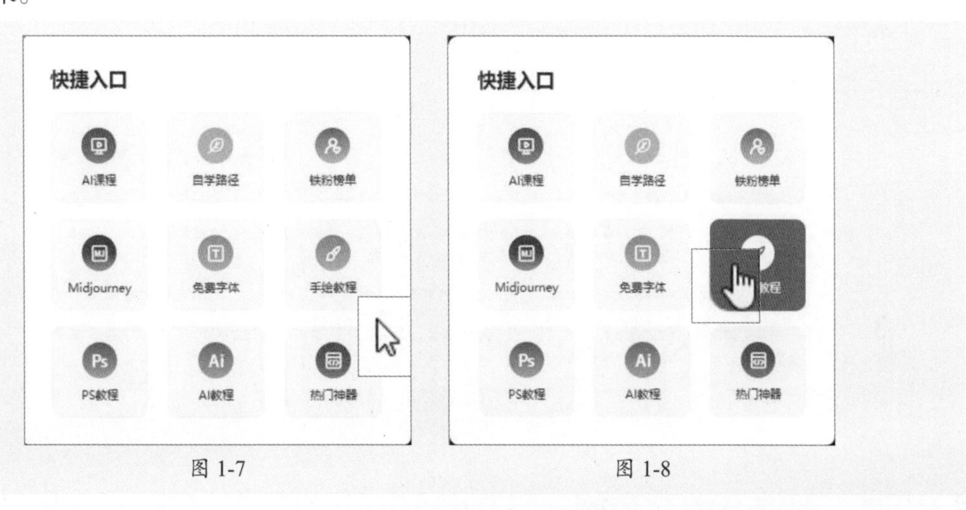

图 1-7　　　　图 1-8

- **保持功能及内容描述一致：**避免同一功能描述使用多个词汇，如编辑和修改、新增和增加、删除和清除混用等。

1.3.2　准确性原则

使用一致的标记、标准缩写和颜色，显示信息的含义应该非常明确，用户不必再参考其他信息源。

- 显示有意义的出错信息，而不是单纯的程序错误代码。
- 避免使用文本输入框放置不可编辑的文字内容。
- 避免将文本输入框当成标签使用。
- 使用缩进和文本辅助理解。
- 使用用户语言词汇，而不是单纯的专业计算机术语。
- 高效使用显示器的显示空间，但要避免空间过于拥挤。
- 保持语言的一致性，如“确定”对应“取消”，“是”对应“否”等。

1.3.3 可读性原则

设计中关于文字的设计必须以可读性作为第一标准。

1. 文字长度

文字的长度，特别是在大块空白的设计中很重要，太长会导致用户眼睛疲惫，阅读困难。太短又经常会造成尴尬的断裂效果，断字的使用也会造成大量的复合词，这些断裂严重影响阅读的流畅性。

2. 空间和对比度

每个字符同线路长度，间距也是重要的。每个字符之间的空间应至少等于字符的尺寸，大多数数字设计人员习惯选择一个最小的文字大小的150%为空间距离，这就可以留下足够的空间。当每一行中读取大段的文字，且线路长度过大或线之间的空间太小，都会造成理解困难。

3. 对齐方式

无论是在文本中心，还是偏左，或者是沿着一个文件的右侧对齐，文本的对齐都相当重要，可以极大地影响可读性。一般而言，阅读方式为从左向右，文本习惯向左对齐，同时对齐每一行开始和结束的地方，如图1-9所示。

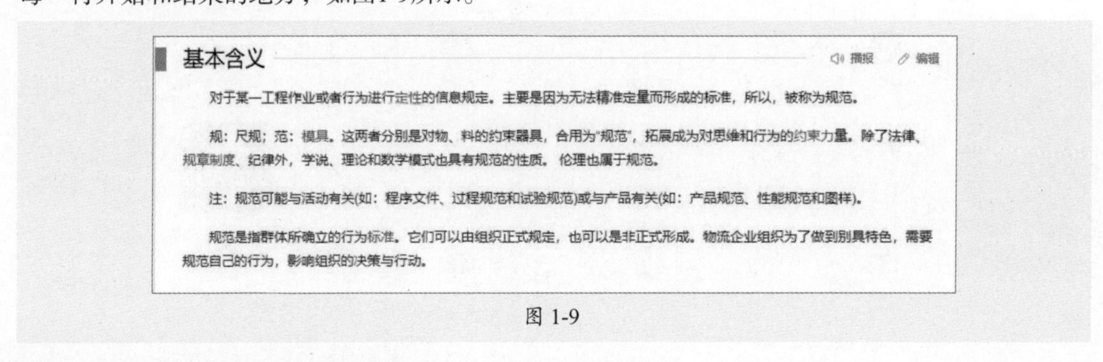

图 1-9

1.3.4 布局合理化原则

在进行设计时需要充分考虑布局的合理化问题，遵循用户从上而下、自左向右的浏览以及操作习惯，避免常用功能按键排列过于分散，造成用户光标移动距离过长的弊端。在设计布局时要多做“减法”运算，将不常用的功能区块隐藏，以保持界面的简洁，使用户专注于主要业务操作流程，有利于提高软件的易用性及可用性。

- **菜单：**保持菜单简洁性及分类的准确性，避免菜单深度超过3层，如图1-10所示。

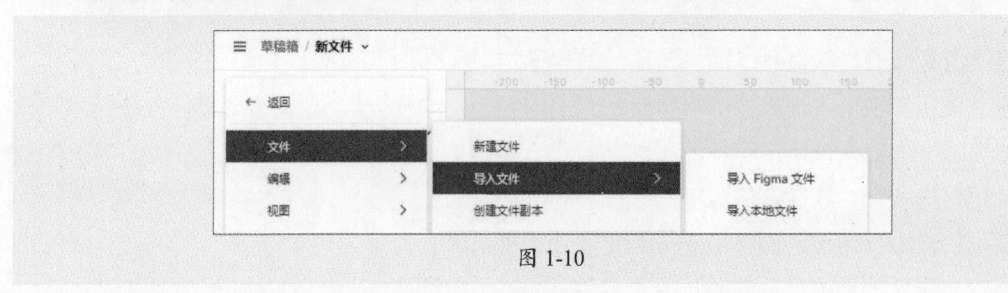

图 1-10

- **按钮：**确认操作按钮放置在左边，取消或关闭按钮放置于右边。

- **功能：**未完成的功能必须隐藏处理，不要置于页面内容中，以免引起误会。
- **排版：**所有文字内容排版避免贴边显示（页面边缘），尽量保持10～20像素的间距，并在垂直方向上居中对齐；各控件元素间也保持至少10像素以上的间距，并确保控件元素不紧贴于页面边沿。
- **表格数据列表：**字符型数据保持左对齐，数值型数据右对齐（方便阅读对比），并根据字段要求，统一显示小数位数。
- **滚动条：**页面布局设计时应避免出现横向滚动条。
- **页面导航（面包屑导航）：**在页面显眼位置应该出现面包屑导航栏，让用户知道当前所在页面的位置，并明确导航结构。
- **信息提示窗口：**信息提示窗口应位于当前页面的居中位置，并适当弱化背景层以减少信息干扰，让用户把注意力集中在当前的信息提示窗口，如图1-11所示。

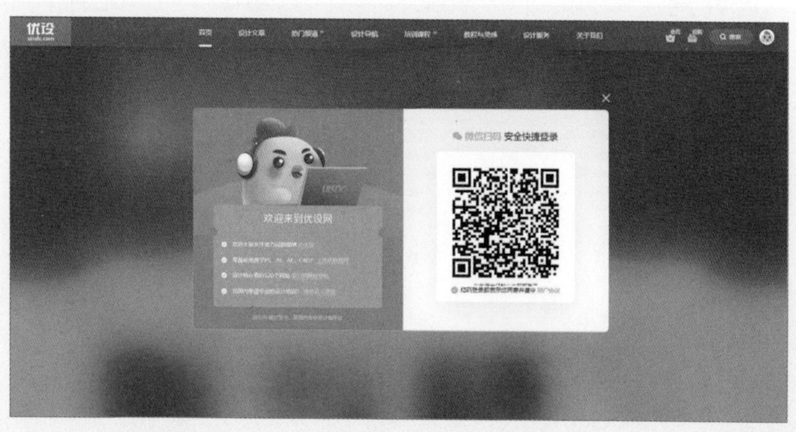

图 1-11

1.3.5 操作合理性

- 尽量确保用户在不使用鼠标（只使用键盘）的情况下也可以流畅地完成一些常用的业务操作，各控件间可以通过按Tab键进行切换，并将可编辑的文本全选处理。
- 查询检索类页面，在查询条件输入框内按Enter键应该自动触发查询操作。
- 在进行一些不可逆或者删除操作时应该有信息提示用户，并让用户确认是否继续操作，必要时应该把操作造成的后果也告诉用户。
- 信息提示窗口的“确认”及“取消”按钮需要分别映射键盘的“Enter”和“Esc”键。
- 避免使用鼠标双击动作，这样不仅会增加用户操作难度，还可能会引起用户误会，认为功能点击无效。
- 表单录入页面，需要把输入焦点定位到第一个输入项。用户通过按Tab键可以在输入框或操作按钮间切换，并注意Tab键的操作应该遵循从左向右、从上而下的顺序。

1.3.6 系统响应时间

系统响应时间应该适中，响应时间过长，用户就会感到不安和沮丧，而响应时间过快也会影响到用户的操作节奏，并可能导致错误。在系统响应时间上应坚持如下原则。

- 2～5s窗口显示处理信息提示，避免用户误认为没响应而重复操作。
- 5s以上显示处理窗口，或显示进度条。
- 一个长时间的任务处理完成时应给予完成提示信息。

1.4 UI设计的项目流程

一套完整的UI设计大致包括需求分析、设计研究、原型设计、界面设计、用户测试、方案优化和交付结果七个步骤，如图1-12所示。

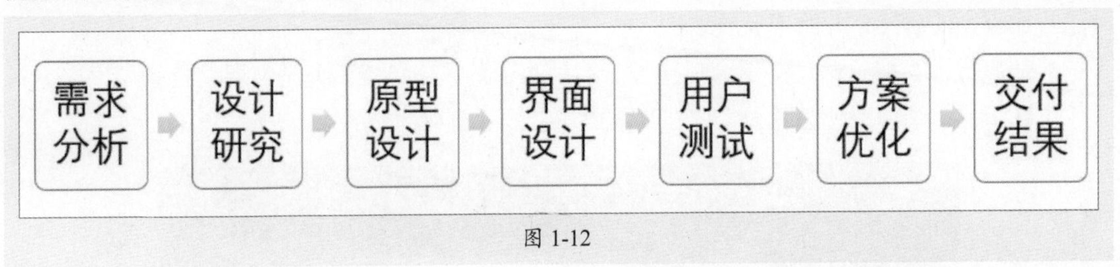

图 1-12

1.4.1 需求分析

在项目开始阶段，首先需要对项目的需求进行深入分析，了解市场背景、产品定位、概念，以及客户的需求是什么。

在前期分析阶段中，需求方主要与产品经理进行沟通，产出三种文档：商业需求文档（BRD）、市场需求文档（MRD）以及产品需求文档（PRD），其用途如下。

- **商业需求文档：** 用于产品在投入研发之前，由企业高层作为决策评估的重要依据。
- **市场需求文档：** 重点分析产品在市场上如何短期、中期、长期生存。核心用户的需求等。
- **产品需求文档：** 主要面向团队开发人员、设计程序、运营等，我们需要更加详细地去阐述所有功能。

有了数据参考之后，就可以从用户需求、功能需求、交互需求、设计约束、用户体验、竞品分析以及设计评审几方面进行分析，形成一套完整的分析报告。

- **用户需求：** 了解目标用户的需求和痛点，通过用户调研、数据分析等方式获取用户对产品的期望。根据用户的使用习惯、年龄、性别、教育程度等因素来设计界面。
- **功能需求：** 明确产品所需要的功能，理清功能之间的联系与流程，画出流程图，帮助设计师明确每个界面的主要内容和布局。
- **交互需求：** 考虑用户与产品的交互方式、操作习惯、反馈效果等，选择适合的交互方式，使用户能够方便快捷地完成。
- **设计约束：** 考虑产品所处的商业环境、技术背景、设计风格等因素，明确设计约束条件，如设计风格、色彩等，以便在设计过程中遵守相关规定和要求。
- **用户体验：** 分析用户在各使用场景下的体验感受，以及用户的情感体验，明确产品的可用性和用户体验水平的要求，通过优化交互流程、信息架构、视觉设计等方式提高用户体验。

- **竞品分析：** 了解竞争对手的产品设计、功能、优缺点等方面的因素，分析竞品的优势和不足，从而明确自身产品的设计方向和特点。
- **设计评审：** 在UI设计过程中，进行内部评审或邀请外部专家进行评审，以确保设计方案符合用户需求、功能需求、交互需求、设计约束等方面的要求，并及时调整设计方案。

1.4.2 设计研究

在完成项目的需求分析后，便进入设计研究阶段。在这一阶段，主要是对用户、市场和设计方向进行研究。通过对目标用户进行调研，了解他们的需求、习惯和行为模式，以便在设计中更好地满足他们。此外，对市场的研究也有助于我们把握当前的设计趋势，从而在设计中做出更具有竞争力的产品，如图1-13所示。

图 1-13

1.4.3 原型设计

在设计研究阶段结束后，接下来是原型设计阶段。在这个阶段，设计师将构思转化为实际的界面设计。在设计过程中，需要考虑整体的界面布局、交互设计和页面规划。通过绘制原型，设计师可以更直观地展示设计想法，并方便团队成员进行评估和讨论。

每一个项目对原型的需求不一定相同，原型设计可以分为三种：线框图（Wireframe）、原型（Prototype）以及视觉稿（Mockup）。虽然产出效果不同，但本质上都是为设计开发服务。

- **线框图：** 低保真的静态框线图，去除所有视觉影响元素，专注于功能与操作，如图1-14所示。
- **原型：** 动态原型，可操作且还没正式发布上线。
- **视觉稿：** 高保真的静态视觉设计稿，或者视觉设计的草稿或终稿，如图1-15所示。

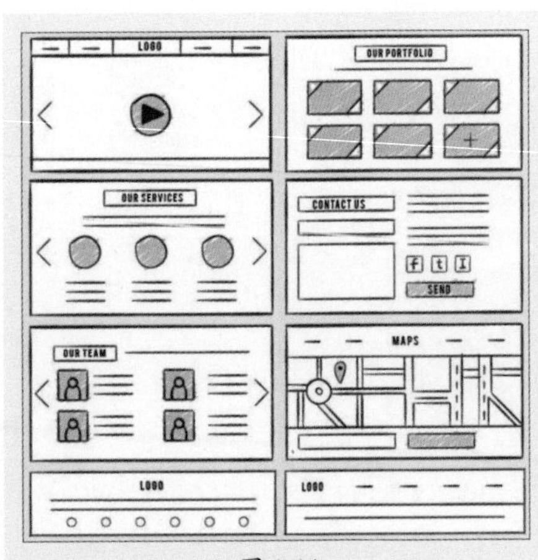

图 1-14

图 1-15

1.4.4 界面设计

在原型设计得到认可后，将进入界面设计阶段。在这个阶段，设计师将根据界面原型，对原型设计进行视觉细化和优化。在设计时要明确设计风格、界面、窗口、图标、色调、按钮的表现，完成所有界面的视觉设计后，生成设计的最终稿。

在设计中可通过情绪板进行视觉收集。情绪板包含的内容包括以下几种。

- **图片：** 包括品牌图片、LOGO、插画、素材图片。
- **颜色：** 根据搜集的素材确认色系需求。
- **文字：** 搜集与品牌或主题相关的文案，或者展示选用的某种特定字体。
- **纹理：** 搜集与主题相符的纹理或图案。
- **批注：** 对搜集来的元素进行解释说明，更方便团队协同工作。

知识点拨

情绪板（Moodboard）是国外设计师最常用的视觉调研工具。它是由设计师对一个品牌、产品甚至是海报主题充分理解后，收集相关的色彩、影像、字体或其他材料等视觉元素并将其汇集在一起，如图1-16所示，最后作为设计方向与形式的参考。

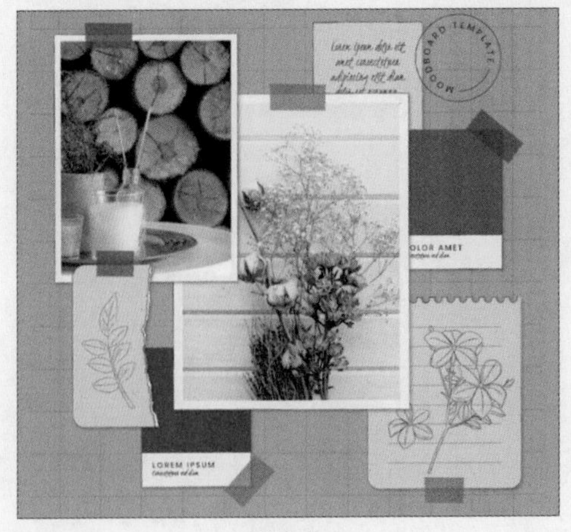

图 1-16

1.4.5 用户测试

界面设计完成后，需要进行用户测试。这里的“测试”，其目标在于测试交互设计的合理性及图形设计的美观性，主要以目标用户问卷的形式衡量UI设计的合理性。UI测试的内容如下。

1. 布局测试

- **页面布局：**测试页面上的元素排列得是否合理，间距是否一致。
- **分辨率适配：**测试在不同分辨率页面上的展示效果，确保页面在不同设备上正常显示，如图1-17所示。
- **色彩风格：**测试页面元素的色彩搭配，确保色调风格符合产品需求。

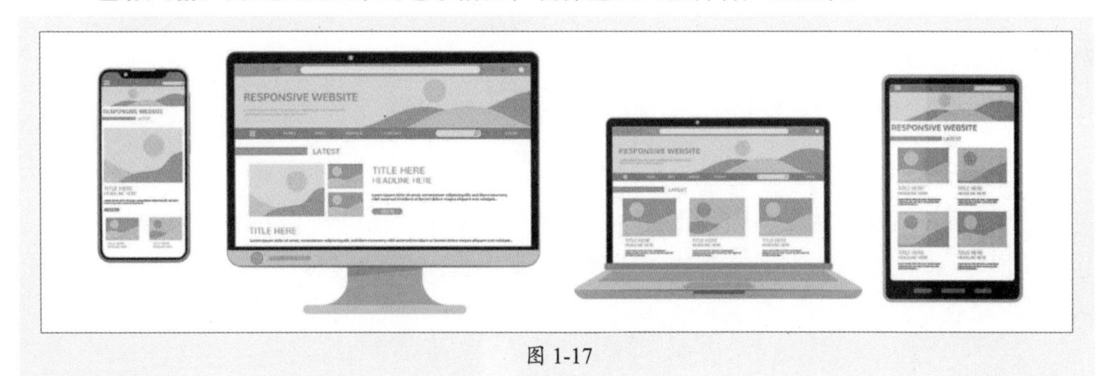

图 1-17

2. 元素测试

- **文本框测试：**测试文本框能否接收正确的文本内容，是否可以限制输入字符长度以及输入格式。
- **按钮测试：**测试按钮的点击反应是否迅速，对用户的操作响应是否准确。
- **下拉框、单选框等组件测试：**测试该类组件的选中状态是否正确，是否可以正确响应用户的操作。
- **图片测试：**测试图片的大小、位置、质量等是否符合产品需求。

3. 响应测试

- **点击测试：**测试界面元素在点击时的响应速度，是否在预期的时间内。
- **页面加载测试：**测试页面打开速度是否在允许的范围内，避免加载时间过长，导致用户体验感差。
- **UI交互测试：**测试UI交互效果是否正常，例如显示隐藏元素、弹出菜单等，如图1-18所示。

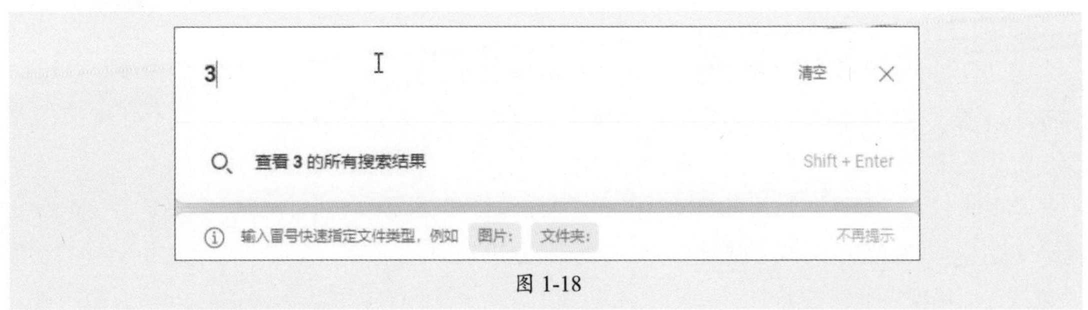

图 1-18

4. 样式测试

- **字体样式：**测试字体样式、字体大小、字体颜色是否符合产品设计要求。
- **图标样式：**测试图标尺寸、颜色、不透明度等是否符合产品要求。

5. 兼容性测试

- **浏览器兼容性测试：**测试在各大主流浏览器中显示是否正常，并能响应用户操作。
- **操作系统兼容性测试：**测试在不同操作系统中显示是否正常，并能响应用户操作。
- **移动端兼容性测试：**测试在移动设备上显示的效果是否与PC端一致，是否可以响应用户交互操作。

1.4.6 方案优化

根据用户测试的结果对其进行方案优化，包括但不限于以下方向的优化方案。

1. 界面设计

用户在操作过程中的困难和问题，可能是由于界面设计不够清晰、不够直观，或者不符合用户习惯等原因造成的。可以有针对性地对界面设计进行改进，例如增加提示信息、优化布局、更改颜色方案等。

2. 交互流程

若出现用户交互流程存在问题的情况，例如步骤过多、操作复杂等，可以对交互流程进行优化，例如简化操作步骤、合并重复的操作等。

3. 用户体验

用户体验是用户对于产品的整体感受，包括界面的美观度、操作的流畅度、功能的实用性等。可以根据用户的反馈对其进行优化，例如改进动画效果、增加快捷键、提供更多的自定义选项等。

4. 信息架构

信息架构是指产品中信息的组织方式。在用户测试中，若出现用户对信息的组织方式存在困惑，或者信息不够突出的情况，可以对信息架构进行调整，例如重新组织菜单结构、调整导航栏的位置、增加信息的层级等。

5. 反馈机制

若出现用户对产品的反馈不及时、不准确等问题的情况，可以完善用户反馈机制，例如增加实时反馈功能、提供更多的反馈选项、改进反馈的处理方式等。

6. 可访问性

可访问性是指产品对不同类型用户的友好程度，包括视力障碍、听力障碍用户等。在用户测试中，若发现此类问题，可以增加可访问性，例如提供语音识别功能、增加高对比度配色方案、提供文字放大功能等。

总的来说，UI用户测试后的方案优化需要针对具体的问题提出具体的解决方案。我们需要综合考虑用户的需求、习惯和感受，以提高产品的质量和竞争力。优化后的方案将再次进行用户测试，以确保满足用户需求。

1.4.7 交付结果

在项目完成后，需要向客户交付符合要求的设计成果，包括设计稿、设计源文件、设计图输出文件、交互原型以及设计规范文档。

- **设计稿：**UI设计的完整文档，包括所有设计的页面、元素、功能、交互逻辑等。
- **设计源文件：**最终的设计文件，包括图形、颜色、字体、布局等元素。
- **设计图输出文件：**经过优化和调整后的设计文件，包括图形、颜色、字体、布局等元素。
- **交互原型：**可交互的原型，可以帮助客户和设计师更好地理解设计的交互逻辑和流程。
- **设计规范文档：**一个详细的文档，描述了UI设计的规范和标准，以及如何使用设计规范来确保设计的一致性。

1.5 AIGC在UI中的应用

AIGC（Artificial Intelligence Generated Content，人工智能生成内容）可以利用机器学习、深度学习等技术，根据输入的文本、图像、音频等数据，自动生成符合要求的内容。

1.5.1 AIGC的基本功能

AIGC的基本功能涵盖了文本、图像、音频和视频的生成，以及在各领域的应用功能。这些功能不仅可以提高工作效率和质量，还可以帮助人们更好地理解用户需求并提供更好的服务和体验。

1. 文本生成

AIGC文本生成是指利用人工智能技术和自然语言处理算法生成新的文本内容。根据输入的关键词、主题等，自动生成符合语法和逻辑的文本内容，如图1-19所示，该功能可以应用于新闻报道、广告宣传、社交媒体、教育辅导等多个领域。

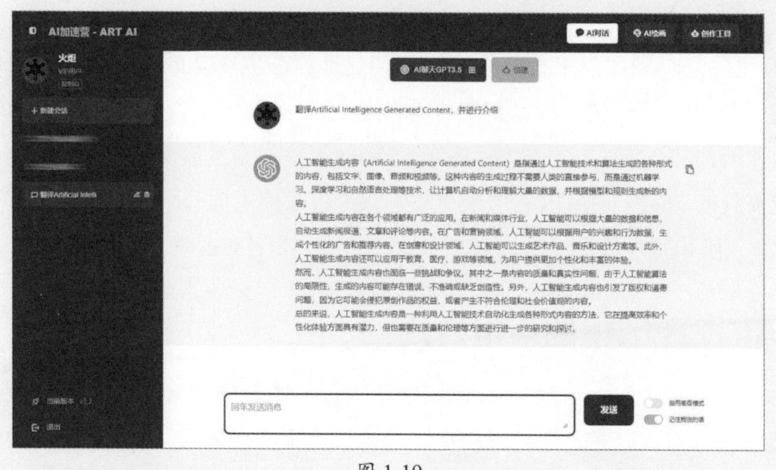

图 1-19

2. 图像生成

AIGC图像生成是指利用人工智能技术和计算机视觉算法生成新的图像内容。可以帮助用户生成具有特定特征和风格的图像内容，提供图像修复、合成、转换和增强等功能，拓展图像处理和创作的可能性，如图1-20所示。该功能可以应用于新闻报道、广告宣传、社交媒体、教育辅导等多个领域。

图 1-20

3. 音频生成

AIGC音频生成是指利用人工智能技术和音频处理算法生成新的音频内容。可以帮助用户生成具有特定特征和风格的音频内容，提供音乐生成、语音合成、音效合成和音频转换等功能，拓展音频处理和创作的可能性。该功能可以为各领域提供丰富的音频内容。

除了上述提到的功能，还可以应用于视频生成、跨媒体生成、个性化推荐、虚拟角色生成、自然语言处理、人脸识别、数据分析等多个领域和功能，为各种任务提供智能化的解决方案。

1.5.2 AIGC在UI中的应用方式

AIGC在UI中可以提高设计的效率和准确性，为设计师提供更多选择性和可能性，并精确调整UI界面的布局、功能和交互方式，以提供更符合用户期望的体验。AIGC在UI设计中可以应用的方式包括但不限于以下几种。

1. 个性化推荐与搜索

AIGC可以通过分析用户的行为、兴趣和偏好数据，为用户提供个性化的推荐内容。在UI

中可以将个性化推荐应用于产品展示、内容推荐、广告推荐等方面，图1-21所示为购物网站中的产品推荐功能。将智能搜索应用于网站或应用的搜索功能，通过理解用户的搜索意图和上下文，AIGC可以提供更准确、更相关的搜索结果，提高用户的搜索体验。

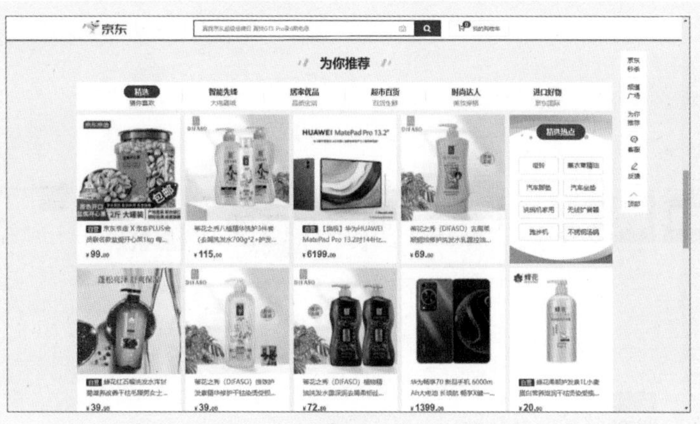

图 1-21

知识点拨

通过个性化推荐与搜索，AIGC可以提供更加智能、个性化的用户体验，提高用户满意度和产品的竞争力。但在应用AIGC技术时，也需要注意用户隐私保护和数据安全的问题。

2. 用户画像构建

用户画像是一个详细的用户模型，描述了用户的属性、行为和需求。AIGC在UI中的用户画像构建是一个持续的过程，需要不断收集和分析数据，并根据用户需求和反馈进行优化和调整。

3. 图像识别与处理

AIGC可以通过图像识别与处理功能，对图像素材进行管理、优化，提高设计师的工作效率，丰富用户的界面交互方式。在UI设计中，可以根据图像的内容和特征自动将其归类，方便用户进行搜索与管理；通过人脸识别技术，可以对图像中的人脸进行识别分析，以实现快速登录以及支付等功能。除此之外，还可以借助AI算法进行以图搜图、抠图、合成、优化以及自动添加标注等功能。图1-22所示为应用在线抠图功能。

图 1-22

4. 自动化设计工具

AIGC在UI中的自动化设计工具可以根据用户输入的要求自动生成初步的设计稿，减轻设计师的工作负担，如图1-23所示。

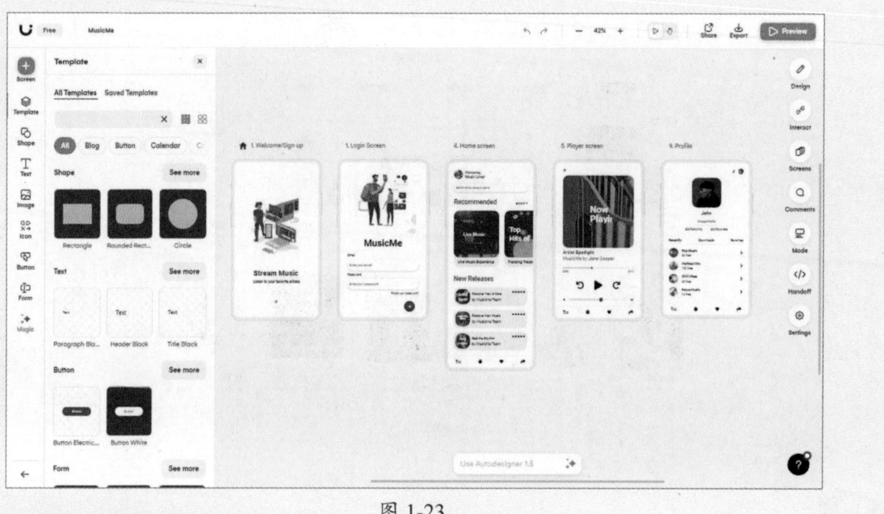

图 1-23

在UI中的自动化设计工具可以通过以下几个方面实现。

- **智能布局**：通过分析用户需求和界面元素，自动生成合理的布局方案，可以根据设计规范自动调整元素的位置、大小和间距，以确保界面的平衡和一致性。
- **自动化配色**：分析颜色心理学和色彩搭配原则，自动选择适合的主色调和辅助色彩，以及合适的对比度和饱和度，以提升界面的视觉吸引力和易读性。
- **图标和图形生成**：通过机器学习和图像处理技术，自动识别和生成各种形状、图案和图标，以及进行图形的变形和优化，以满足不同的设计需求。
- **交互设计**：根据用户的操作流程和界面的层次结构，自动设计合适的导航和交互方式，以提升用户的易用性和效率。
- **响应式设计**：根据不同的设备和屏幕尺寸，自动调整界面的布局和元素的大小，以适应不同的显示环境。

5. 动态设计

AIGC可以根据用户的行为和需求，创建动态的用户界面，如动画效果、交互反馈等，提升用户体验。

- **动态交互效果**：根据用户的操作和界面元素的状态，自动生成合适的动态交互效果，例如，按钮点击后的颜色变化、动效等。
- **动态数据可视化**：根据数据的变化和用户需求，自动生成动态的数据可视化效果，例如图表、地图等。
- **动态内容生成**：根据用户的输入内容和需求，自动生成动态的内容，例如，输入文字内容后，自动生成与之相符的表情符号、动画或者推荐内容。
- **动态布局调整**：根据设备的旋转、屏幕尺寸的变化和用户的操作，自动调整界面的布局和元素的位置，如图1-24和图1-25所示。

图 1-24

图 1-25

6. 无障碍设计

AIGC可以通过识别用户的特殊需求，自动提供相应的辅助功能支持。以视力障碍者为例，AIGC可以自动生成高对比度的界面、大字体的文本和语音导航等，以帮助他们更好地使用UI界面。在生成图像的过程中，可以自动添加适当的文本描述，以帮助视力障碍者理解图像的内容。

7. 实时反馈与优化

AIGC能够帮助设计师及时了解用户的需求和反馈，从而不断改进界面设计，提升产品的用户满意度和黏性。

8. 增强现实 / 虚拟现实设计

AIGC可以通过增强现实（AR）、虚拟现实（VR）、自适应设计和情感识别等技术手段，为用户提供更丰富、沉浸式的UI体验。通过实时分析环境和用户的信息，自动生成虚拟元素并调整UI界面。AIGC可以提升用户的参与度、满意度和情感连接。

9. 跨平台适配

AIGC可以通过分析不同平台的屏幕尺寸、分辨率和设备特性等信息，自动调整UI界面的布局。通过AIGC的算法和模型，可以根据用户的屏幕尺寸、输入方式和操作习惯等因素，自动调整UI元素的交互方式和响应速度。也可以根据不同平台的设计要求和用户习惯，自动调整UI元素的颜色、字体、图标等视觉元素，以保持跨平台的一致性。

1.5.3 常用的AIGC工具

以下是AIGC的常用工具，它们提供了强大的功能和易用的界面，帮助用户实现各种智能化的任务和应用。

- **ChatGPT：**基于GPT（Generative Pre-trained Transformer）模型的聊天机器人，可以进行自然语言处理和生成，实现智能问答、文本生成等功能。
- **文心一言：**百度研发的知识增强大语言模型，能够与人对话互动，回答问题，协助创作，高效便捷地帮助人们获取信息、知识和灵感。
- **文心一格：**基于百度文心大模型的图像生成工具，可以根据用户输入的文本或图像，生成高质量的图像和艺术作品。
- **天工巧绘：**基于AI技术的绘画平台，通过简单的操作或输入文本，快速生成符合描述的精美图片或视频。
- **DALL-E 2：**OpenAI公司推出的文本转图像工具，能够根据用户提供的文本描述创建独特且逼真的图像。
- **Midjourney：**基于AI技术的图像生成平台，可以根据文本描述或草图生成逼真的图像。
- **OpenAI GPT-3：**一个强大的自然语言处理模型，可以用于生成文章、对话、代码等各种文本内容。
- **Dream：**基于AI技术的虚拟角色生成工具，用户可以通过输入文本或选择预设角色，快速生成符合描述的虚拟角色。
- **Craiyon：**基于AI技术的图像增强工具，使用先进的深度学习技术来增强图像的细节和颜色。
- **Magenta：**由Google开发的一个音乐生成工具包，它使用神经网络模型生成原创的音乐作品。
- **Stable Diffusion：**基于扩散模型的图像生成工具，可以生成高质量的图像，被广泛应用在各种场景中。
- **Tiamat：**支持多种模态（文本、图像、视频等）内容生成的AIGC工具，可以帮助用户快速创建多媒体内容。
- **Adobe Firefly：**Adobe正在研发的AI工具，旨在帮助创作者快速生成各种类型的内容。

1.6 UI设计元素应用规范

UI设计中，设计规范是一个关键步骤。文字、图片和色彩的应用确定了产品的整体风格，以大平台规范作为参考，针对产品的特点进行删减优化，可以有效地避免规范内容的遗漏缺失，强化产品本身风格。

1.6.1 文字应用解析

在UI设计中字体的基本规范使用是非常重要的一项，可以直接调节设计风格，它是一个App中最核心的元素，是产品传达给用户的最主要的内容。

1. 字体

字体的选择一般会根据产品的属性或者是品牌特性来决定。常见的字体可分为衬线体（Serif）和无衬线体（Sans-serif）两个大类。

- **衬线体：**衬线体容易识别，阅读性比较高，笔画粗细有变化，一般横细竖粗，末端有装饰处理（即"字脚"或"衬线"），例如New York（NY）、思源宋体，如图1-26所示。
- **无衬线体：**无衬线体比较醒目，字体端正，笔画横平竖直，粗细没有变化，例如Arial、HarmonyOS Sans、黑体，如图1-27所示。

轻舟已过万重山

Light boat has passed ten thousand mountains

图 1-26

轻舟已过万重山

Light boat has passed ten thousand mountains

图 1-27

2. 字重

字重（Font Weight）是指某种字体的粗细。一个字体的字重通常为4～6个，以思源黑体为例，可以选择Light、Regular、Bold、Heavy等。不同的字重能传达不同的信息权重和情绪，如图1-28所示。细的字体给人轻盈、细腻的感觉，适用于加载、欢迎页面的引导文字、辅助说明类文案、配合大字号使用的装饰性文字等；重字体给人庄重、严肃的感觉，适合引导操作的控件文本、主标题、页面最高级别的大标题、需要强调的文字数字信息等。

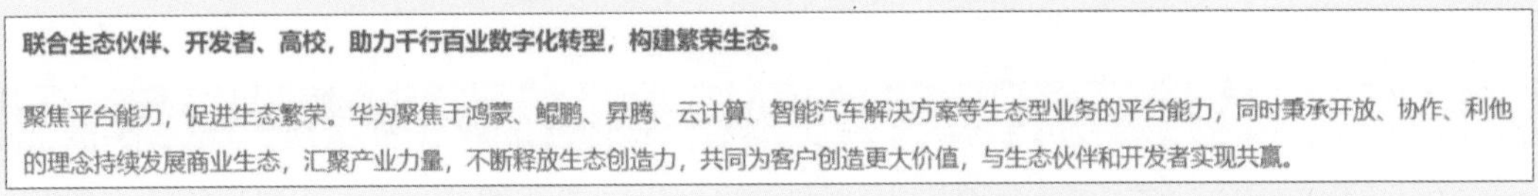

联合生态伙伴、开发者、高校，助力千行百业数字化转型，构建繁荣生态。

聚焦平台能力，促进生态繁荣。华为聚焦于鸿蒙、鲲鹏、昇腾、云计算、智能汽车解决方案等生态型业务的平台能力，同时秉承开放、协作、利他的理念持续发展商业生态，汇聚产业力量，不断释放生态创造力，共同为客户创造更大价值，与生态伙伴和开发者实现共赢。

图 1-28

3. 字号

字号是界面设计中一个重要的元素，它决定着整个界面的层级关系和主次关系，字号的合理选择可以让界面的层次更加分明，如图1-29所示。若没有一定的规范性，会让这个界面混乱不堪，极大地影响阅读体验。

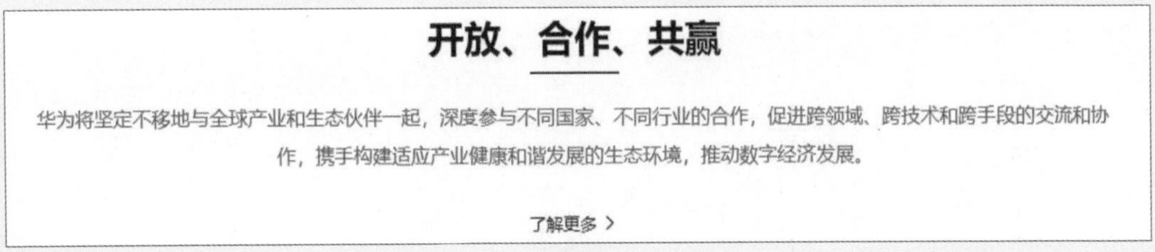

开放、合作、共赢

华为将坚定不移地与全球产业和生态伙伴一起，深度参与不同国家、不同行业的合作，促进跨领域、跨技术和跨手段的交流和协作，携手构建适应产业健康和谐发展的生态环境，推动数字经济发展。

了解更多 >

图 1-29

4. 系统默认文字

遵循iOS、Android、HarmonyOS以及Windows系统规范，其默认字体和使用规范如下。

（1）iOS系统

iOS系统默认中文字体是苹方（PingFang SC），如图1-30所示。

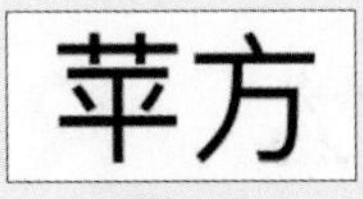

苹方

图 1-30

知识点拨

苹方字体属于无衬线黑体，最早作为iOS 9和OS X El Capitan的默认中文字体，于2015年6月8日在旧金山的WWDC 2015公布，支持简体中文、繁体中文、日文和韩文，其中繁体中文包括香港字形和台湾字形两个版本，且提供了六种字重，取代了从iOS 4和macOS X Leopard以来一脉相传的华文黑体系列。

英文有两种字体：无衬线字体San Francisco（SF）和衬线字体New York（NY），如图1-31和图1-32所示。

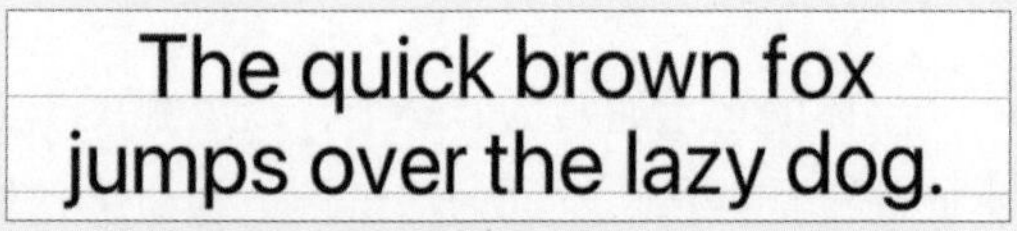

图 1-31

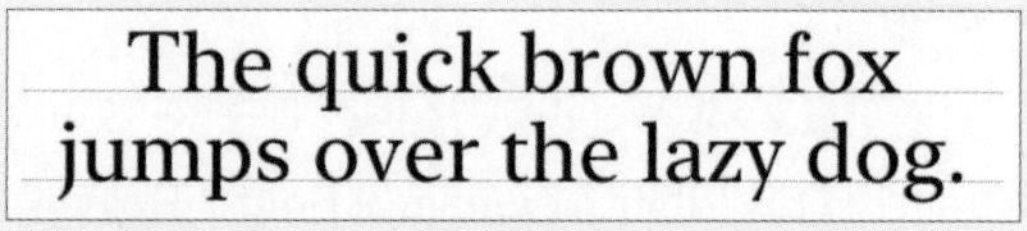

图 1-32

iOS系统的文字单位是点（pt），在苹果官网中对英文字体的使用规范如表1-1所示。中文字体需要设计师灵活运用，以最终呈现效果的实用性和美观性为基准进行调整。

表1-1

信息层级	字重	字号	行高
大标题	Regular	34	41
标题 1	Regular	28	34
标题 2	Regular	22	28
标题 3	Regular	20	25
头条	SemilBold	17	22
正文	Regular	17	22
标注	Regular	16	21
副标题	Regular	15	20
脚注	Regular	13	18
注释一	Regular	12	16
注释二	Regular	11	13

注意事项

字号点数是基于144 ppi/@2x和216ppi/@3x设计的图像分辨率。

（2）Android系统

Android系统中文字体使用思源黑体（Source Han Sans），如图1-33所示。英文使用的是Roboto字体，如图1-34所示。

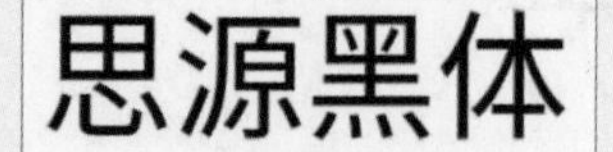

图 1-33

图 1-34

Android系统的字号以sp为单位，以160ppi屏幕分辨率为标准，字体大小为100%时，1sp=1px。例如，Android设计尺寸为720×1280，在Android分辨率的分类中称为hdpi，在这个尺寸中2px等于Android中的1dp，这个时候1dp=1sp，30px的文字可标注为15sp。

Android与iOS不同的是，不同手机厂商会对系统进行深度定制，使用自己的设计语言，所以自然会更换掉机器默认的用字，所以通常在Android系统的设计中，只要使用思源黑体和Roboto即可，其中，Roboto字体的使用规范如表1-2所示。

表1-2

信息层级	字重	字号	字距
标题 1	Light	96	-1.5
标题 2	Light	60	-0.5
标题 3	Regular	48	0
标题 4	Regular	34	+0.25
标题 5	Regular	24	0
标题 6	Medium	20	+0.15
副标题 1	Regular	16	+0.15
副标题 2	Medium	14	+0.1
正文 1	Regular	16	+0.5
正文 2	Regular	14	+0.25
按钮	Medium	14	+1.25
注释	Regular	12	+0.4
提示标题	Regular	10	+1.2

注意事项

行高均为默认。

（3）HarmonyOS系统

HarmonyOS系统中英文字体使用的是鸿蒙黑体（HarmonyOS Sans），如图1-35所示。

鸿蒙黑体 HarmonyOS Sans

图 1-35

鸿蒙系统的字号以fp为单位，相当于安卓中的sp。在鸿蒙开发者官网中对字体字号的使用规范如表1-3所示。

表1-3

信息层级	字重	字号	应用场景
标题 1	Light	96	展示类数据文本
标题 2	Light	72	展示类数据文本
标题 3	Light	60	展示类数据文本

（续表）

信息层级	字重	字号	应用场景
标题 4	Regular	48	展示类数据文本
标题 5	Regular	38	展示类数据文本
标题 6	Medium	30	大标题 / 强调型文本
标题 7	Medium	24	二级标题 / 强调型文本
标题 8	Medium	20	页签标题
副标题 1	Medium	18	分组大标题
副标题 2	Medium	16	分组标题
副标题 3	Medium	14	分组小标题
正文 1	Regular	16	列表正文文本 / 段落文本
正文 2	Regular	14	列表辅助文本 / 段落文本
正文 3	Regular	12	列表辅助文本 / 图文说明
按钮 1	Medium	16	大按钮文本
按钮 2	Medium	14	小按钮文本
注释	Regular	10	隐私说明文本
提示标题	Regular	14	大标题辅助说明文本

（4）Windows系统

Windows系统默认的是宋体和微软雅黑。其中，微软雅黑作为商业发布目的使用需购买版权，个人在系统中使用不需要。默认的英文字体为Segoe UI Variable，该字体适用于英语、欧洲语言、希腊语和俄语的字体。

用户在扫描页面时依赖于视觉层次结构：标题用于总结内容，正文文本用于提供更多详细信息。当应用于文本块（TextBlock）时，样式如图1-36所示。

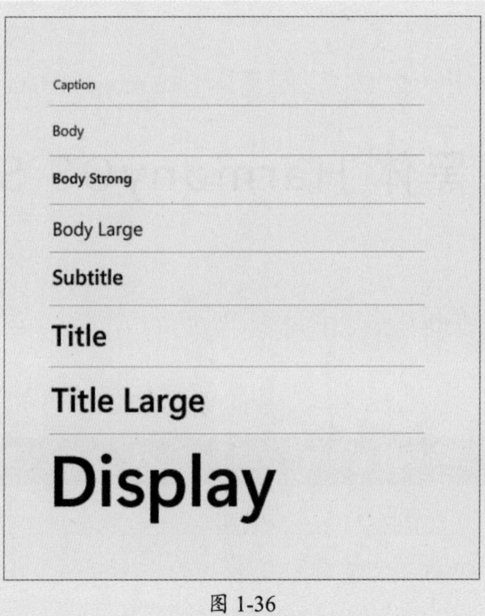

图 1-36

Windows字体所有大小均以有效像素为单位，官网中对文本块（TextBlock）的使用规范如表1-4所示。

表1-4

样式	字重	字号
注释	常规	12
正文	常规	14
粗正文	半粗体	14
大正文	常规	18
副标题	半粗体	20
标题	半粗体	28
大标题	半粗体	40
显示	半粗体	68

根据显示文本的上下文使用具有以下属性的Segoe UI Variable，如表1-5所示。

表1-5

属性	值	说明
字重	常规、半粗体	大多数文本使用常规粗体，标题使用半粗体
对齐方式	左对齐、居中对齐	默认左对齐，极少情况下居中对齐
最小值	14px 半粗体、12px 常规	小于这些值的情况下难以辨认
大小写	句子大小写	欧洲和中东语言脚本
截断	省略号和剪裁	大多数情况下使用省略号，极少情况使用剪裁

1.6.2 图片应用解析

图片是UI设计中必不可缺的元素。选择合适的图片不但可以获得良好的显示效果，还可以调节图像大小，有效地减少服务器负担。

1. 图片格式

常用的三种格式分别为JPEG、PNG、GIF。

- **JPEG：** JPEG格式是一种高压缩比的、有损压缩真彩色图像文件格式，其最大特点是文件比较小，可以进行高倍率的压缩，因而在注重文件大小的领域应用广泛，JPEG格式是压缩率最高的图像格式之一，这是由于该格式在压缩保存的过程中会以失真最小的方式丢掉一些肉眼不易察觉的数据，因此保存后的图像与原图像会有所差别，在印刷、出版等高要求的场合不宜使用。
- **PNG：** PNG可以保存24位的真彩色图像，并且支持透明背景和消除锯齿边缘的功能，可以在不失真的情况下压缩保存图像，由于并不是所有的浏览器都支持PNG格式，所以该格式使用范围没有GIF和JPEG广泛。PNG格式在RGB和灰度颜色模式下支持Alpha通道，但在索引颜色和位图模式下不支持Alpha通道。
- **GIF：** GIF又称图像互换格式，是一种非常通用的图像格式，在保存图像为该格式之前，需要将图像转换为位图、灰度或索引颜色等颜色模式。GIF采用两种保存格式，一种为“正常”格式，可以支持透明背景和动画格式；另一种为“交错”格式，可以让图像在网络上由模糊逐渐转为清晰的方式显示。

注意事项

简单来说，JPEG格式适合存储照片，PNG（PNG8）格式适合存储小图标、按钮、背景等，GIF格式适合存储动画。

2. 图片比例

UI设计中的图片尺寸根据产品的属性不同，用到的比例也会有所不同，常见的比例有1：1、3：2、4：3、16：9等。

- 1：1为正方形构图，能够突出主体图片，多用于产品展示以及头像、特写展示等场景中，如图1-37所示。
- 3：2较为接近黄金比例，常用于以内容为主的应用产品，如图1-38所示。

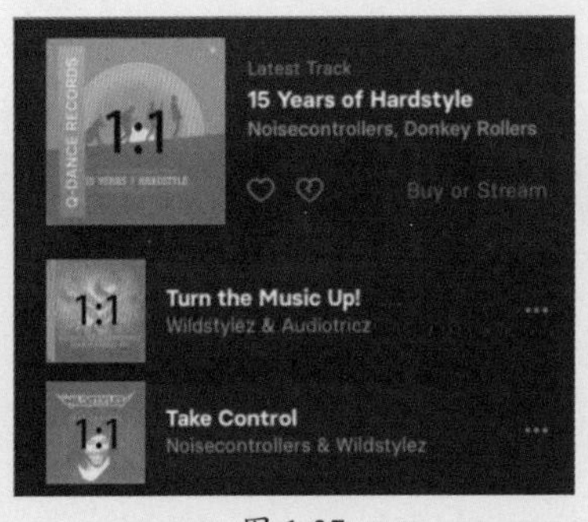

图 1-37

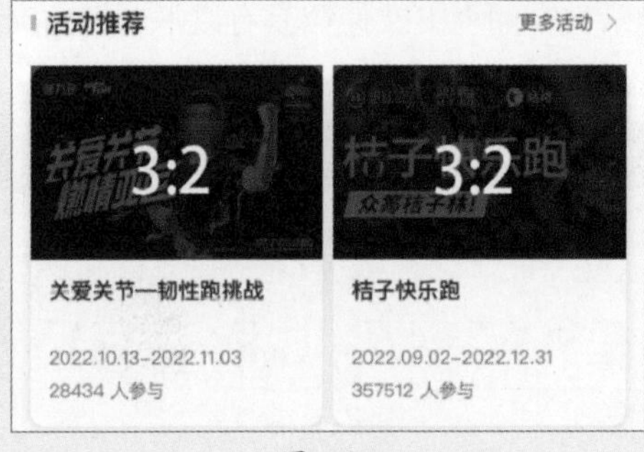

图 1-38

- 4：3是最常用的一种图片比例，常用于图片展示类产品中的Banner和产品列表，如图1-39所示。

图 1-39

- 16：9为黄金比例尺寸，较为普及，常用于全屏大图、Banner以及产品展示，如图1-40所示。

图 1-40

除此之外，还有2：1、16：10、9：8、1：0.618等图片比例。在UI设计中，可将不同比例的图片进行搭配使用，使其更具节奏感，充满活力。

1.6.3 色彩应用解析

色彩是我们感知世界的媒介，对于信息传达有着重要的作用，色彩的运用与搭配也决定了设计的质感。

1. 色彩的三大属性

- **色相：** 色相是色彩呈现出来的质地面貌，主要用于区分颜色。在0°～360°的标准色轮上，可按位置度量色相。通常情况下，色相是以颜色的名称来识别的，如红、黄、绿色等，如图1-41所示。

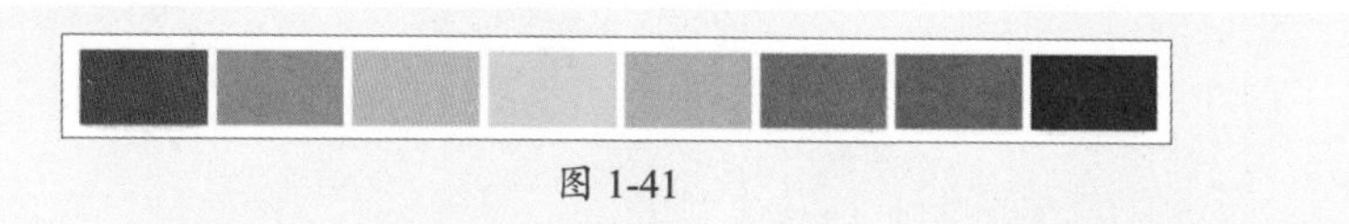

图 1-41

- **明度：** 明度是指色彩的明暗程度，通常情况下，明度的变化有两种情况，一是不同色相之间的明度变化，二是同色相之间的不同明度变化，如图1-42所示。在有彩色系中，明度最高的是黄色，明度最低的是紫色，红、橙、蓝、绿色属于中明度。在无彩色系中，明度最高的是白色，明度最低的是黑色。提高色彩的明度，可以加入白色，反之加入黑色。

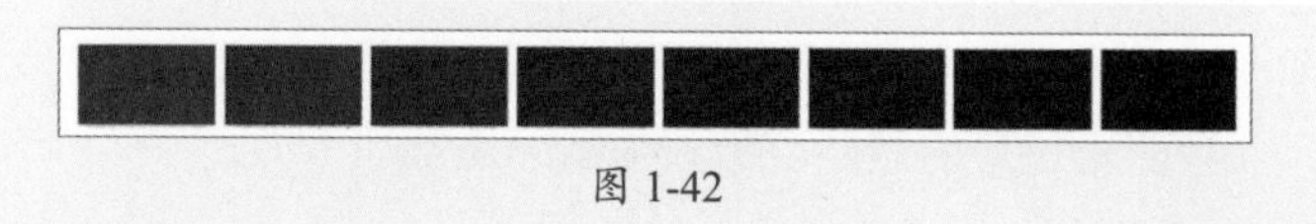

图 1-42

- **纯度：** 纯度是指色彩的鲜艳程度，也称彩度或饱和度。纯度是色彩感觉强弱的标志。其中红、橙、黄、绿、蓝、紫色的纯度最高，图1-43所示为红色的不同纯度。无彩色系中的黑、白、灰的纯度几乎为0。

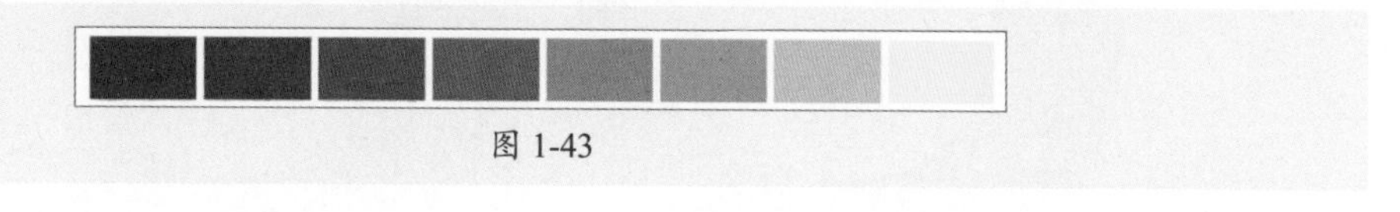

图 1-43

2. 色相环

色相环是以红、黄、蓝三色为基础，经过三原色的混合产生间色、复色，彼此都呈等边三角形的状态。色相环有6～72色，以12色环为例，12色相由原色、间色（第二次色）、复色（第三次色）组合而成，如图1-44所示。

- **原色：** 色彩中最基础的三种颜色，即红、黄、蓝。原色是其他颜色混合不出来的。
- **间色：** 又称第二次色，三原色中的任意两种原色相互混合而成。如红+黄=橙；黄+蓝=绿；红+蓝=紫。三种原色混合出来的是黑色。

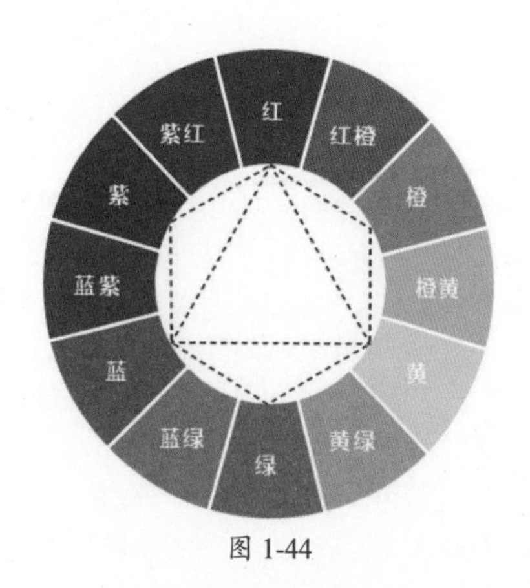

图 1-44

- **复色：** 又称第三次色，由原色和间色混合而成。复色的名称一般由两种颜色组成，如黄绿、黄橙、蓝紫等。
- **类似色：** 色相环夹角为60° 以内的色彩为类似色，例如，红橙和黄橙、蓝色和紫色，如图1-45所示。其色相对比差异不大，给人统一、稳定的感觉。
- **邻近色：** 色相环中夹角为60° ～90° 的色彩为邻近色，例如红色和橙色、绿色和蓝色等，如图1-46所示。色相近似，冷暖性质一致，色调和谐统一，给人舒适、自然的视觉感受。

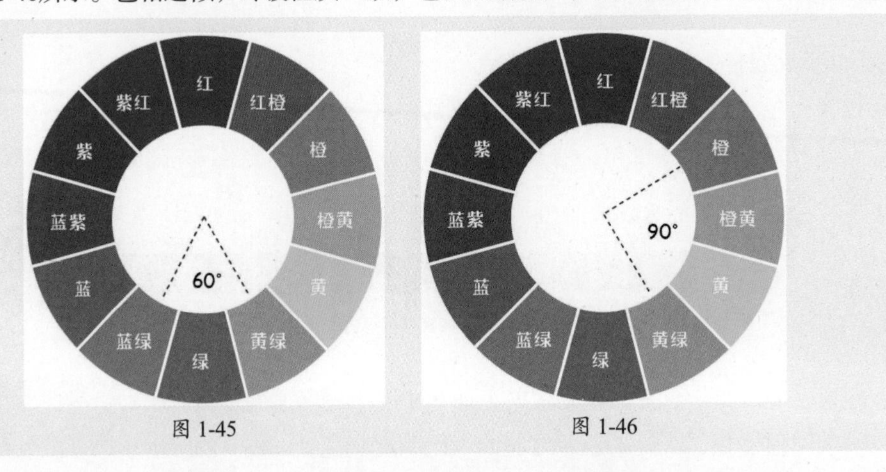

图 1-45　图 1-46

- **对比色：** 色相环中夹角为120° 左右的色彩为对比色，例如，紫色和黄橙、红色和黄色等，如图1-47所示。画面具有矛盾感，矛盾越鲜明，对比越强烈。
- **互补色：** 色相环中夹角为180° 的色彩为互补色，例如，红色和绿色、蓝紫色和黄色等，如图1-48所示。色彩对比最为强烈，给人强烈的视觉冲击力。

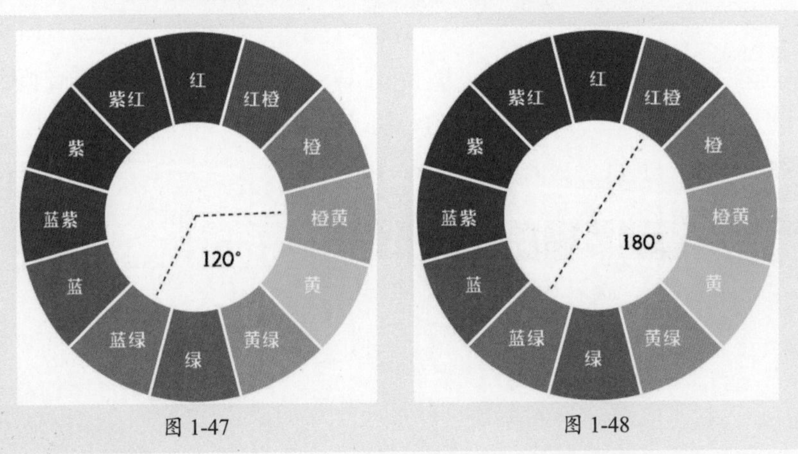

图 1-47　图 1-48

知识点拨

在色相环中根据感官可分为暖色、冷色与中性色。红、橙、黄为暖色，给人以热烈、温暖之感；蓝、蓝绿、蓝紫为冷色，给人距离、寒冷之感；介于冷暖之间的紫色和黄绿色为中性色。

3. 色彩印象

色相对人心理影响最大，色彩给的人的感受和印象因人而异。色彩的运用与搭配决定着设计的质感。

- **红色：**象征着激情、能量、爱心，是充满活力和温暖的颜色，给人带来兴奋的感觉，在电商类、新闻资讯类等产品，或者需要营造活跃氛围的界面较常使用，如图1-49所示。
- **橙色：**象征着温暖、丰收、成熟，给人活泼、华丽、辉煌、炽热的感觉。有增加食欲、刺激消费的作用，在电商类、社会服务类的产品界面较常使用，如图1-50所示。
- **黄色：**象征着聪明、乐观、希望、光明，是一种活力的颜色，在旅游类或目标为年轻人的产品中比较常使用，如图1-51所示。

图 1-49

图 1-50

图 1-51

- **绿色：**象征着和平、安全、自然、青春，是一种让人充满希望的温和色彩，强调安全感，如图1-52所示。

图 1-52

● **蓝色：**象征着冷静、凉爽、理智、科技，给人自由平静的感觉，在科技咨讯、职场类等类别的产品界面设计中使用较多，如图1-53所示。

图 1-53

● **紫色：**象征着优雅、高贵、神秘、浪漫。紫色由热烈温暖的红色和冷静理智的蓝色混合而成，是最佳的刺激色，魅力十足，充满声望和高雅，如图1-54所示。

● **黑色：**象征着权利、威信、仪式、时尚，营造出沉稳、大气的高级感，图像后期处理类、时尚类、视频播放器界面中使用较多，如图1-55所示。

● **白色：**象征着神圣、纯洁、纯真、信仰，是一种充满处境的颜色，白色也是无彩色，可以与任何颜色进行搭配，大多数背景都是以白色为底，如图1-56所示。

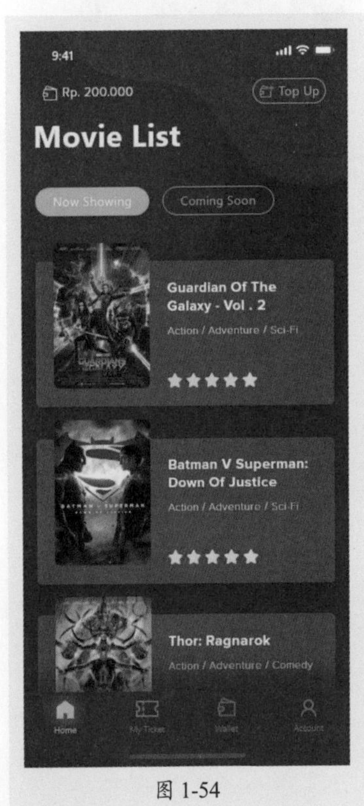

图 1-54

图 1-55

图 1-56

新手答疑

1. Q：UI设计具体包括哪些内容？

A：UI设计是指对软件的人机交互、操作逻辑、界面美观的整体设计。UI设计分为实体UI和虚拟UI两种。实体UI是指看得见的界面，如手机、计算机、平板等；虚拟UI是指看不见的界面，如系统的操作逻辑和流程。

2. Q：学UI设计可以做什么？

A：学习UI设计后，可以从事与用户界面设计相关的工作。

- **UI设计师：** 设计和实现软件、网站、移动应用等产品的用户界面。
- **交互设计师：** 负责定义用户的交互流程，确保用户体验顺畅。
- **视觉设计师：** 创造吸引人的视觉元素，提升产品整体美感。
- **前端开发工程师：** 使用HTML、CSS和JavaScript将设计转化为可运行的网页或应用。
- **用户体验研究员：** 通过用户测试和数据分析来评估和优化产品设计。
- **产品经理：** 管理整个产品生命周期，包括设计、开发和市场推广。
- **原型设计师：** 创建产品的早期模型以供测试和改进。
- **图形设计师：** 设计用于广告、印刷品和其他媒体的图形元素。
- **全栈设计师：** 结合UI设计和编程技能，从概念到最终产品全程参与项目。
- **自由职业者：** 提供UI设计服务给各种客户，拥有更高的灵活性。

除了以上列出的职业，还可以在其他领域找到相关工作，例如游戏开发、虚拟现实/增强现实（VR/AR）、电子商务、教育技术等。

3. Q：UI设计常用术语有哪些？

A：UI设计常用术语有很多，以下是一些常见的UI设计术语。

- **用户界面：** 指用户与产品或系统进行交互的界面，包括图形、文本、按钮、菜单等元素。
- **用户体验：** 指用户在使用产品或系统时的整体感受和体验。
- **响应式设计：** 指根据不同设备和屏幕尺寸自动调整和适应界面布局和元素的设计方法。
- **信息架构：** 指对界面中信息的组织和结构，包括导航、分类、标签等元素的设计。
- **交互设计：** 指设计界面中用户与系统之间的交互方式和效果，包括按钮点击、页面切换、动画效果等。
- **视觉设计：** 指界面外观和视觉效果的设计，包括颜色、字体、图标、排版等方面。
- **平面设计：** 指界面中平面元素的设计，包括图形、图标、背景等。
- **栅格系统：** 指将界面划分为网格布局，用于对齐和排列元素，提高界面的整体性和一致性。
- **风格指南：** 指规定界面设计中使用的颜色、字体、图标等元素的规范和准则，以确保一致性和统一性。
- **原型：** 指设计师用来展示和演示界面交互和功能的模型或样本。

第2章 界面设计在线工具——MasterGo

在UI设计中可以使用专业的设计工具进行界面设计。以MasterGo为例，可以在线进行UI/UX设计、原型制作、流程图绘制等。内有丰富的素材库和模板库，可以提高设计效率。本章将对MasterGo的工作界面、组件与样式以及原型交互的设置方法进行讲解。

2.1 认识MasterGo

MasterGo是多人协同的产品工具，拥有完善的界面和交互原型设计功能。可以通过一个链接完成大型项目的多人实时在线编辑、评审讨论和交付开发。

2.1.1 操作界面

在网页中搜索MasterGo进入官网，如图2-1所示。

图 2-1

单击“前往工作台”按钮，进入主页，可创建、修改、管理项目和团队。右击任意文件，在弹出的快捷菜单中可执行复制链接、分享、删除、重命名等操作，如图2-2所示。

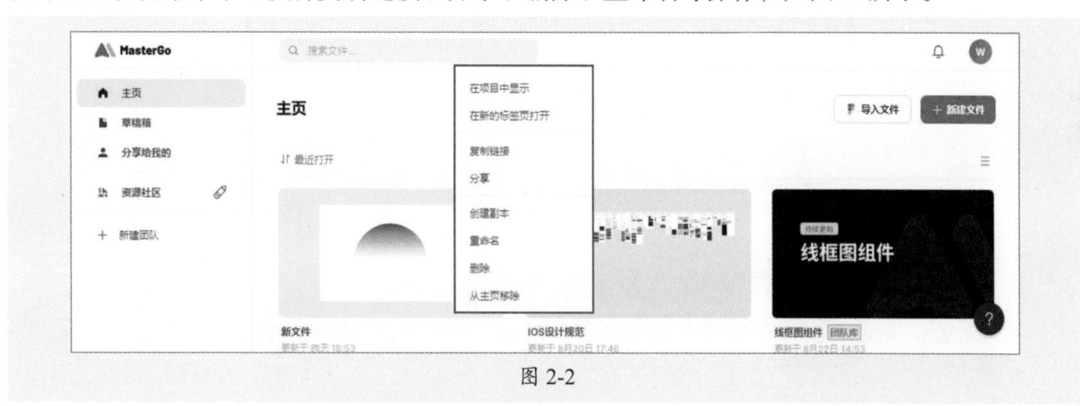

图 2-2

在工作台中单击“导入文件”按钮，弹出“导入文件”对话框，如图2-3所示。

图 2-3

该对话框中各选项的功能介绍如下。

- **文件导入：** 可导入Figma、Sketch、XD以及图片文件。
- **链接导入：** 复制并粘贴Figma文件URL链接。
- **Axure导入：** 将Axure（.rp）文件发布为HTML，再压缩成.ZIP格式后导入，修改后缀名或仅压缩部分内容均无法成功导入。

注意事项

删除的文件存放在草稿箱的回收站中，右击文件，可在弹出的快捷菜单中选择恢复或永久删除。

在工作台中单击“新建文件”按钮，或在列表中双击已有文件，进入工作界面，如图2-4所示。

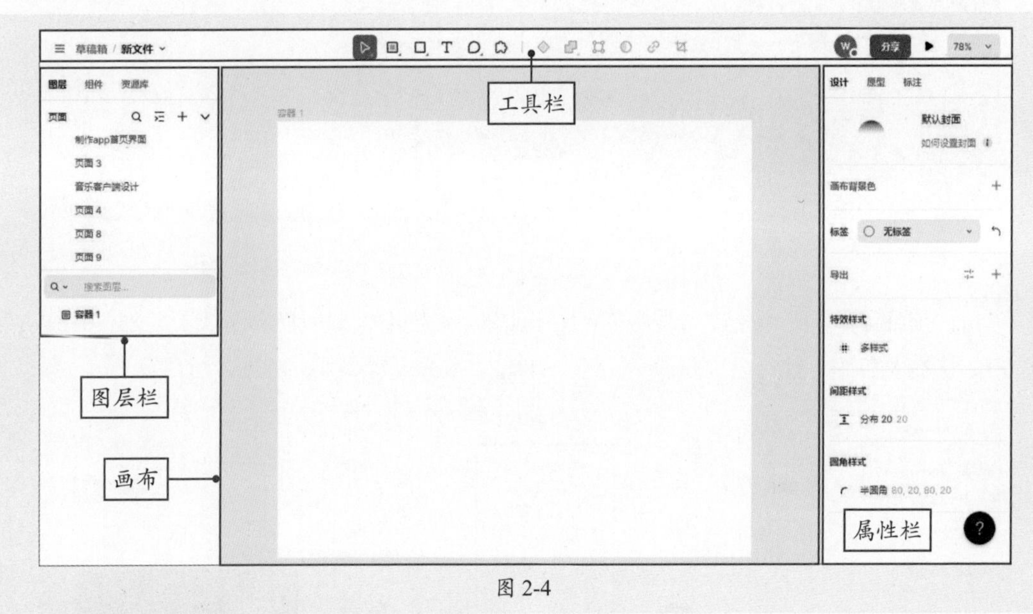

图 2-4

- **工具栏：** 包含设计时可能使用的各种工具和功能。
- **图层栏：** 可查看页面、图层类型与状态，也可以切换至“组件”或“资源库”。
- **画布：** 画布可以向任意方向无限延伸，若要在画布中设置一个固定的画框，只需新建一个容器即可。
- **属性栏：** 在属性栏中可以查看和调整任何图像的属性。选择画布后，属性栏顶部有设计、原型、标注三个选项，通过切换不同模式来切换对应的属性设置。

知识点拨

首次打开文件时，视图默认的缩放比例为100%，可以使用“+”和“-”的图标调整缩放大小，也可以在工具栏中设置缩放比例。

2.1.2 标尺与参考线

在作图时，经常需要测量图层边距、间距，以及调整图层的X、Y值。MasterGo中标尺与参考线功能，可以更直观、精准地定位及度量图层与元素，统一格式，高效对齐。

1. 标尺

显示/隐藏标尺的方法如下。

- 单击右上角的“菜单”按钮，在弹出的菜单中执行“视图”|“显示标尺”命令。
- 单击工具栏右侧的视图百分比，在弹出的菜单中执行“显示标尺”命令。
- 按Ctrl+R组合键。

选中图层后，在标尺上会高亮显示图层在画布上投影的宽高和坐标，可以更直观地查看图层的X、Y值，如图2-5所示。

图 2-5

MasterGo可显示“当前画布”和“根容器”两种相对坐标尺。

- **当前画布：**以整个画布为绝对坐标系，当没有选中容器或者没有选中容器内元素时，仅显示画布标尺。
- **根容器：**以根容器左上角作为（0，0）的坐标系，当选中容器或容器内的元素时，显示容器标尺。

2. 参考线

参考线以浮动的状态显示在图像上方，常与“标尺”共同使用，和标尺一样，参考线也有画布和容器两种，可以在设计过程中帮助设计师精确地定位图像或对齐元素。

在标尺显示时，单击标尺区域，并向画布或容器中拖曳出一条参考线，光标未进入容器时，松手即可创建画布参考线，光标进入容器时，松手即可创建容器参考线，如图2-6所示。可通过拖曳的方法更改画布参考线和容器参考线的位置，将参考线从画布拖曳到标尺区域，松手即可删除该条参考线，或选中参考线按Delete键删除。

图 2-6

2.1.3 基础工具

在MasterGo的工具栏中包含设计时可能使用的各种工具和功能。左侧工具统一为向画布置入内容的工具，右侧为对视图内容进行操作的工具，中间部分显示的内容取决于在画布上选择的内容，如图2-7所示。

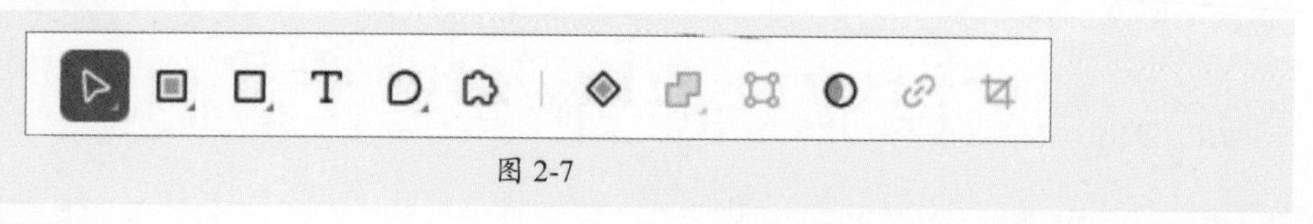

图 2-7

1. 选择工具组

- **选择工具**（V）：打开页面时，光标默认停留在“选择工具”上，可以通过此工具选择“画布”上的任意内容并拖动。
- **等比缩放工具**（K）：可以按照原图比例缩放图形大小，按住Alt键可从中心等比例缩放。
- **移动视图工具**（H）：任意拖动画布查看所有的图像，不改变图像的位置。

2. 容器工具组

容器通常用来表示创作界面的屏幕，MasterGo中的容器工具更加强大，除了可以像传统设计软件中的画板那样划定界面的范围，也可以为其添加布局网格、圆角填充等属性，还可以在容器中嵌套另一个容器。

在画布中拖曳创建自定义大小的容器或单击画布创建默认大小的容器，如图2-8所示。也可以在属性栏中选择默认容器尺寸创建，可选择手机、平板、桌面、预览、手表、纸张以及社媒类型。

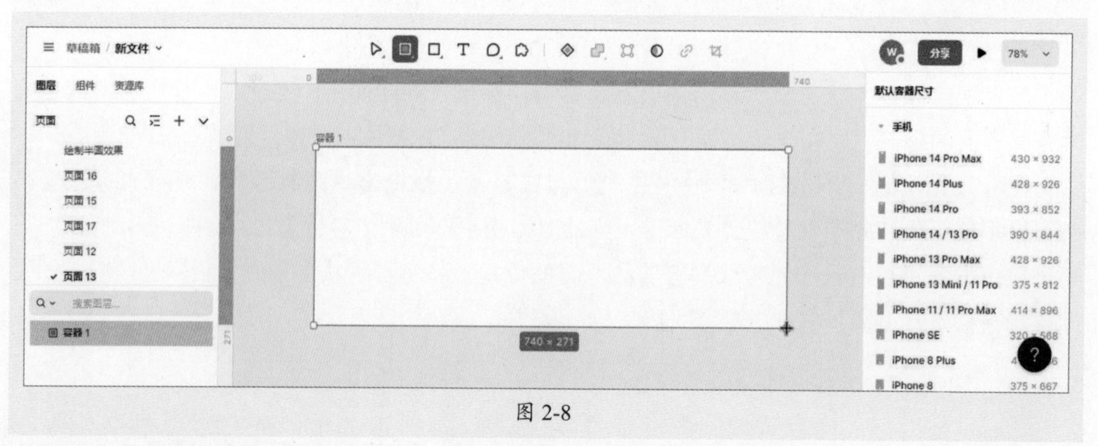

图 2-8

3. 形状工具组

使用形状工具组中的工具绘制任意图形效果。工具栏中默认为“矩形工具”，单击“形状工具”，可以选择几何形状工具、绘制工具以及连接线，如图2-9所示。

（1）绘制几何形状

选择“矩形”“圆”“直线”“多边形”以及“星形”工具时，按住Shift键可以绘制等边图形，或者以45°角为轴绘制直线，如图2-10所示；按住Alt键可以从中心创建形状并调整其大小；按Shift+Alt组合键可以同时执行这两项操作。

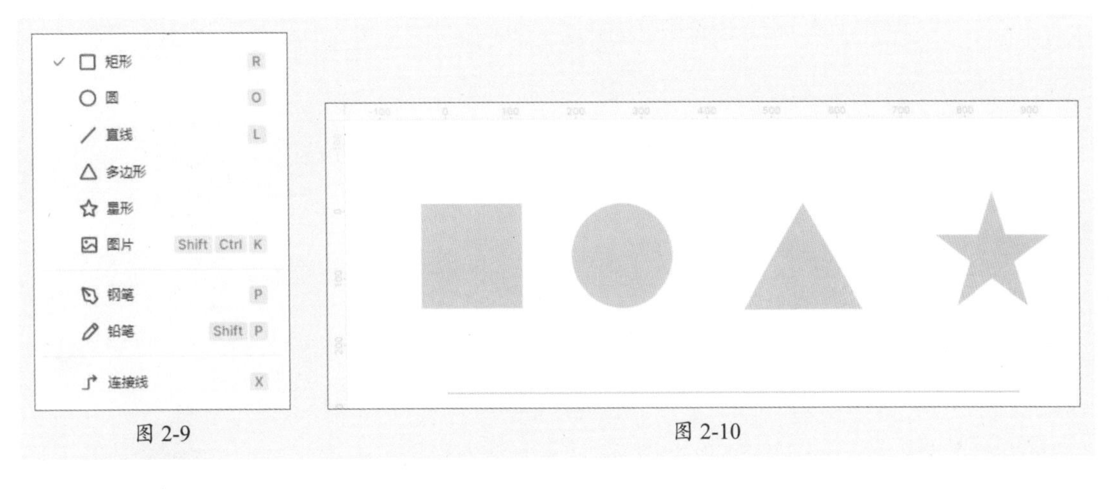

图 2-9　　　　图 2-10

选择“图片”工具，在弹出的对话框中选择图片并打开，默认为原尺寸大小，可按住Shift键或者按Shift+Alt组合键调整显示范围，如图2-11所示。

图 2-11

知识点拨

图片工具支持 PNG、JPEG、WebP、GIF格式的图像。

（2）绘制路径

可以使用“钢笔”工具和“铅笔”工具绘制路径。

- **钢笔工具**（**P**）：在画布上绘制任意图形，并且可以在封闭图形外添加点并连接组成新的图形。单击新建锚点，在曲线需要转弯的地方单击并按住鼠标左键不放，移动光标调整曲线弯度，此时处于编辑模式，如图2-12所示。
- **铅笔工具**（**Shift+P**）：在画布上自由绘制路径，释放鼠标左键后自动圆滑处理，可在右侧属性栏中设置描边等参数。

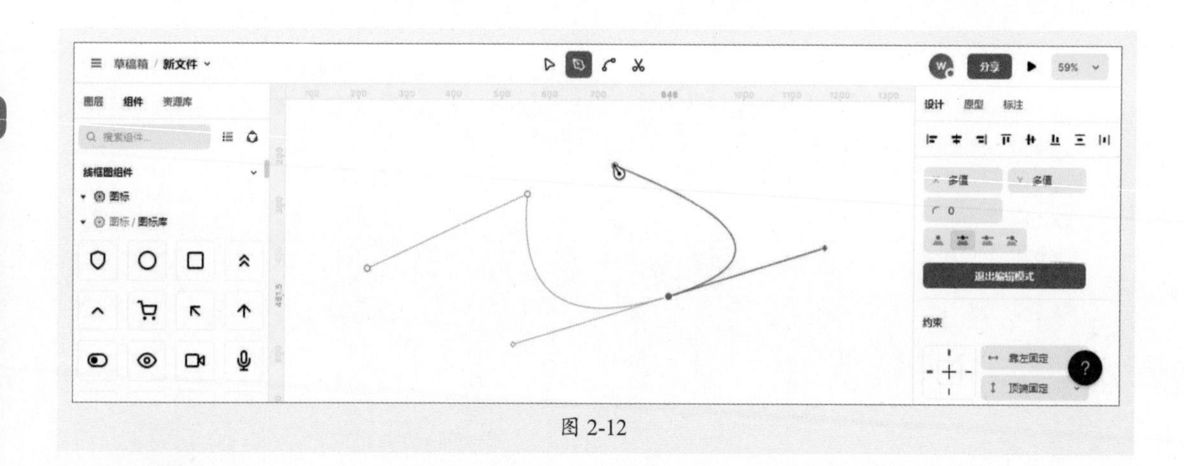

图 2-12

知识点拨

钢笔图形的编辑模式，支持调整路径、锚点、曲线等细节的模式，按Enter键完成曲线绘制，同时退出编辑模式。

（3）连接线工具

选择“连接线”工具，拖动连接点，可以自由调整连接线起始点的位置。拖动连接线上的蓝色手柄，可以调整逻辑连线的路径。创建连线后可添加文字说明，从而直观展现其交互逻辑，让产品设计思路更可视化地呈现。

4. 文本工具

选择“文本工具”T，单击画布创建文本，输入文字后，在属性栏中设置文本参数，如图2-13所示。也可以通过在画布中拖曳的方式创建固定宽高的文字，通过拖曳的方式创建的文字默认是没有填充内容的，在不输入内容时关闭会取消创建文字。

图 2-13

5. 布尔运算

选择多个图形，激活该工具，可选择“联集”“减去顶层”“交集”“差集”和“拼合”调整图形形状，如图2-14所示。

- **联集**：将选定形状合并。然后将描边施加到该外部路径，忽略重叠的任何路径。
- **减去顶层**：减去顶部的形状。

- **交集：**形状仅为两个图层的重叠部分。
- **差集：**与交集相反，仅显示两个图层的不重叠区域。
- **拼合：**将布尔运算图层合并为一个图。

图 2-14

6. 蒙版

选择图层后单击“蒙版”按钮◎，可以将任何图层转换为蒙版。使用形状作为蒙版，蒙版将应用于图层面板中同级上方的图层，如图2-15所示。已经成为蒙版的图层，再次单击图标会转为普通图层。

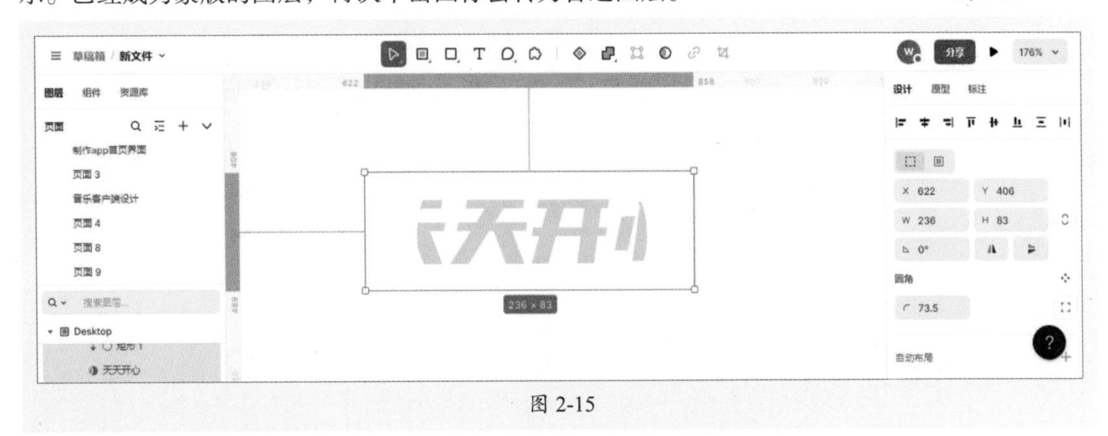

图 2-15

2.1.4 协同评论

MasterGo只需分享一个链接即可与整个团队在同一个云端协作平台内沟通、协作，完成设计稿的修改与最终交付。

1. 文件分享

单击界面右上角的“分享”按钮，在出现的弹窗中可选择分享个人文件和团队文件。当通过链接共享文件时，任何具有该文件链接的人都可以查看该文件。在下拉列表中可选择访问者的权限，如图2-16所示。

图 2-16

- **可查看：**可以查看和添加评论，将文件复制到他们的个人草稿，可以与其他查看者共享文件。但不能更改文件名称、内容和删除文件。
- **可编辑：**可以完全更改文件和项目，包括文件名称、内容和权限。

2. 标注模式

拥有编辑权限的用户，进入文件后单击上方标签页的“标注”按钮即可进入标注模式。没有文件编辑权限的用户（可查看），进入文件后默认开启标注模式。

在标注模式下，可在画布内快速查找图层的尺寸、边距等信息，所有标注区域的属性均可通过单击实现一键复制，如图2-17所示。为满足不同项目的开发需求，MasterGo支持Web、iOS和Android代码的展示，查看者根据需要在画布右上方选择相应的代码即可，如图2-18所示。

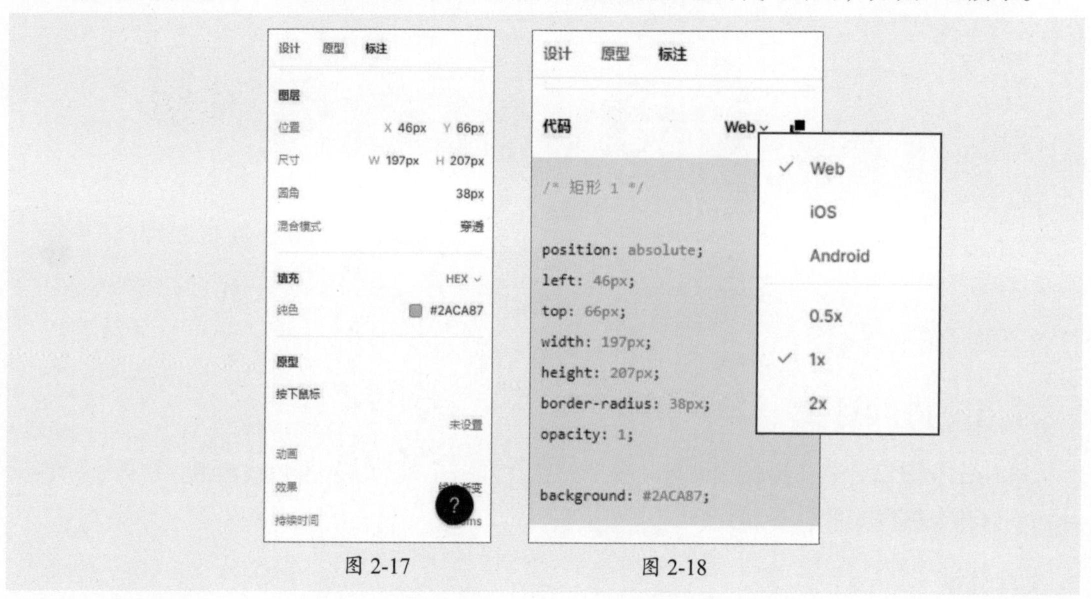

图 2-17　　图 2-18

3. 评论工具组

MasterGo中的评论工具组包括评论工具、校对工具以及圈话工具。

（1）评论工具

一个项目的设计环节，往往需要各成员基于设计稿频繁沟通、分析研讨、审核校对。传统沟通方式，容易出现沟通不及时、信息不对称、追溯性差、项目状态不清晰等一系列协同问题。

选择“评论工具”，在任意位置单击，在弹出的评论框中可添加文字和表情评论，还可以@其他成员，如图2-19所示。

图 2-19

知识点拨

评论模式下，无法对画布中的对象进行任何更改操作，需要切换到另一个工具才可恢复编辑能力。

（2）校对工具

MasterGo 的校对功能，只需在要改的文案旁标记新的文案，设计师即可一键应用替换。这样既高效，又不需要给团队外的人开通编辑权限，确保文件安全的同时又能与他人高效协同。

选择“校对工具”，当光标移动至文字图层上时，文字图层会显示蓝色虚线框，单击虚线框文字后，光标落点处会出现校对评论标识和弹窗，可以在此输入新文字内容，如图2-20所示。

当光标移动至校对标记点时，会出现校对预览弹窗；单击“查看”按钮可查看详细内容；单击“应用”按钮可将“校对文案”的内容应用到设计稿中，完成文案的修改/替换，如图2-21所示。

图 2-20

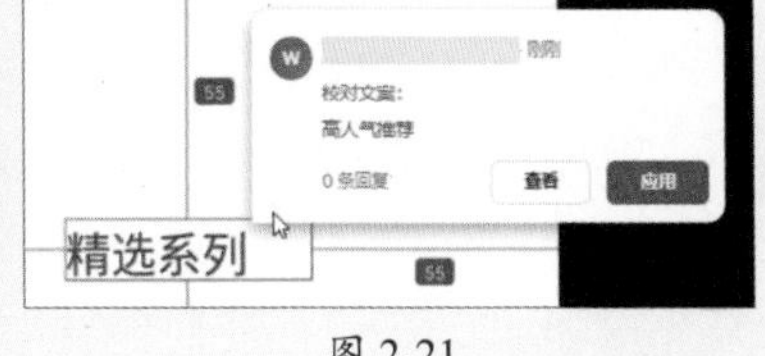

图 2-21

知识点拨

若“校对文案”中的文字内容并不需要进行校对替换，在预览弹窗中单击“查看”按钮后，继续单击“忽略”按钮即可忽略此校对评论内容，不进行文案校对。

（3）圈话工具

圈话功能通过录屏和语音让我们将想说的话实时记录，将想指出的问题快速绘制标记，降低沟通成本，提高大家在沟通过程中的协同效率。

选择“圈话工具”，单击画布任意位置出现标记点，标记点后面出现圈话操作弹窗，如图2-22所示。

图 2-22

2.1.5 切图和导出

通过将图层和切图导出为多种类型的图片，将设计素材流转到产品经理或开发工程师手中。

1. 创建切图

切图工具可以圈出画布中的任何区域，将切中的区域变成一个“特殊的图层”，这样就可以通过设置倍率、前缀和后缀的方式生成和导出PNG、JPEG、WebP和PDF等不同类型的资产。

选择“切图工具”，可通过画框来控制需要切取的范围大小。画框可以随时修改宽高及层级位置，如图2-23所示。切图的范围显示为虚线效果，如图2-24所示。

2. 导出预设

用于交付开发工程师的图片，遵守一些特定的格式会提高图片对于研发工程师的可读性，方便进入开发流程。在画布选择导出的图层后，在右侧属性栏中单击按钮，选择需要的预设项，单击“导出”按钮即可，如图2-25所示。

图 2-23

图 2-24

图 2-25

- **iOS预设：** 苹果生态平台，如图2-26所示。
- **Android预设：** 安卓生态平台，如图2-27所示。
- **Flutter预设：** 越来越多的开发者正通过Flutter平台来打造各类应用，如图2-28所示。

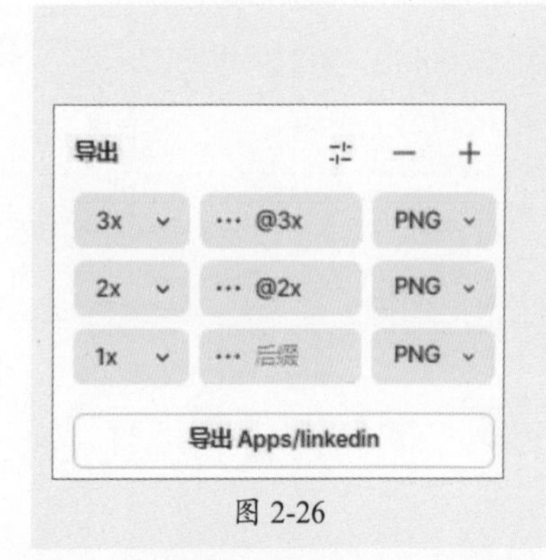

图 2-26

图 2-27

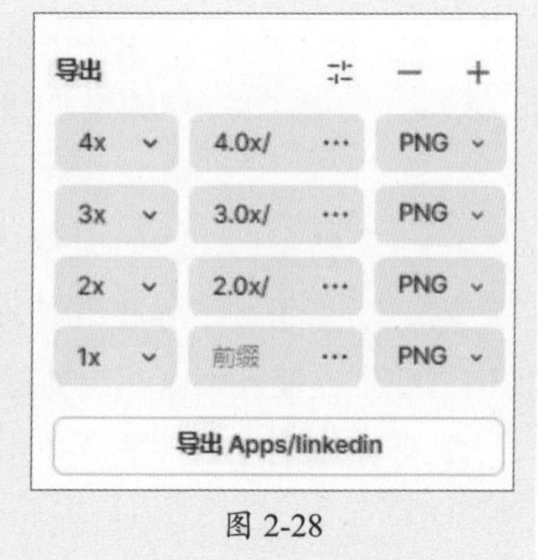

图 2-28

（1）导出倍率（x）

导出图片的尺寸为图层实际尺寸的多少倍，例如选择2x时，导出图片的尺寸为图层的2倍。

（2）设置导出图片名称的前缀/后缀

通过单击按钮来切换设置导出文件名的前缀和后缀，可以方便地命名导出的尺寸等信息，提高开发工程师查看的效率。

（3）导出格式

MasterGo 支持多种格式的图片导出，包括PNG、JPEG、PDF、WebP以及SVG，方便地将各类图层快速地导出为图片。

- **PNG：** 一种无损压缩的位图图片格式，一般用于 Java、网页等，压缩比高，生成文件体积小。
- **JPEG：** 常见的位图图片格式，由于用了有损压缩的方式，图片质量会进行一定的压缩。
- **PDF：** 常见的电子文件格式，以PostScript语言图像模型为基础。
- **WebP：** 常用于网页，同时提供有损压缩与无损压缩的图片格式，可让网页图档有效压缩，又不影响图片格式的兼容和清晰度，可让网页的整体加载速度变快。

- **SVG**：基于可扩展标记语言（XML）的、用于描述二维矢量图形的图形格式，支持无限缩放且不失真。

注意事项

单击+按钮增加导出设置，每一个设置对应一张图片；单击–按钮删除导出设置选项。

3. 导出 Sketch 格式

MasterGo 的文件可导出为 Sketch 格式，导出后可在Sketch中打开，以便作为本地备份或者向其他团队展示设计文件。选中图层，在菜单栏中执行“文件”|“导出为Sketch”命令，在子菜单中可选择“默认格式”和“保留实例覆盖”两个选项，如图2-29所示。

图 2-29

- **默认格式**：选择该选项导出时，会保留组件实例的引用关联关系，但会丢失实例的覆盖（包括颜色、文字等）。当较多实例具有覆盖时，会产生较明显的偏差。
- **保留实例覆盖**：选择该选项导出时，会将具有覆盖的实例变成组导出，虽然会丢失和组件的关联关系，但是其覆盖可以完整保留，因此具有更高的还原度。

知识点拨

实例是组件的副本，当修改组件的属性时，实例也随其变化，可达到“一处更改，多处生效”的效果。同时也可对实例进行单独修改，这种单独修改即为“覆盖”。

2.2 组件与样式

组件是可以在设计中重复使用的元素。

2.2.1 创建组件

可以从任何图像或图层中创建组件。选择“矩形工具”绘制矩形，添加文字和图标，选中所有内容，如图2-30所示。单击“创建组件”按钮创建组件，如图2-31所示。再次单击“新建可变组件”按钮新建可变组件，如图2-32所示。

图 2-30　　图 2-31　　图 2-32

2.2.2 应用预设组件

单击“组件”选项卡，可在“线框图组件”选项中选择“图标”和“组件”两个选项组的预设模板，图2-33所示为应用“组件/卡片”模板的效果，可双击组件模板进入编辑模式更改内容。

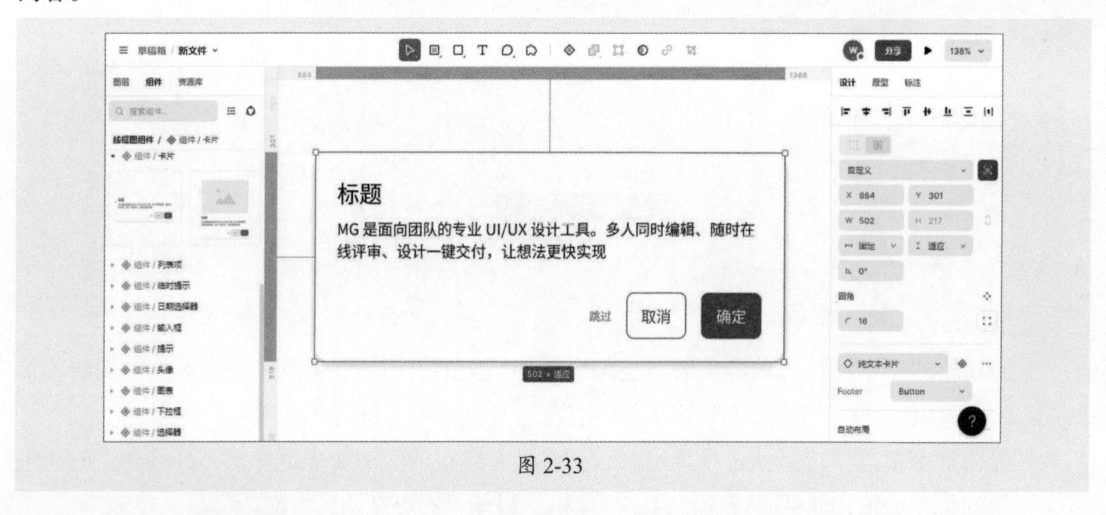

图 2-33

2.2.3 创建样式

通过创建样式，可以把图像的属性保存下来，并在其他图像上重复使用。

（1）圆角样式

选中图像，在右侧属性栏中，单击“展开圆角”按钮⛶设置圆角参数，如图2-34所示。单击“创建或使用样式”按钮⁘，在弹出的“圆角样式”菜单中可创建、搜索样式，如图2-35所示，单击“创建样式”按钮添加样式名称，应用效果如图2-36所示。

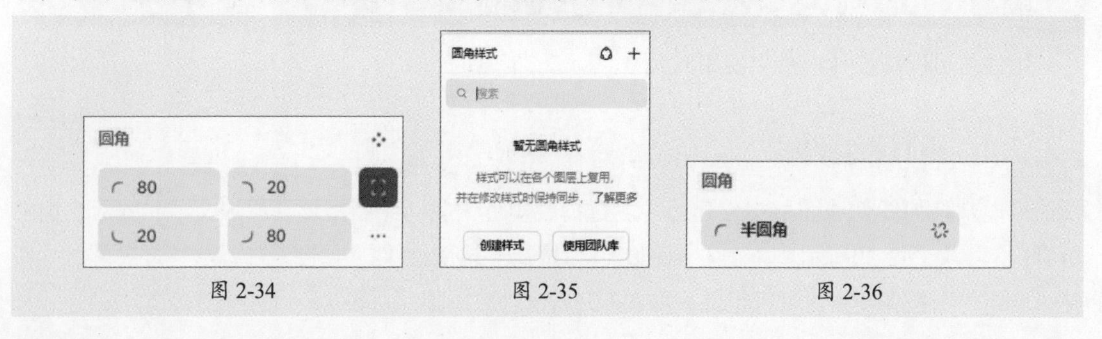

图 2-34　　图 2-35　　图 2-36

（2）间距/边距样式

选择多个图形，可在“自动布局”选项中设置间距、边距样式。以设置间距为例，可选择水平、垂直的方向对齐，设置分布间距，如图2-37所示，单击“创建或使用样式”按钮⊡，在弹出的“间距样式”菜单中可创建样式，应用效果如图2-38所示。

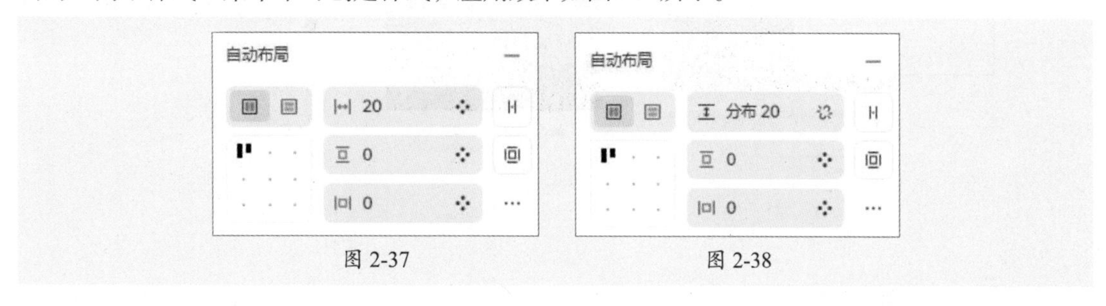

图 2-37　　图 2-38

（3）文字样式

使用“文本工具”输入文字，在属性栏中设置文字参数，如图2-39所示，单击“文字设置”按钮⊟，可设置文字参数，如图2-40所示，单击“创建或使用样式”按钮⊡，在弹出的“文字样式”菜单中可创建样式或应用预设样式，单击“创建样式”按钮⊞添加样式名称，效果如图2-41所示。

图 2-39　　图 2-40　　图 2-41

（4）颜色样式

颜色样式主要是应用于填充文字颜色和渐变色。创建文本或图形后，在填充或描边选项中可单击颜色，在弹出的对话框中设置纯色、渐变以及图片参数，图2-42和图2-43所示分别为纯色和径向渐变参数。单击“创建或使用样式”按钮⊡，在弹出的“颜色样式”菜单中可创建样式或应用预设样式，如图2-44所示。

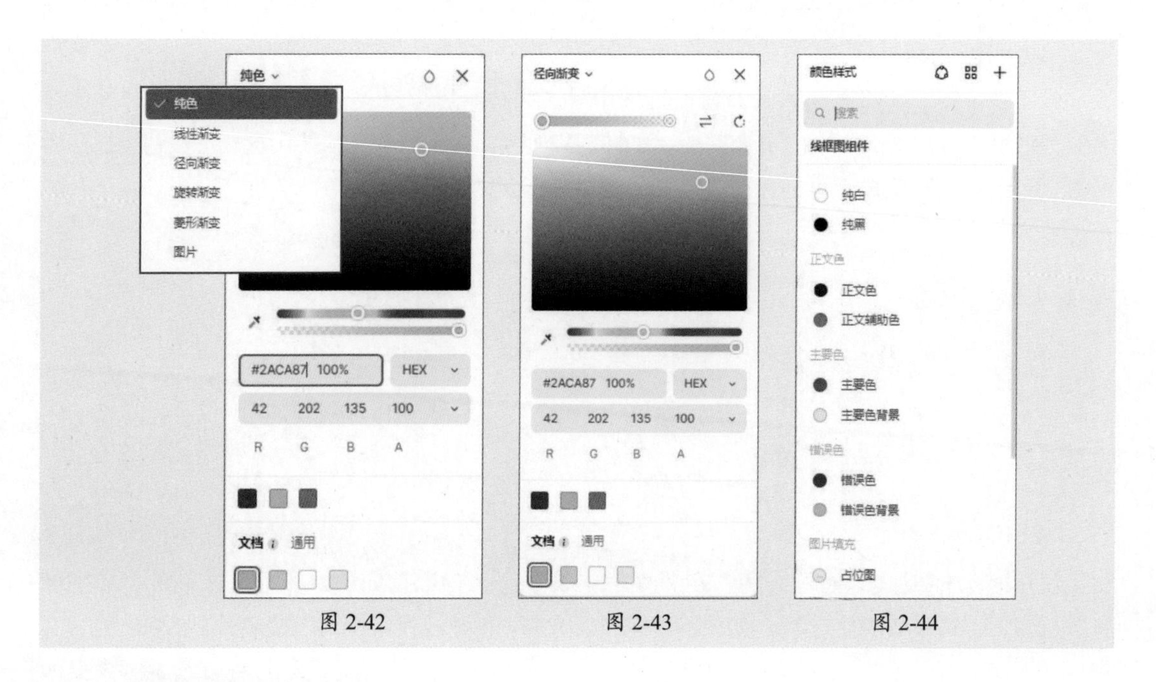

图 2-42　　图 2-43　　图 2-44

（5）特效样式

在属性栏中可以创建“外阴影”“内阴影”“高斯模糊”以及“背景模糊”特效样式，如图2-45所示。单击“创建或使用样式”按钮，在出现的弹窗中可创建样式或应用预设样式，如图2-46所示。选择样式后单击“编辑样式”按钮，在弹出的“编辑样式”菜单中可调整样式参数，如图2-47所示。

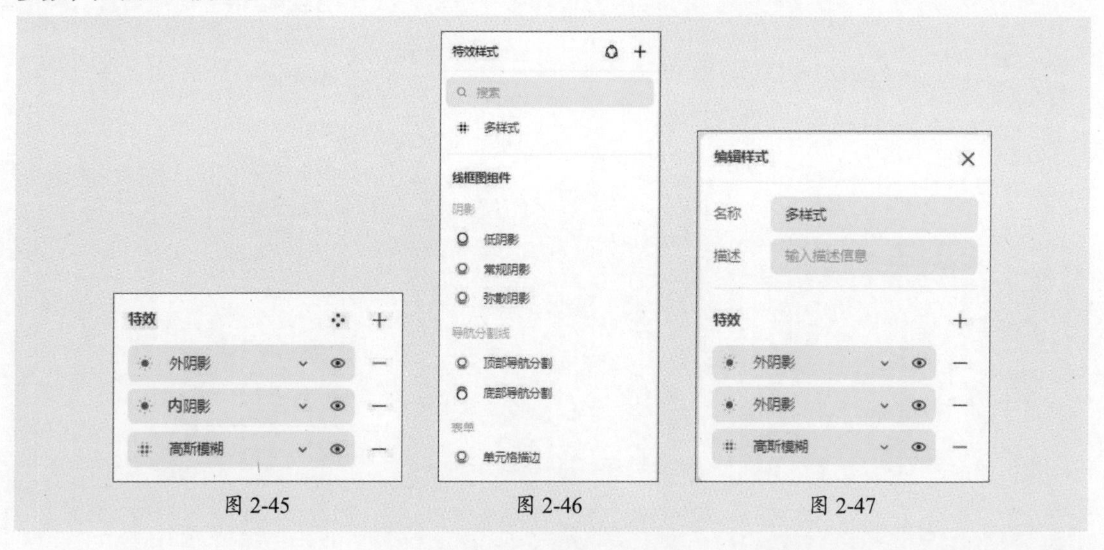

图 2-45　　图 2-46　　图 2-47

2.3 原型交互

在MasterGo中，可以放心使用原型模式快速创建种类丰富的交互效果。通过单击、悬停、按下、拖曳、延时等效果在容器与容器、容器与图层、图层与图层间创建交互流程，并进行演示。在导航栏中单击“原型”按钮切换至原型模式，画布右侧显示设计稿的通用设置信息，如图2-48所示。

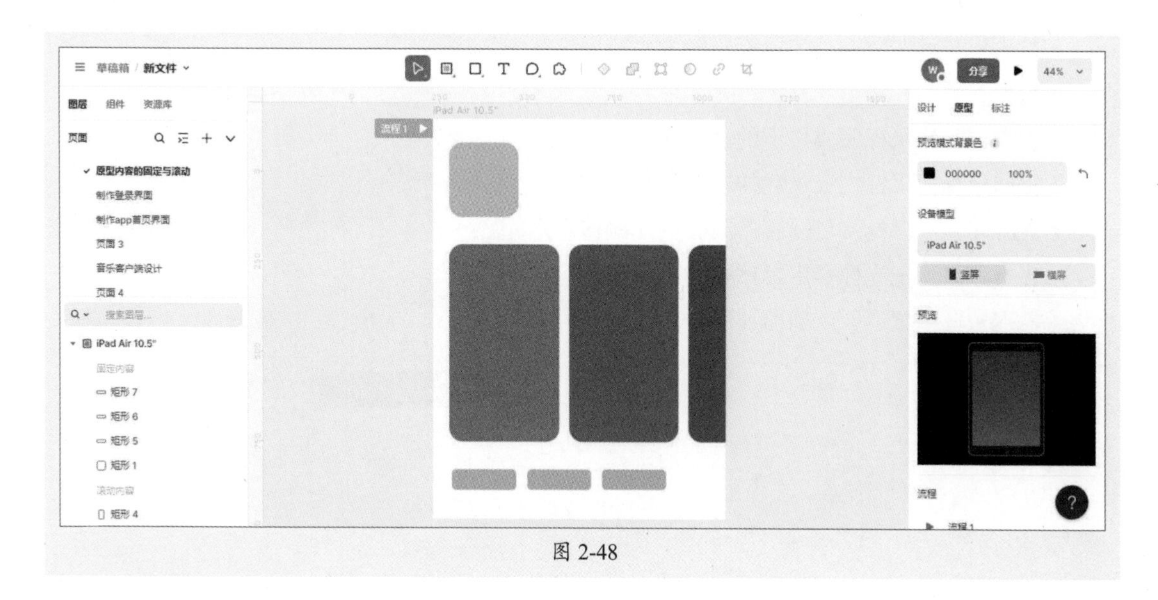

图 2-48

- **预览模式背景色：** 设置演示原型时的舞台背景。
- **设备模型：** 选择设备模型，可以在“预览”中看到设备的正面样式，并在演示原型时模拟真机效果。
- **流程：** 选中一级容器，在右侧属性栏中添加流程。可以对该流程执行“演示”▶、“定位起始页面”⊙、“复制链接”🔗等操作，右击可以执行“重命名”或“删除”操作。

单击画布左侧的“流程1”，选中画布，右侧属性栏会显示所选内容的交互设计信息，如图2-49所示。

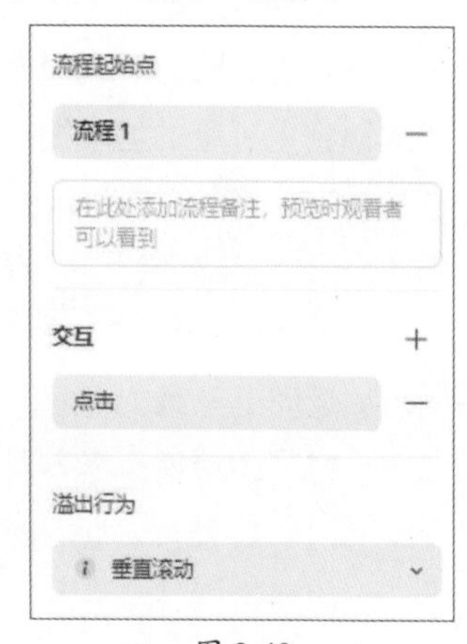

图 2-49

- **流程起始点：** 为一级容器添加“流程起始点”，创建流程。选中一级容器（画布上的最外层容器）为其添加一个“流程起始点”。
- **交互：** 选中图层后，可在画布中拖曳连接器添加，也可在右侧属性栏中的“交互”选项中单击⊞按钮设置交互。
- **溢出行为：** 设置无溢出行为、水平、垂直、水平和垂直方向的滚动效果。

2.3.1 交互

在“交互”选项中可以设置“触发”“动作”以及“动画”选项，如图2-50所示。

（1）触发

MasterGo原型功能支持在设计稿中添加多种交互行为，可以更清晰地梳理页面逻辑，模拟用户的交互方式。在这个过程中，引起这些交互行为的动作叫作触发。在演示时，用户在指定区域做出设计的触发行为，会播放对应的交互动作。目前，MasterGo支持的触发种类有“点击”“悬停”“按下”“拖曳”“按下鼠标”“抬起鼠标”“光标移入”“光标移出”和“延迟”，如图2-51所示。

- **点击：** 鼠标按下后抬起。
- **悬停：** 鼠标停在目标容器或图层。

- **按下：** 持续按鼠标，按鼠标时触发生效，松开即恢复。
- **拖曳：** 按下并拖曳鼠标。
- **按下鼠标：** 鼠标完成按下的动作。
- **抬起鼠标：** 鼠标完成抬起的动作。
- **光标移入：** 鼠标从目标容器或图层外部移入内部。
- **光标移出：** 把光标移出目标容器或图层。
- **延迟：** 在“延迟”选项的右侧可以设置延迟时间。

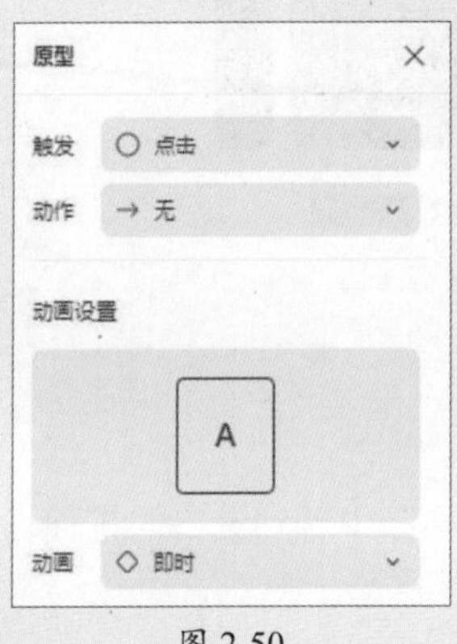

图 2-50

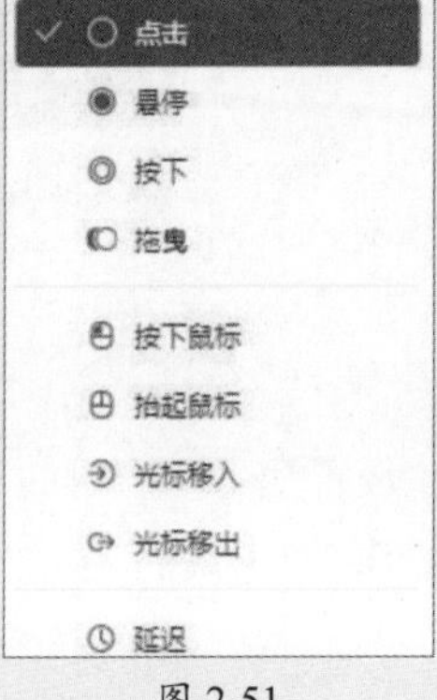

图 2-51

（2）动作

一个容器或图层在设置了触发之后，前往到另一容器、打开链接或返回到上一级的这种用户路径叫作动作。目前，MasterGo支持的动作种类有“前往”“返回上一级”“容器内滚动”“打开链接”“切换组件状态”“打开浮层”“关闭浮层”和“替换浮层”，如图2-52所示。

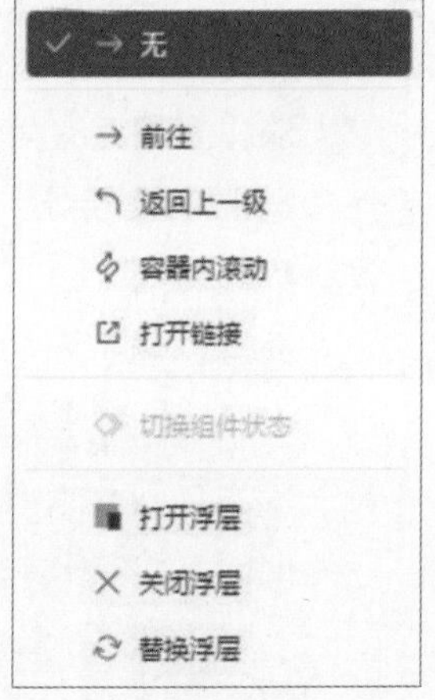

图 2-52

- **前往：** 可前往除自身所在的一级容器之外的所有一级容器。
- **返回上一级：** 可返回上一级。
- **容器内滚动：** 当容器区域大于原型演示区域时，该选项可实现同一容器内，演示界面区域从触发图层位置滚动到目标图层位置。
- **打开链接：** 选择该选项后在右侧可输入要打开的网址。
- **切换组件状态：** 可在既有的“组件状态”之间设置跳转关系。
- **打开浮层：** 容器或图层均可设置“打开浮层”，而“浮层”的对象只能是容器，不可以是图层。
- **关闭浮层：** 只生效于已经设置为浮层的容器。
- **替换浮层：** 在原来的浮层上做出相应的触发之后会替换新的浮层。

注意事项

浮层通常用于Dialog、Alert、Toast或“抽屉”等会悬浮在已有页面的通知或临时页面的设计中。

（3）动画和效果

动画是指在设计交互时，从一个页面到另一页面的过渡过程。MasterGo 提供多种动态过渡效果，可以满足更加灵活、多变的交互需求。MasterGo目前有“即时”“溶解”“滑入”“滑出”“移入”“移出”“推入”和“智能动画”共8种动画形式，如图2-53所示。选择任意一个动画可在预览区域进行预览，方便选出合适的动画。

设置动画以后，可以在“效果”选项中为这个动画设置变化速度，MasterGo支持“线性渐变”“缓入”“缓出”“缓入缓出”“后撤缓入”“停滞缓出”和“弹性渐变”共7种预设的过渡效果，同时支持自定义过渡效果，增加更多样的视觉变化，如图2-54所示。

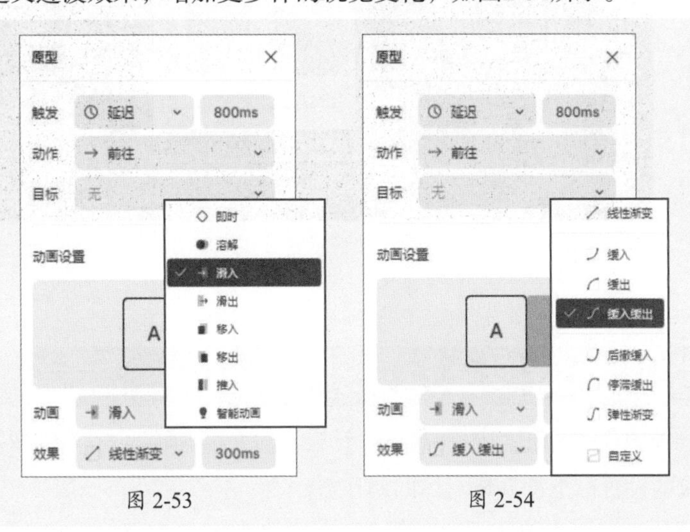

图 2-53　　图 2-54

注意事项

与其他动画不同的是，智能动画可以根据两个关键帧之间位置、颜色、形状等因素的变化自动填补空间，形成一个渐变过程。

2.3.2 溢出行为

在制作原型时，可以通过为容器设置溢出行为来实现演示时的滚动效果。通过选取不同的滚动方式，可以实现纵向列表、横向列表、照片墙或互动地图等交互效果，构建出更复杂或更高保真度的原型。

当容器中有元素超出了容器框选的范围时，在原型模式下选中该容器，则可在右侧属性栏中的“溢出行为”选项中进行设置，以便展示滚动效果，包含“无滚动”“水平滚动”“垂直滚动”和“水平&垂直滚动”4个选项，默认选项为无滚动。

- **无滚动：**页面不会滚动展示，超出容器框选范围的元素不会在演示时被看到。
- **水平滚动：**当有元素在水平方向超出了容器的框选范围时，设置该选项，可以在演示时水平滚动页面，以便展示所有内容。
- **垂直滚动：**当有元素在垂直方向超出了容器的框选范围时，设置该选项，可以在演示时垂直滚动页面，以便展示所有内容。
- **水平&垂直滚动：**当有元素在垂直方向和水平方向均超出了容器的框选范围时，设置该选项，可以在演示时在水平方向和垂直方向滚动页面，以便展示所有内容。

设置完成后，单击界面右上角的“预览”按钮▶或单击画布中的“流程1”旁的▶按钮，进入演示界面后，选择要演示的流程，如图2-55所示。

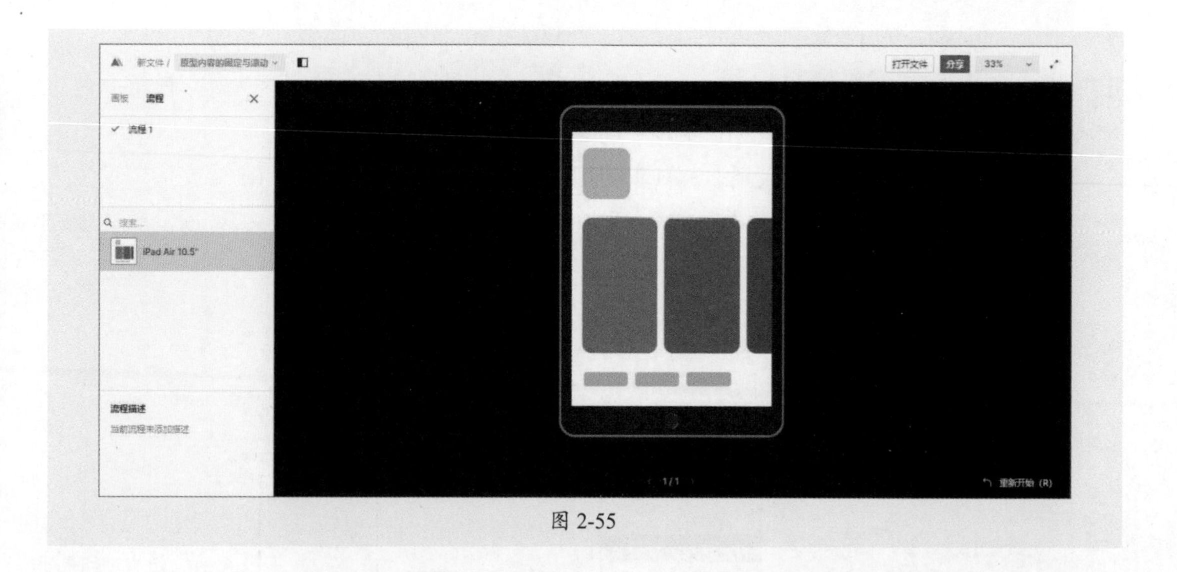

图 2-55

案例实战：原型交互效果制作

本案例将利用前面所学知识制作原型交互效果。涉及的知识点有矩形的绘制、图片的填充以及原型交互效果的设置。下面介绍具体的制作方法。

1. 制作视觉效果

本节将制作界面的视觉显示效果，使用“容器工具”创建容器，使用“矩形工具”绘制矩形，在“资源库”中填充颜色并调整显示。

步骤 01 启动MasterGo，单击新建文件，选择“容器工具”，在右侧属性栏中选择“平板”|“iPad Air 10.5”创建容器，如图2-56所示。

图 2-56

步骤 02 选择“矩形工具”绘制矩形，设置“圆角”为30，如图2-57所示。

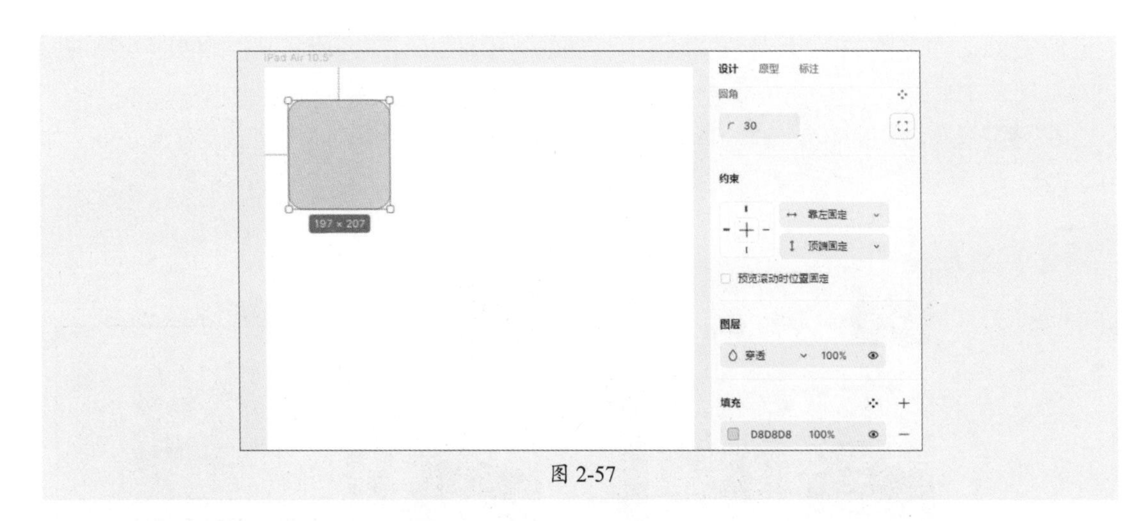

图 2-57

步骤 03 绘制竖方向矩形，按住Alt键移动复制两次，水平平均分布，如图2-58所示。

步骤 04 绘制横方向矩形，设置“圆角”为15，按住Alt键移动复制两次，水平平均分布，如图2-59所示。

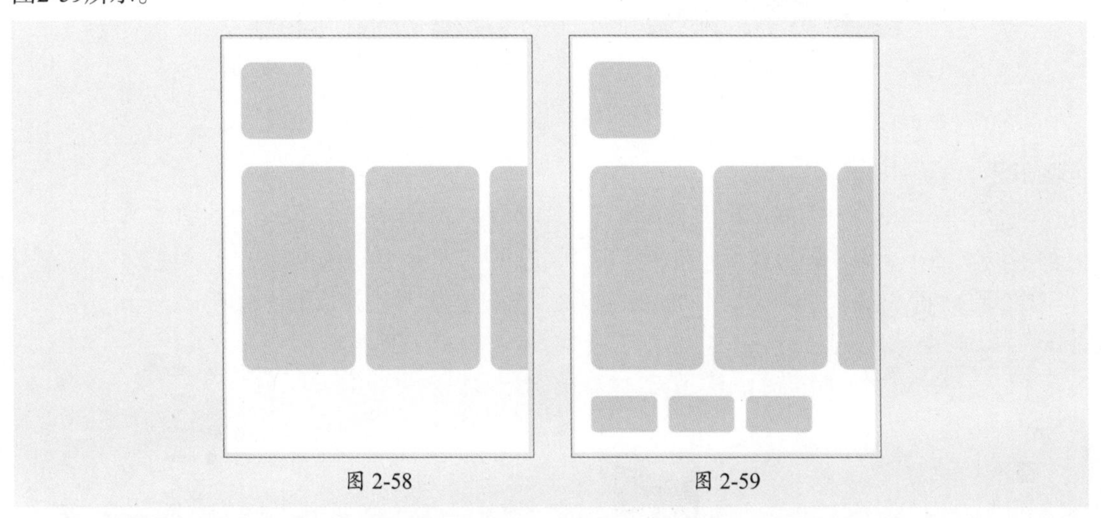

图 2-58　　图 2-59

步骤 05 选择第一个矩形，在资源库中填充“旅游”主题的图片，在右侧属性栏中，单击填充色块，调整裁剪范围，如图2-60所示。

图 2-60

步骤 06 分别为竖方向矩形填充“旅游”主题的图片，为横方向矩形填充“自然”主题的图片，如图2-61所示。

步骤 07 选择第一排和第三排矩形，在右侧属性栏勾选“预览滚动时位置固定”复选框，如图2-62所示。

图 2-61

图 2-62

2. 添加交互效果

本节将为界面添加交互效果，上下区域元素为固定状态，中间元素为滑动查看效果，单击即可放大，再次单击即可返回。

步骤 01 在右侧属性栏中切换至“原型”模式，并设置预览模型，如图2-63所示。

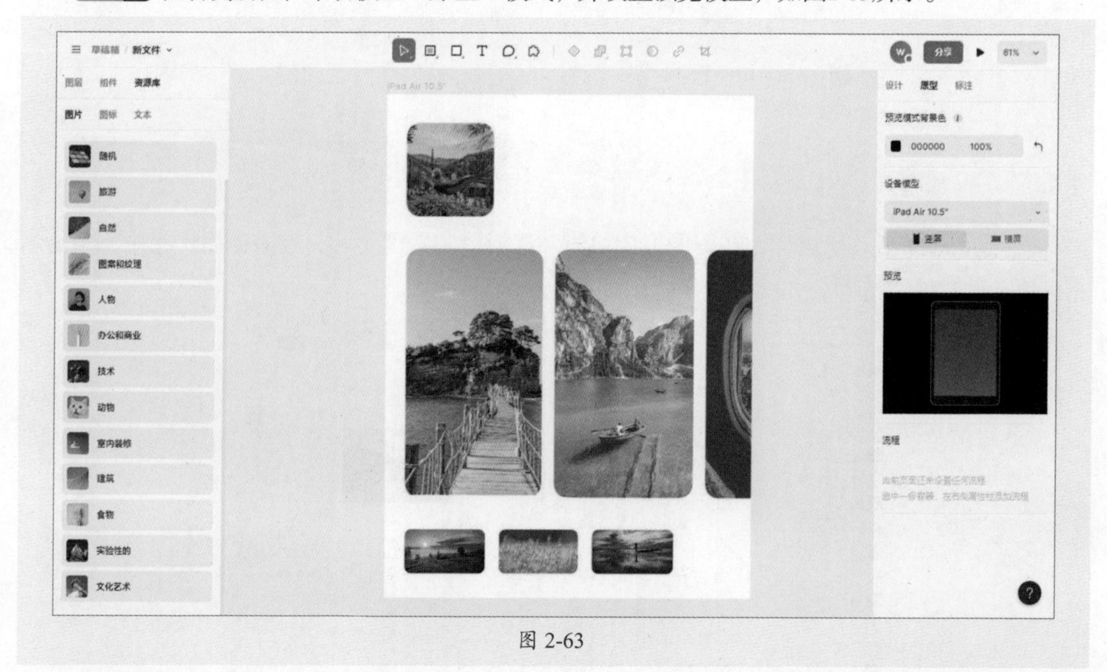

图 2-63

步骤 02 选择容器后，在右侧属性栏中添加流程起始点，在“溢出行为”选项中设置“水平滚动”，如图2-64所示。

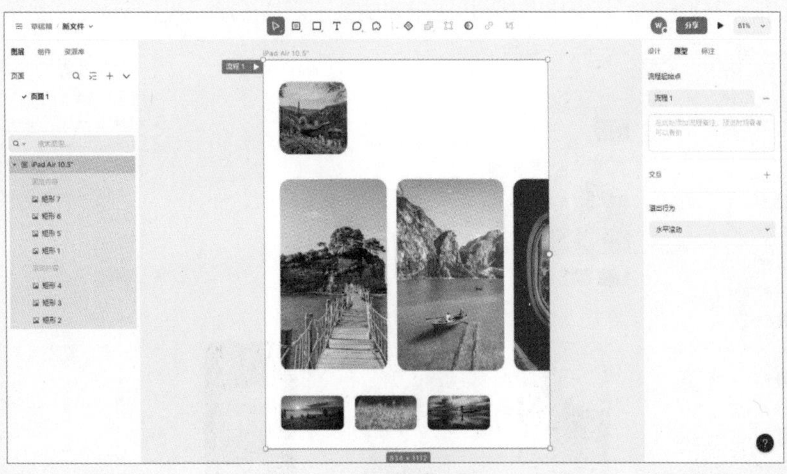

图 2-64

步骤 03 选择滚动的图层，在右侧设置动作，如图2-65所示。

图 2-65

步骤 04 选择容器，按住Alt键移动复制三次，如图2-66所示。

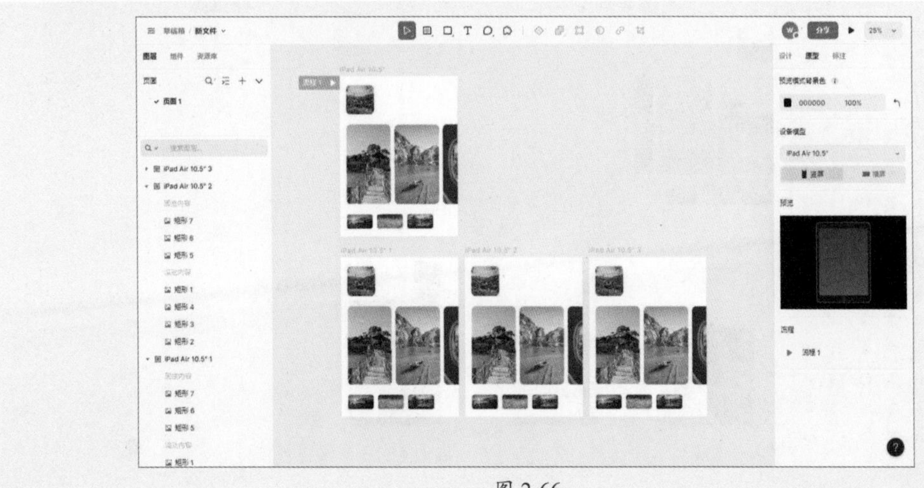

图 2-66

步骤 05 删除部分矩形，等比例放大并居中对齐，如图2-67所示。

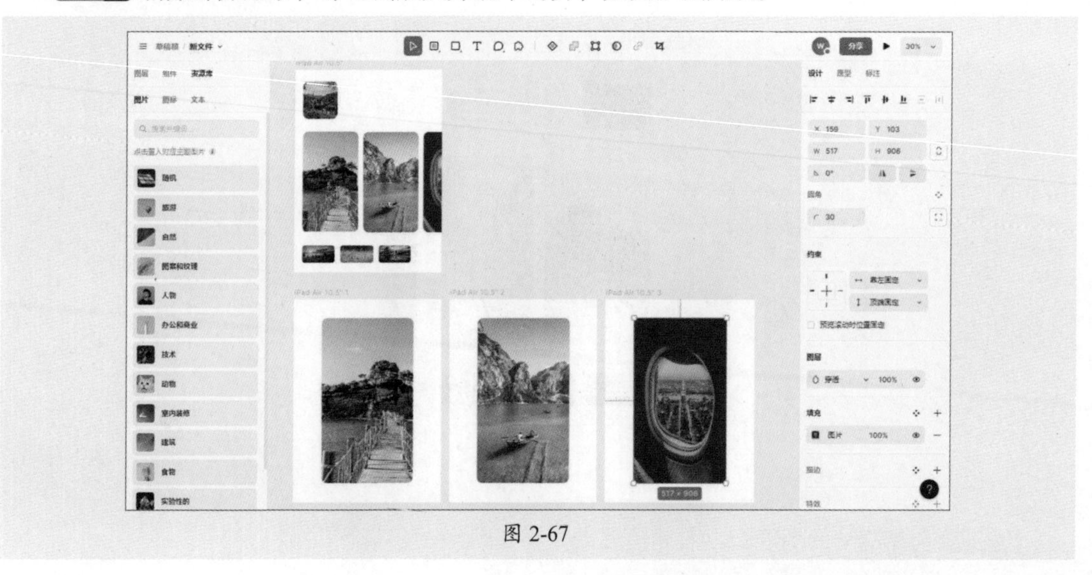

图 2-67

步骤 06 在组件中选择方向图标应用，“大小”为100，颜色为“描边色/描边浅色”，如图2-68所示。

图 2-68

步骤 07 选择“容器1”的矩形，在“原型”中添加“交互”参数，如图2-69所示。

图 2-69

步骤 08 使用相同的方法，分别设置后两个矩形的交互效果，如图2-70所示。

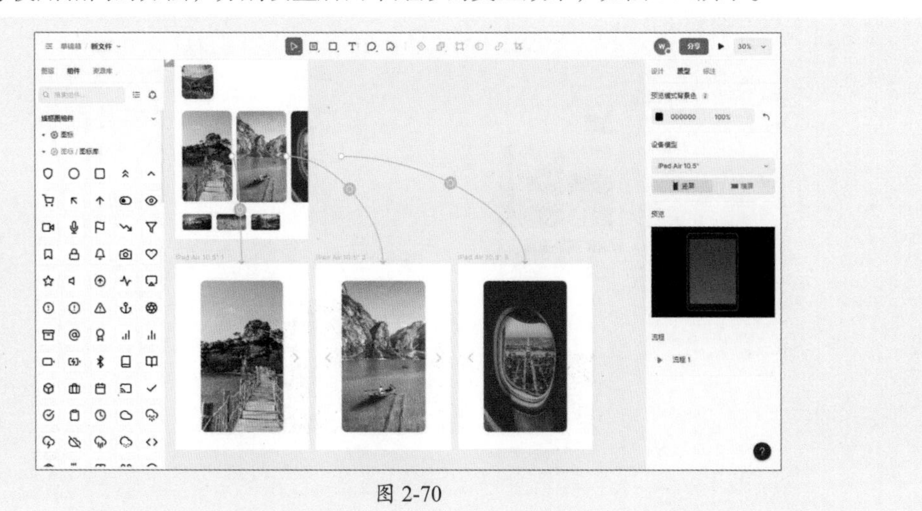

图 2-70

步骤 09 选择右方向箭头，添加“前往”交互效果，如图2-71所示。

图 2-71

步骤 10 分别选择剩下两个容器的箭头，添加“前往”交互效果，如图2-72所示。

图 2-72

步骤 11 选择“iPad Air 10.5" 1”的矩形，设置交互动作，如图2-73所示。

图 2-73

步骤 12 为剩下两个容器的矩形添加相同的交互动作，如图2-74所示。

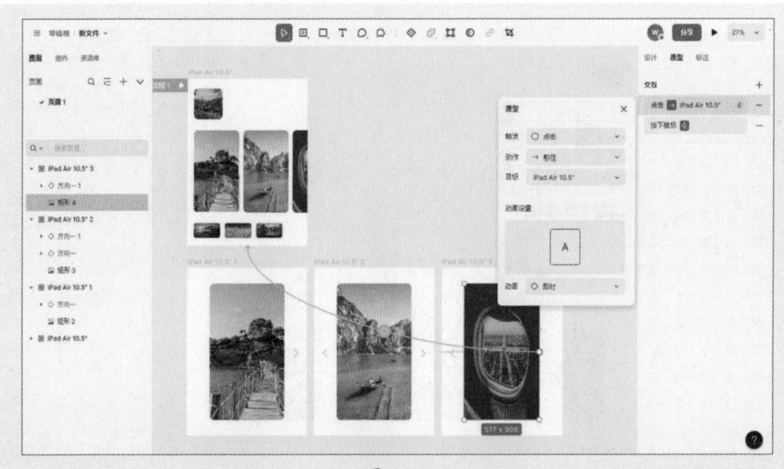

图 2-74

步骤 13 单击界面右上角的“预览”按钮▶，查看演示效果，如图2-75所示。

图 2-75

步骤 14 单击矩形图像，放大效果如图2-76所示。

图 2-76

步骤 15 单击箭头，切换效果如图2-77所示。

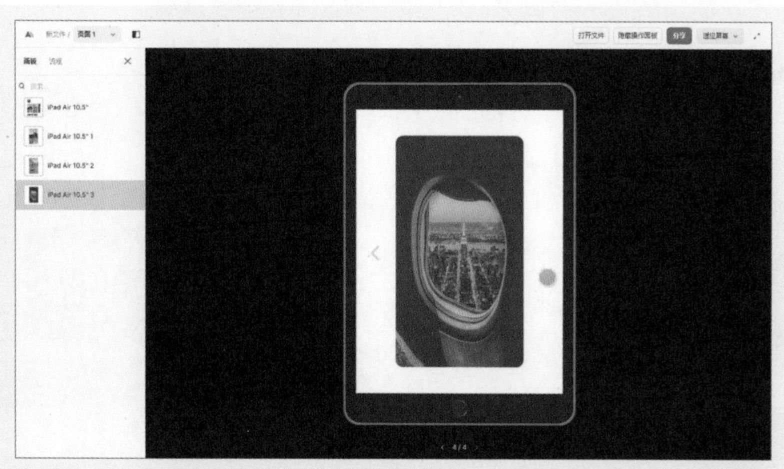

图 2-77

步骤 16 单击图片返回主界面，如图2-78所示。

图 2-78

新手答疑

1. Q：在UI设计中，MasterGo可以做什么？

A：相较于传统的“单兵作战”的工作方式，MasterGo 提供文件分享、评论圈话、跟随视角、文件管理等多种协同沟通方式，帮助产品经理、设计师、工程师高效协同，让设计与交付更简单。

- **产品经理：**支持在线绘制原型，实时查看最新设计文件，一键生成高保真原型。
- **设计师：**支持设计文件云端存储实时更新，多种设计提效插件，增强创作能力。
- **工程师：**支持随时随地查看设计图，自动获取标注代码，下载多种格式切图。

2. Q：在MasterGo中如何创建团队？

A：在首页单击“新建团队”按钮后会出现“创建新团队”弹窗，可以在弹窗内编辑团队名称、团队简介以及上传团队标志等，最后单击“创建团队”按钮即可，如图2-79所示。创建完成后可以邀请成员加入团队，在项目中添加搭建团队组件库，团队库可以帮助整个团队成员使用最新版本统一的组件和样式库，避免重复造轮子。

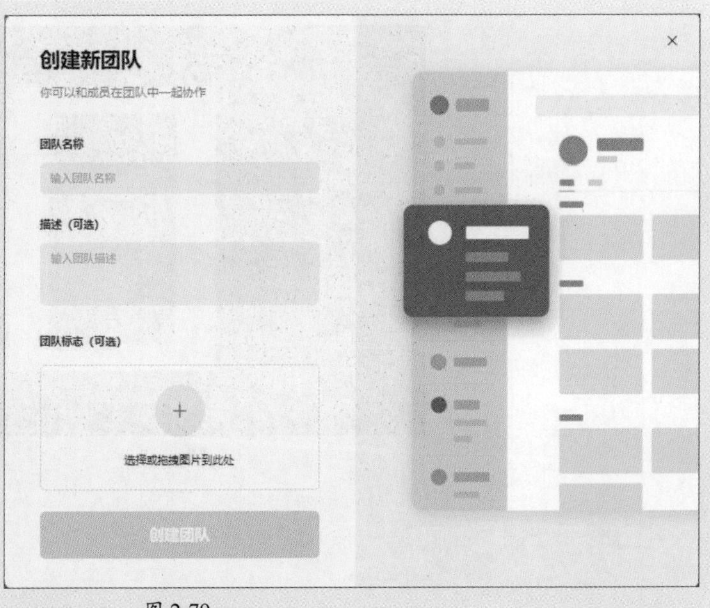

图 2-79

3. Q：除了MasterGo，还有哪些在线设计工具？

A：除了使用MasterGo，还可以使用Pixso、即时设计、墨刀进行设计。

- **Pixso：**集UI设计、原型制作、团队协同、设计交付、资源管理于一体的设计工具，适用于各种规模的设计团队和设计师个人使用。
- **即时设计：**在线可协作的UI设计工具，即时设计拥有海量的设计资源与素材，支持导入Sketch格式的源文件。支持创建交互原型、获取设计标注、快速切图、团队协作等工作。
- **墨刀：**集原型设计、协作、流程图、思维导图为一体的设计工具，支持团队项目实时协作和管理。

第3章 界面图标设计

图标设计是一种简洁且直观的视觉元素，可以快速向用户传达某种信息和概念，为其提供直观和便捷的操作体验。本章先从图标的类型、设计风格以及图标的辅助设计讲起，然后对不同系统的图标设计规范进行讲解。

3.1 认识图标

图标是一种图形化的标识，由色彩、形状、文字等元素组成，如图3-1所示，可以快速给用户传递特定的含义和信息。在UI界面设计中是重要的设计板块，图标的设计不仅可以传递信息，还可以增强用户体验和产品的形象气质。

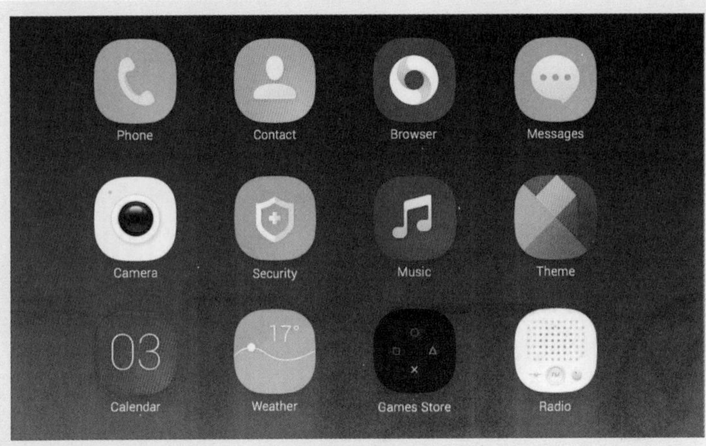

图 3-1

3.1.1 图标的类型

图标主要是由线、面、颜色、文字等元素组成，这些元素可以组合成不同的图标类型。可以将常见的图标分为应用图标、功能图标以及装饰图标。

1. 应用图标

应用图标也叫启动图标，是不同数字产品在各操作系统平台上的入口和品牌展示用的标识，常出现在主屏幕、应用商店（软件管家）、设置等场景中，如图3-2～图3-4所示，点击图标即可进入应用、了解详情下载或设置参数。

图 3-2

图 3-3

图 3-4

2. 功能图标

功能图标顾名思义是具有一定功能的图标，也叫工具图标。其作用是替代文字或者辅助文字来指导用户的行为，功能图标要做到比文字更加直观，易懂易记，符合用户的认知习惯，有助于提高易用性。图3-5和图3-6所示分别为移动端、PC端功能图标。

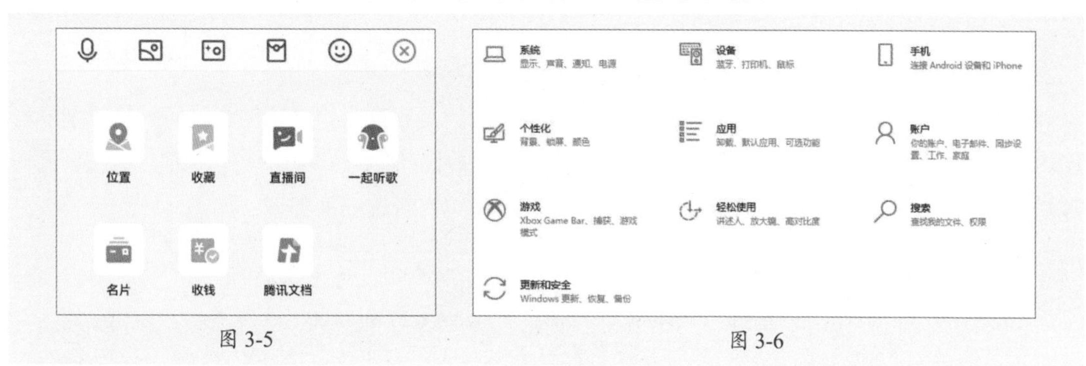

图 3-5　　图 3-6

3. 装饰图标

装饰图标没有工具图标设计得那么严谨，自由度相对较高。装饰图标的存在主要是提高界面的设计性，提升用户线上体验感。例如节日期间、会员日、活动或者大促期间的首页金刚区个性化图标，如图3-7和图3-8所示。

图 3-7　　图 3-8

除此之外，页面升级、空白页、分类列表、奖励、用户等级等图标都属于装饰图标，如图3-9和图3-10所示。

图 3-9　　图 3-10

3.1.2 图标的设计风格

图标可以理解为图形的语言，不同的项目需要对应不同风格的图标。常见的设计风格有线性风格、面性风格、扁平风格、轻质感风格、毛玻璃风格、新拟态风格、拟物写实风格以及实物贴图风格。

1. 线性风格

线性风格的图标是通过线条来表现物体轮廓的图标，具有高辨识度、清晰、简约易识别的特点，不会对页面造成视觉干扰。线性图标的设计并非一种设计形态，基于线的粗细、颜色、圆角等基础属性，可细分为单色、双色、渐变色、透明度/叠加、断点五种类型，如图3-11所示。

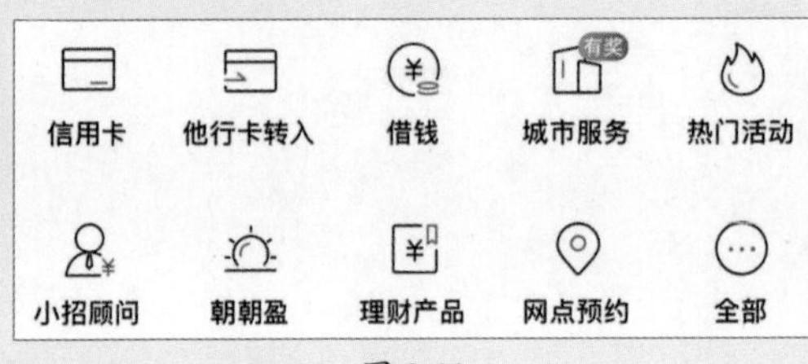

图 3-11

2. 面性风格

面性风格的图标具有较高的辨识度和记忆度，能有效地传达品牌形象和产品特点。通过不同的颜色、线条和形状组合来表达不同的情感和氛围，相较于线性图标，更能在视觉上产生强有力的冲击力。不同的填充风格可细分为单色、多色、渐变色、透明度/叠加四种类型，如图3-12所示。

图 3-12

3. 扁平风格

扁平风格图标是综合线性和面性风格图标的一种组合形式，通过简单的线条和形状组合而成，没有过多的细节和复杂的纹理，摒弃渐变、高光、浮雕等能造成透视感的视觉效果，是一种简洁、明了、直观的设计风格，如图3-13所示。

图 3-13

4. 轻质感风格

轻质感风格的图标是介于扁平和立体之间的设计风格，不会有太多复杂的元素。主要是通过各种色彩渐变、发光、投影等设计手法增强图标的层次感、饱和度及立体感，给人年轻化、轻盈、精致的感觉，如图3-14所示。

图 3-14

5. 毛玻璃风格

毛玻璃风格的图标最大的特点是像玻璃一样通透，可以透过表层看到背景的模糊形态。在设计上主要是通过元素叠加的方式，对背景进行虚化处理，以形成玻璃模糊质感，在视觉上使图标层次丰富、通透感强，同时，鲜艳的色彩和轻薄微妙的边框也是毛玻璃风格图标的特征之一，如图3-15所示。

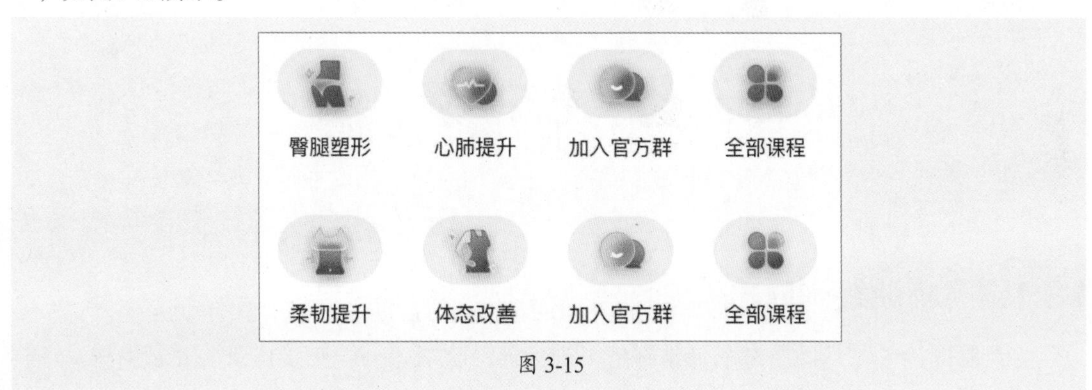

图 3-15

6. 新拟态风格

新拟态风格图标通过简单的线条、几何形状和纹理，结合扁平化设计元素、渐变色彩以及光影处理等手法，增强图标的质感和立体感。但这类图标局限性较大，通常在整个产品都是该风格的情况下才使用，背景以灰色居多，如图3-16所示。

图 3-16

7. 拟物写实风格

拟物写实风格的图标是以现实生活中的真实物品或场景作为参照，进行细致描绘和艺术加工的设计风格。通过将物体细节、光影效果、透视感等元素融入到图标设计中，呈现出高度真实感和立体感，如图3-17所示。

图 3-17

8. 实物贴图风格

实物贴图风格图标是一种将真实物品或现实场景通过摄影或设计处理后作为图标的表现形式，具有很强的真实感和立体感，能够直观地表达设计意图和功能，同时呈现出独特的质感和细节表现，如图3-18所示。

图 3-18

3.1.3 辅助绘制网格

在绘制图标时，借助栅格系统（网格）进行辅助绘制，可以使其在视觉上保持一致。苹果、谷歌、IBM、阿里Ant Design都出过相关的图标网格规范。

在UI界面设计中，网格数一般为4或8的倍数，以此保证不同尺寸下的适配问题。以48px×48px@2x为例，四周内出血4px，安全区域则为40px×40px，如图3-19所示。

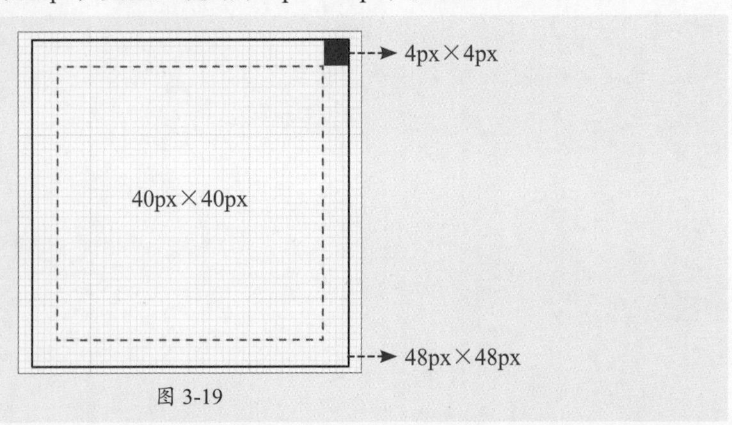

图 3-19

知识点拨

其中，iOS最小点击面积为44pt，网格数设置为4的倍数，安卓最小操作热区为48dp，网格设置为8的倍数。

图标设计的基本构成单元为关键线形状，关键线形状通常包括圆形、方形、纵向矩形、横向矩形等基本形状，如图3-20所示。

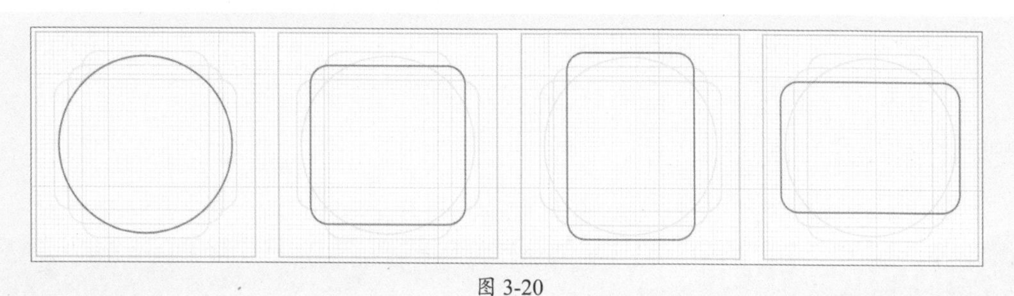

图 3-20

其中关键线形状的具体尺寸如下。

- **圆形：** 视觉张力较小，可以撑满整格，尺寸为40px×40px。
- **方形：** 视觉张力较大，可以适当缩小，尺寸为36px×36px。
- **纵向矩形：** 一般上下撑满，左右留间距，尺寸为32px×40px。
- **横向矩形：** 左右撑满，上下留间距，尺寸为40px×32px。

在设计图标时，要注意图标线条宽度的一致性，该画布大小的线宽取值为2pt，端点为圆头端点，倾斜角度为45的倍数，如图3-21所示。

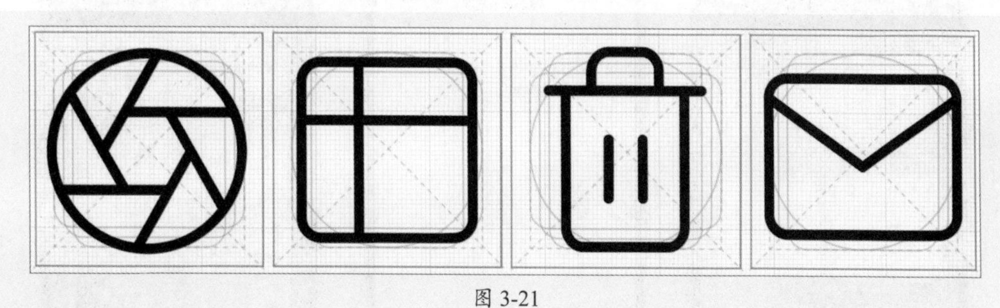

图 3-21

知识点拨

iOS系统中的图标使用的栅格网格系统是严格按照黄金分割比例进行设计的，如图3-22所示。

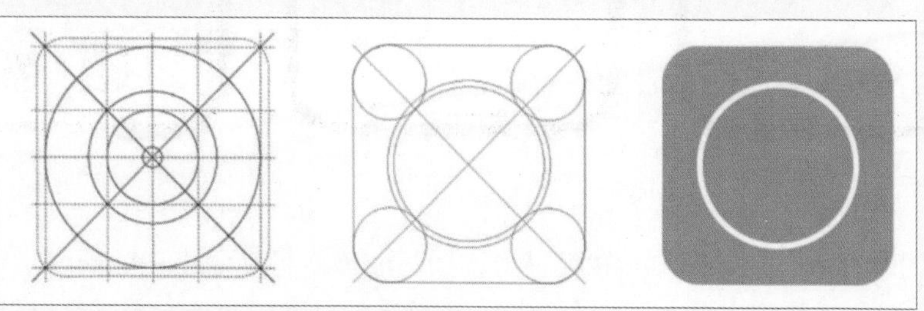

图 3-22

Android系统中的图标使用的是谷歌（Material Design）图标规范，如图3-23所示。

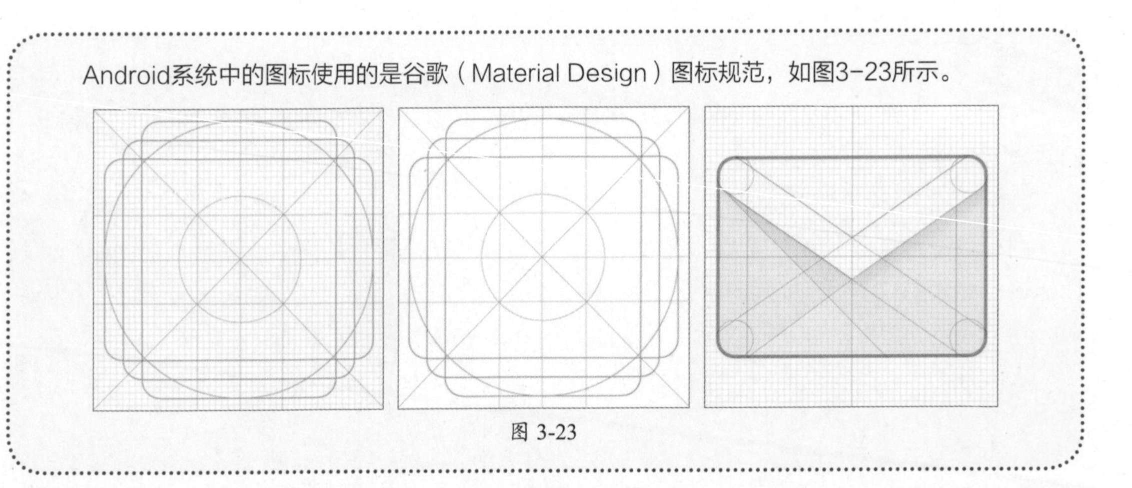

图 3-23

3.2 iOS图标设计规范

iOS图标被广泛运用在应用程序、功能和设置中，作为用户与设备之间进行交互的重要视觉元素，在设计上有着严格的、体系化的设计规范。

3.2.1 iOS应用图标设计

iOS中的应用图标通常出现在iOS主屏幕、App Store、搜索（Spotlight）、设置、通知等场景中，如图3-24～图3-26所示。

图 3-24　　图 3-25　　图 3-26

在设计图标时，只需要提供一个1024px×1024px的大尺寸版本App Store图标，以显示在App Store，可以让系统将大尺寸图标自动缩小生成其他尺寸的图标。若要自定义该图标在特定尺寸下的外观，可以提供多个版本。图标用途和具体的尺寸倍率如表3-1所示。

表3-1

用途	@2x（像素）	@3x（像素）
iPhone 上的主屏幕	120×120	180×180
iPad pro 上的主屏幕	167×167	
iPad、iPad mini 上的主屏幕	152×152	
iPhone、iPad pro、iPad、iPad mini 上的“聚焦”	80×80	120×120
iPhone、iPad pro、iPad、iPad mini 上的“设置”	58×58	87×87
iPhone、iPad pro、iPad、iPad mini 上的“通知”	76×76	114×114

知识点拨

pt是iOS系统单位点（point）的缩写，点与分辨率无关，根据屏幕的像素密度，一个点有多个像素，在标准Retina显示屏上1pt有2×2个像素。

图标的尺寸会根据不同设备、不同的场景进行使用匹配。但所有平台的应用图标都必须使用PNG格式，并且支持以下色彩空间。

- sRGB（颜色）。
- 灰度系数2.2（灰度）。

另外iOS、iPadOS、macOS、Apple tvOS 和watchOS中的图标支持Display P3（广色域）。

注意事项

iOS应用图标在iOS和iPadOS平台中叠层为单层，透明度为0，图标形状为正方形。

3.2.2 iOS系统图标设计

iOS系统图标主要是指界面中的功能图标，包括导航栏、工具栏以及标签栏的图标。其中导航栏和工具栏两处的图标尺寸大小一致，分别为48px×48px（@2x）和72px×72px（@3x）。标签栏根据图标的形状和数量，可分为常规标签栏和紧凑标签栏。在宽度平分的情况下，图标尺寸可设置为60px×60px。在创建不同形状的标签图标时，其尺寸详情如表3-2所示。

表3-2

图标形状	常规标签栏（像素）	紧凑标签栏（像素）
	50×50（@2x） 75×72（@3x）	36×36（@2x） 54×54（@3x）
	46×46（@2x） 69×69（@3x）	34×34（@2x） 51×51（@3x）
	62（@2x） 93（@3x）	46（@2x） 69（@3x）
	56（@2x） 84（@3x）	40（@2x） 60（@3x）

另外，需要注意的是，iOS定义的图标尺寸不是最后输出的尺寸，针对不同形状的参考尺寸，其目的是让图标的视觉大小相同。

3.3 Android图标设计规范

Android（安卓）系统是一种由Google公司和开放手机联盟领导及开发的操作系统，主要用于移动设备，如智能手机和平板电脑。市面上使用Android系统的手机有小米、OPPO、vivo等。

3.3.1 Android应用图标设计

Android应用图标也叫产品图标，是一个品牌的产品、服务和工具的视觉表现，简单、大胆、友好，它们传达了产品的核心理念意图。它可以是任何形状、大小和颜色，以表示应用程序的功能、主题或品牌，如图3-27所示。

图 3-27

运用Android系统的手机机型多种多样，主要是根据分辨率设置图标的尺寸。不同分辨率的手机适配不同尺寸的图标，具体如下。

- **mdpi（160dpi）：** 48px×48px。
- **hdpi（240dpi）：** 72px×72px。
- **xhdpi（360dpi）：** 96px×96px。
- **xxhdpi（480dpi）：** 114px×114px。
- **xxxhdpi（640dpi）：** 192px×192px。

知识点拨

在Android系统中，dpi也被用于描述屏幕密度，即每英寸屏幕上的像素点数。不同设备的屏幕密度可能不同，因此dpi值也会有所不同。dpi=屏幕宽度（或高度）像素/屏幕宽度（或高度）英寸。

应用图标的基础尺寸为48px，包含1px的边缘，放大比例为4倍，即192px×192px。设计好的应用图标会被提交到Google Play商店中，图标的文件要求如下。

- 图标以PNG格式或矢量格式绘制。
- 背景和前景图层（不含遮罩或背景阴影）。
- 所有图层必须超过基本形状的50%。

3.3.2 Android系统图标设计

系统图标是Android操作系统提供的系统状态、通知以及操作的功能图标。系统图标代表一个命令、文件、设备、目录或常规操作，如图3-28所示。

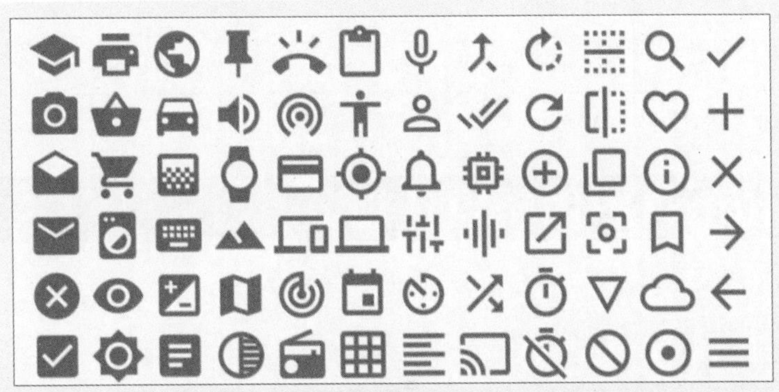

图 3-28

系统图标的基础尺寸有两种：24px和20px，创建图标时比例为1∶1。24px×24px的安全区域为20px×20px，四周有2px的留白（内边距），如图3-29所示。20px×20px的安全区域为16px×16px，四周有2px的留白（内边距），可以应用在紧凑型的页面布局中。

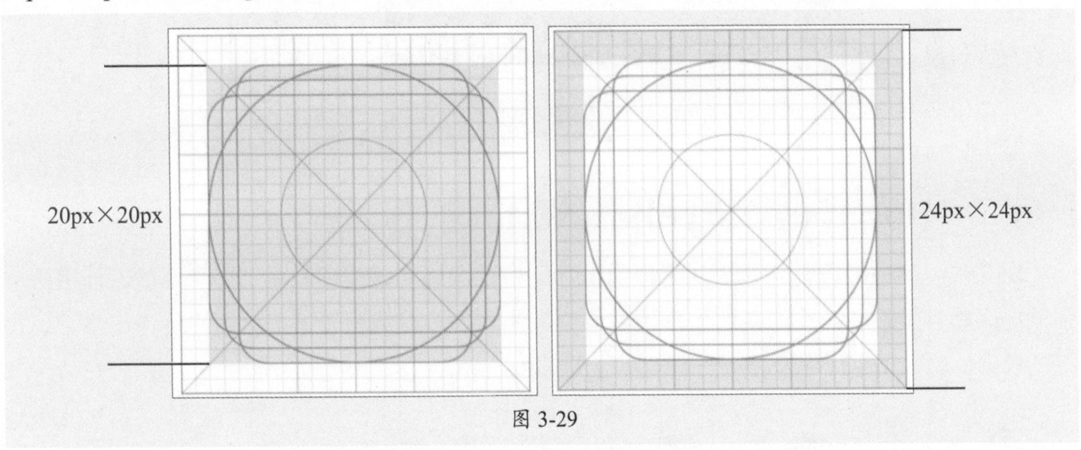

图 3-29

不同关键线形状在网格中的大小如表3-3所示，通过使用核心形状作为准则，可以使整个系统图标在设计中保持一致的视觉比例。

表3-3

关键线形状				
高度	18px	20px	20px	16px
宽度	18px	20px	16px	20px

系统图标主要应用在状态栏、导航栏以及标签栏中，在不同分辨率手机中的尺寸详情如表3-4所示。

表3-4

类型	mdpi(160dpi)	hdpi(240dpi)	xhdpi(320dpi)	xxhdpi(480dpi)	xxxhdpi(640dpi)
状态栏图标	24px×24px	36px×36px	48px×48px	72px×72px	96px×96px
导航栏图标	32px×32px	48px×48px	64px×64px	96px×96px	128px×128px
标签栏图标	32px×32px	48px×48px	64px×64px	96px×96px	128px×128px
像素比	@1x	@1.5x	@2x	@3x	@4x
最细图标	不小于 2px	不小于 3px	不小于 4px	不小于 6px	不小于 8px

3.4 HarmonyOS图标设计规范

HarmonyOS（鸿蒙系统）是华为公司开发的一款操作系统，旨在为不同设备的智能化、互联与协同提供统一的语言，如图3-30所示。

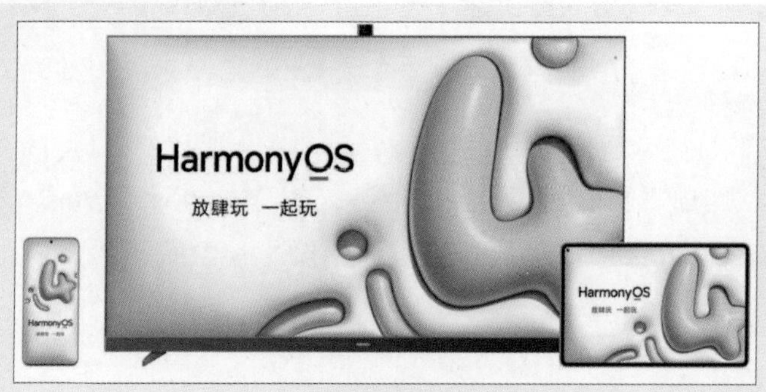

图 3-30

3.4.1 HarmonyOS应用图标设计

HarmonyOS应用图标整体采用轻拟物设计风格，运用半透模糊和具有层次感的设计手法，强调空间感和轻量感。在线条的使用上，避免尖锐直角，在情感表达上给用户传递出亲近、友好的视觉体验。图3-31所示为HarmonyOS应用图标总览。

图 3-31

HarmonyOS应用图标在设计方法上引入了黄金分割比例，以确保图标图形的一致性与和谐性。通过黄金分割比例原则，推导出一系列辅助圆和主要圆来规范图形设计。使用该规范设计的“华为视频”如图3-32所示。

图 3-32

不同元素的图形分布需要注重视觉平衡，使其在观感上保持一致。图3-33所示为不同类型图标在网格中的分布效果。

图 3-33

在图标交付时，HarmonyOS有以下要求。

- **格式：** PNG。
- **尺寸：** 216px×216px和512px×512px。
- **形状：** 正方形。

知识点拨

系统会应用自适应遮罩对图标进行统一处理，如图3-34所示。

图 3-34

HarmonyOS中的应用图标除了应用在主屏幕中，还分布在设置界面以及通知界面，如图3-35和图3-36所示。

图 3-35

图 3-36

设置界面图标和通知界面图标的大小如表3-5所示。

表3-5

场景	图标尺寸
设置界面	40vp×40vp（120px×120px，@3x）
通知界面	16vp×16vp（48px×48px，@3x）

知识点拨

在HarmonyOS中，vp是虚拟像素（virtual pixel）的缩写，它是一种灵活的单位，针对应用而言所具有的虚拟尺寸，提供了一种适应不同屏幕密度的显示效果。当屏幕分辨率为160时，1vp=1px。

3.4.2 HarmonyOS系统图标设计

HarmonyOS系统图标主要用于功能性引导、系统导航、栏目聚合以及状态指示。在手机设备中会根据不同场景使用不同样式的图标，两种样式使用同一结构类型，如图3-37和图3-38所示。

图 3-37

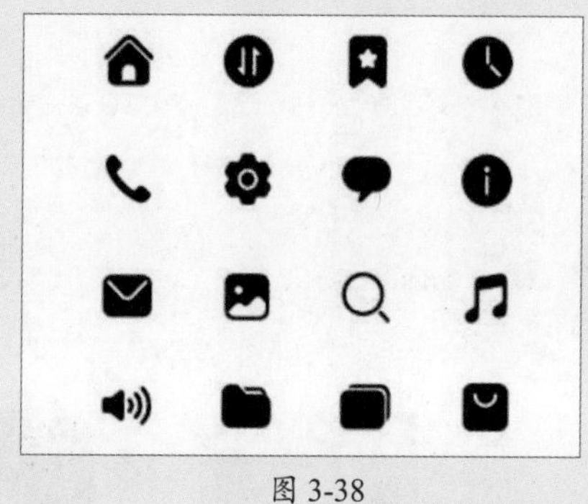

图 3-38

图标根据不同的使用场景，分为单色图标和双色图标，单色图标用于系统界面中辅助表达基础功能，如图3-39所示。双色图标是基于填充图形样式做的多彩双色效果，多用于需要突出或强调功能的场景，如图3-40所示。

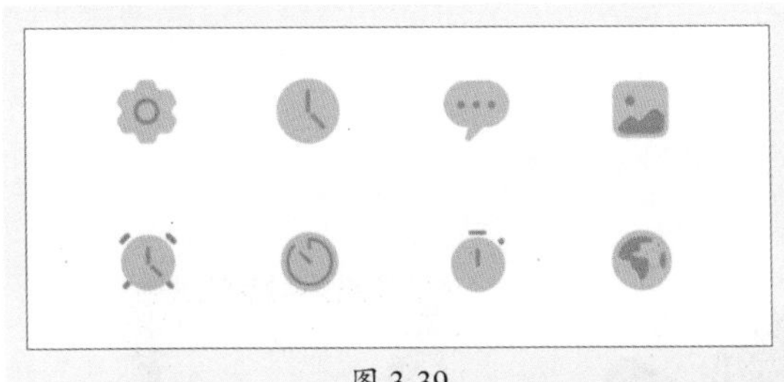

图 3-39

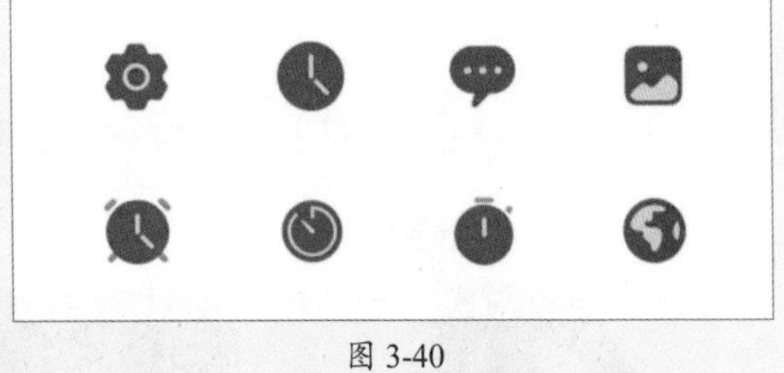

图 3-40

除此之外，还有功能型入口图标和运营类入口图标。其中功能型入口图标一般使用在设计界面、控制中心等场景中，如图3-41所示。运营类入口图标则用于启动或标识某种运营类功能的图标，如图3-42所示。

图 3-41

图 3-42

系统图标以24vp为标准尺寸，四周1vp留白，安全活动区域为22vp，如图3-43所示。

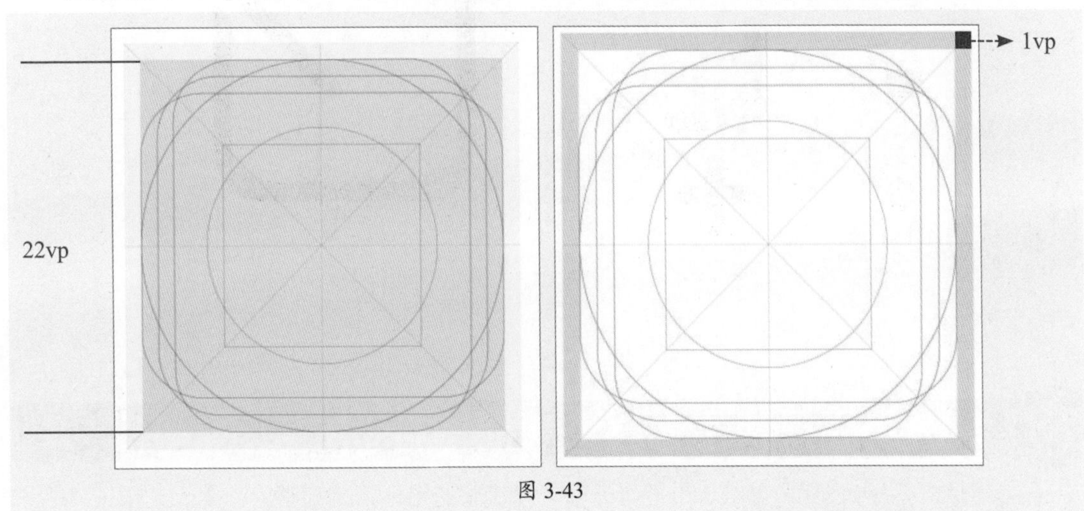

图 3-43

关键线的形状是网格的基础。利用这些核心形状作为向导，即可使整个产品相关的图标保持一致的视觉比例及体量，具体分布尺寸如表3-6所示。

表3-6

关键线形状				
高度	20vp	22vp	22vp	18vp
宽度	20vp	22vp	18vp	22vp

若图标形状特殊，需要添加额外的视觉重量实现整体图标体量平衡，绘制区域可以延伸到空隙区域内，但图标整体仍应保持在24vp大小的范围之内，如图3-44所示。允许在保证图标重心稳定的情况下，图标部分超出绘制活动范围，延伸至间隙区域内，如图3-45所示。

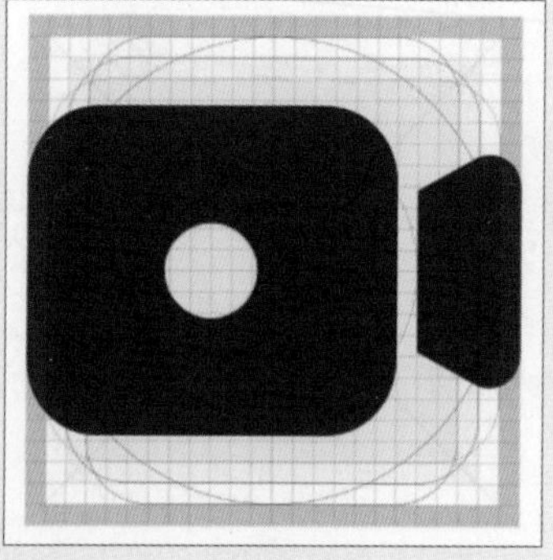

图 3-44

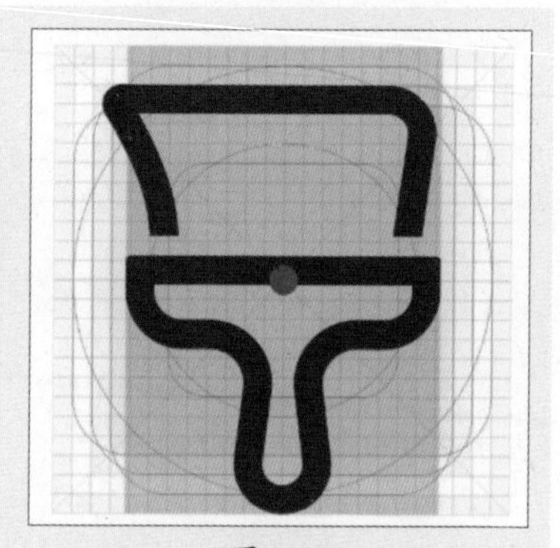

图 3-45

在设计系统图标时，默认终点样式为圆头，描边的粗细为1.5vp，外圆角为4vp，内圆角为2.5vp，断口宽度为1vp，倾斜角度为45°，如图3-46所示。

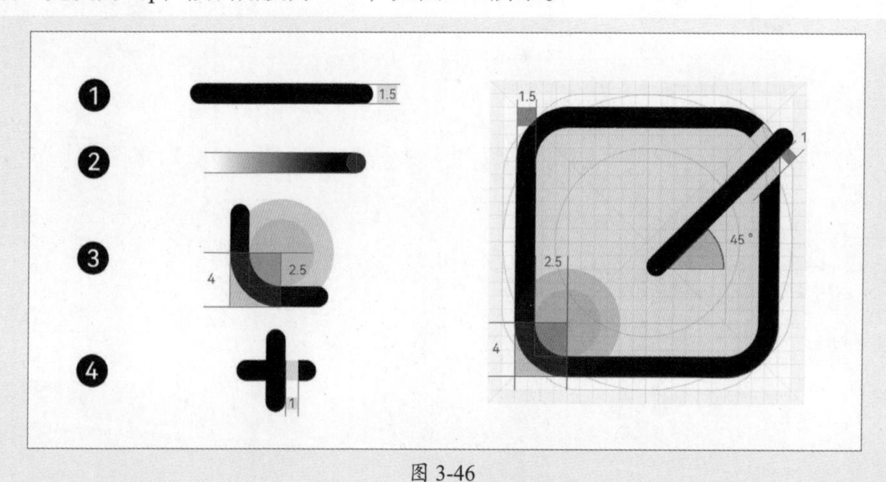

图 3-46

案例实战：制作天气类功能图标

本案例将利用前面所学知识制作不同类型天气状况的图标，例如晴天、阴天、雨天、雪天等。涉及的知识点有参考线的创建、网格参数的设置、几何形状与路径的绘制等。下面介绍具体的绘制方法。

1. 绘制参考线

本节将创建图标的参考线。创建文档后，借助网格、标尺参考线以及几何工具绘制圆形、矩形、对角线等辅助参考线。

步骤 01 启动Illustrator，单击“新建”按钮，在弹出的“新建文档”对话框中新建文档，如图3-47所示。

步骤 02 在“属性”面板中单击“网格”按钮显示网格，如图3-48所示。

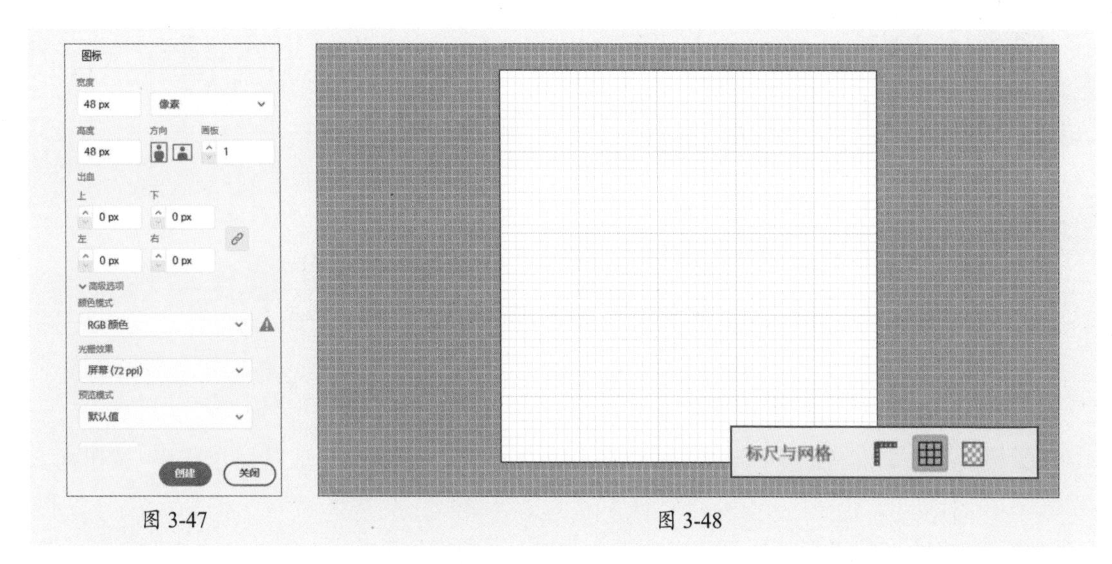

图 3-47　　图 3-48

步骤 03 按Ctrl+K组合键，在弹出的“首选项”对话框中选择“参考线和网格”选项，设置“网格线间隔”为24px，设置“次分隔线”为24，如图3-49所示。

步骤 04 应用效果如图3-50所示。

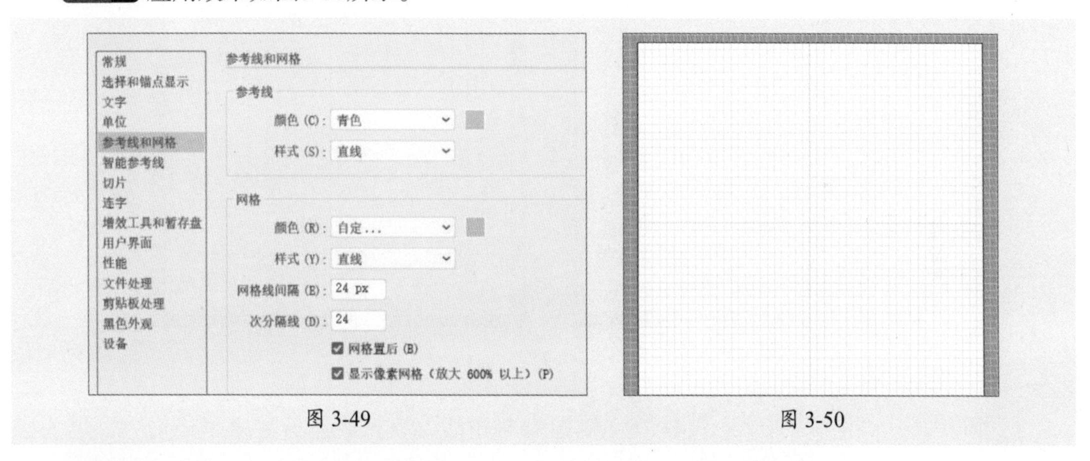

图 3-49　　图 3-50

步骤 05 在“椭圆”对话框中创建40px×40px的正圆，如图3-51所示。

步骤 06 在“外观”面板中设置“填色”为无、“描边”为黑色，“粗细”为0.1pt，如图3-52所示。

步骤 07 设置完成后分别单击“水平居中对齐”按钮和“垂直居中对齐”按钮，如图3-53所示。

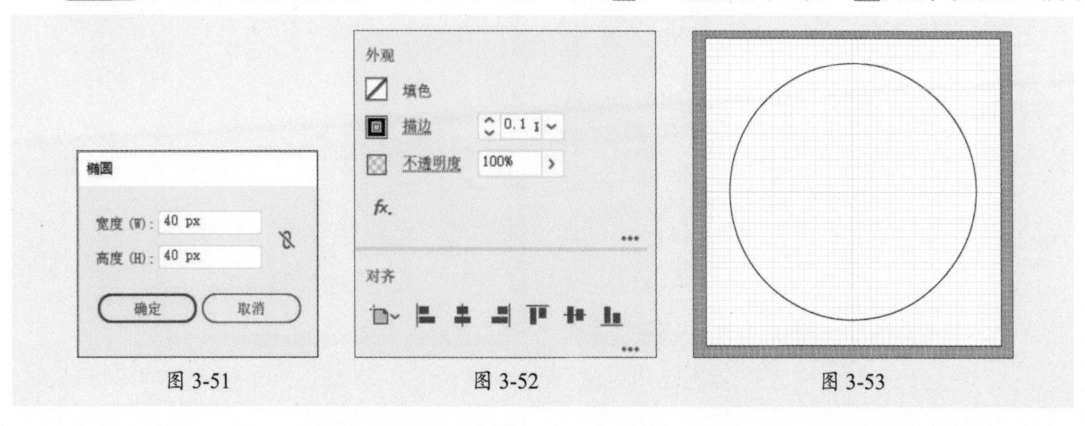

图 3-51　　图 3-52　　图 3-53

步骤 08 在“矩形”对话框中分别创建36px×36px、32px×40px、40px×32px的矩形，如图3-54～图3-56所示。

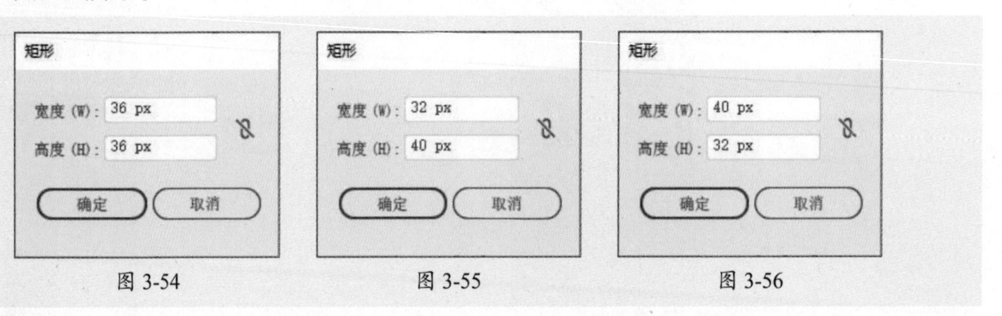

图 3-54　　图 3-55　　图 3-56

步骤 09 在“属性”面板中分别单击“水平居中对齐”按钮和“垂直居中对齐”按钮，如图3-57所示。

步骤 10 将所有的矩形“圆角”半径更改为2px，选中全部形状，更改“描边”颜色为洋红，如图3-58所示。

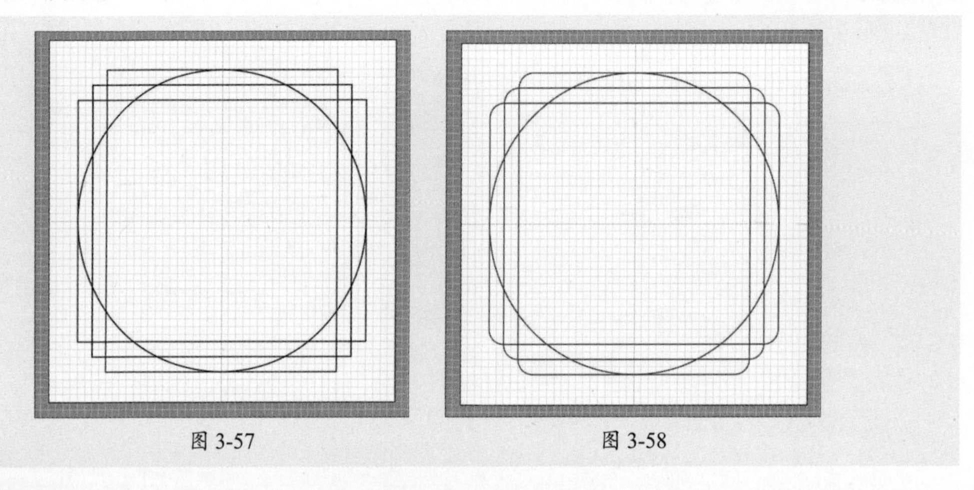
图 3-57　　图 3-58

步骤 11 选择“直线工具”，按住Shift键绘制对角线，置于底层后更改“描边”颜色为黑色，如图3-59所示。

步骤 12 绘制水平、垂直直线，置于底层。选中所有形状，调整“不透明度”为50%，按Ctrl+G组合键编组，按Ctrl+2组合键锁定图层，如图3-60所示。

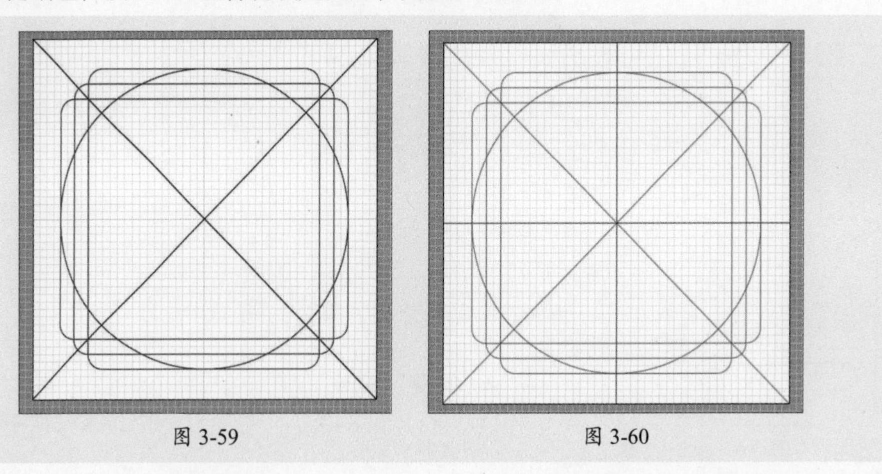
图 3-59　　图 3-60

2. 绘制晴天

本节将绘制晴天图标，可以用太阳表示。使用“椭圆工具”绘制正圆，设置填充和描边，使用“直线工具”绘制直线，借助“旋转工具”复制多个直线，形成太阳的光芒效果。

步骤 01 选择“椭圆工具”创建24px×24px的正圆，在“属性”面板中设置“填充”为白色，“描边”为深灰色（#333333），“粗细”为2pt，水平、垂直居中对齐，如图3-61和图3-62所示。

图 3-61

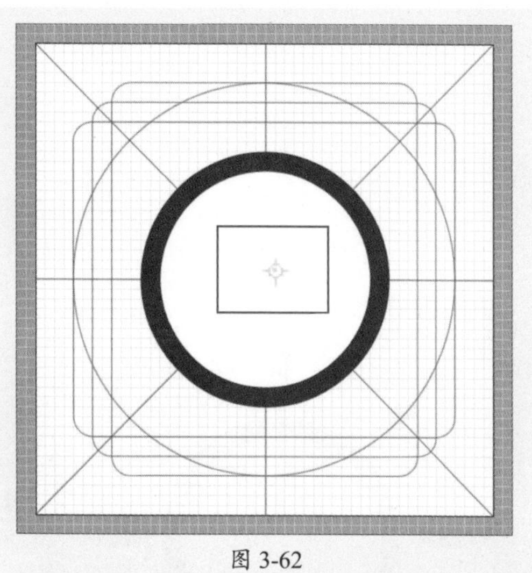
图 3-62

步骤 02 选择“直线段工具”，按住Shift键绘制高为3px的垂直直线，如图3-63所示。

步骤 03 选中直线段后，使用“旋转工具”，按住Alt键调整中心点至圆的中心点，如图3-64所示。

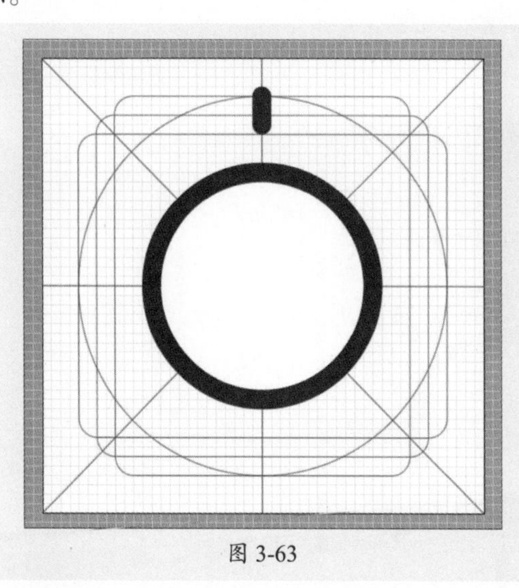
图 3-63

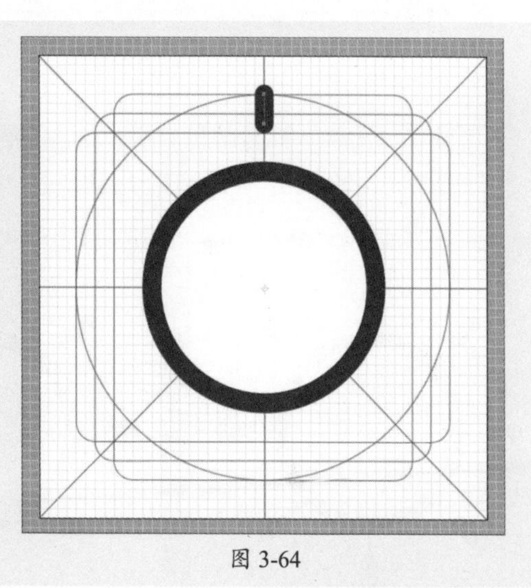
图 3-64

步骤 04 释放鼠标左键，在“旋转”对话框中设置“旋转角度”为45°，如图3-65所示。

步骤 05 单击“复制”按钮完成复制，如图3-66所示。

步骤 06 按Ctrl+D组合键再次变换，重复操作6次，如图3-67所示。

步骤 07 按Ctrl+A组合键全选，按Ctrl+G组合键编组，如图3-68所示。

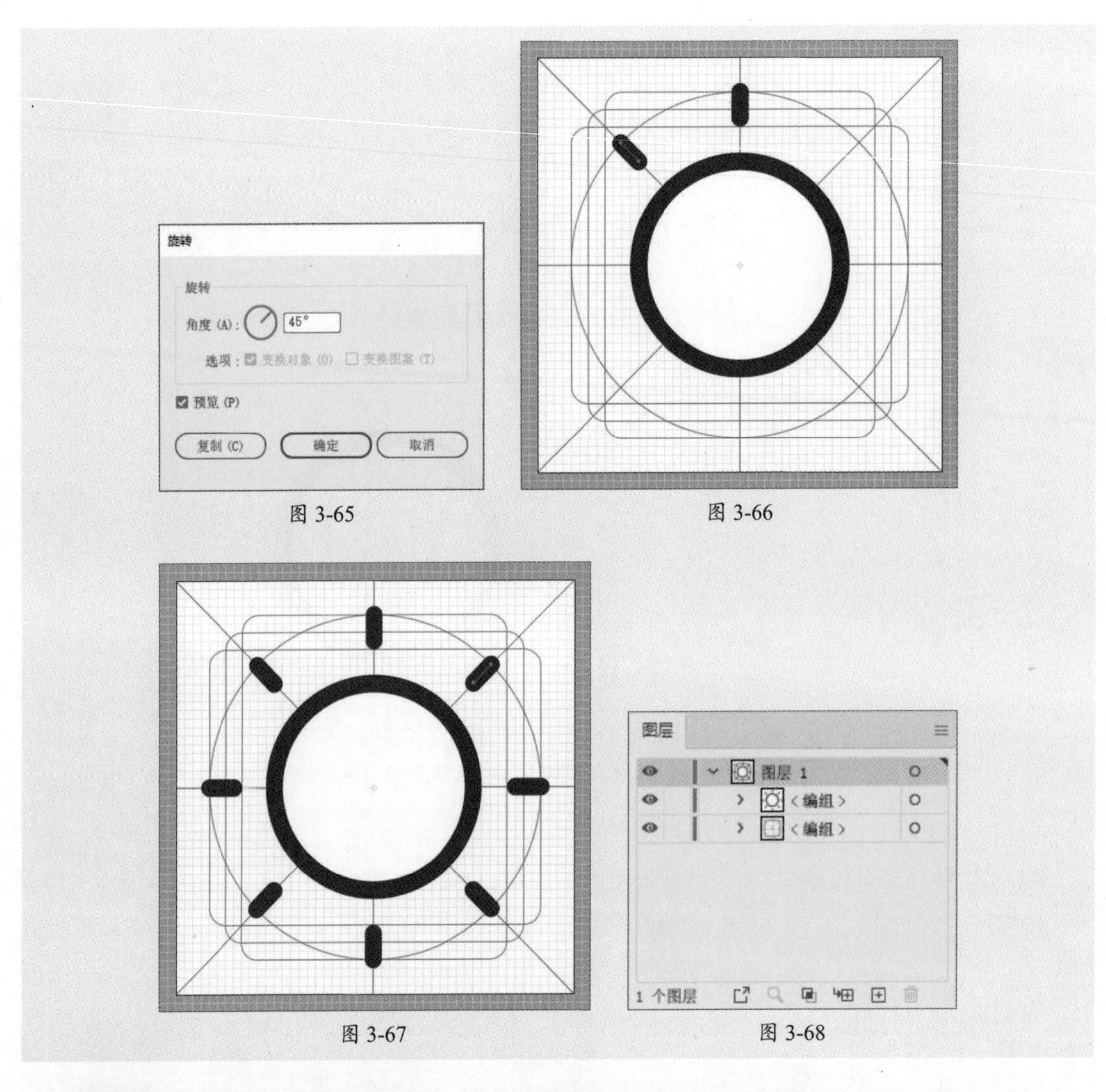

图 3-65

图 3-66

图 3-67

图 3-68

步骤 08 在“图层”面板解锁编组，选择“画板工具”按住Alt键移动复制，如图3-69所示。

步骤 09 删除“画板02”中的图形，将三组编组锁定，如图3-70所示。

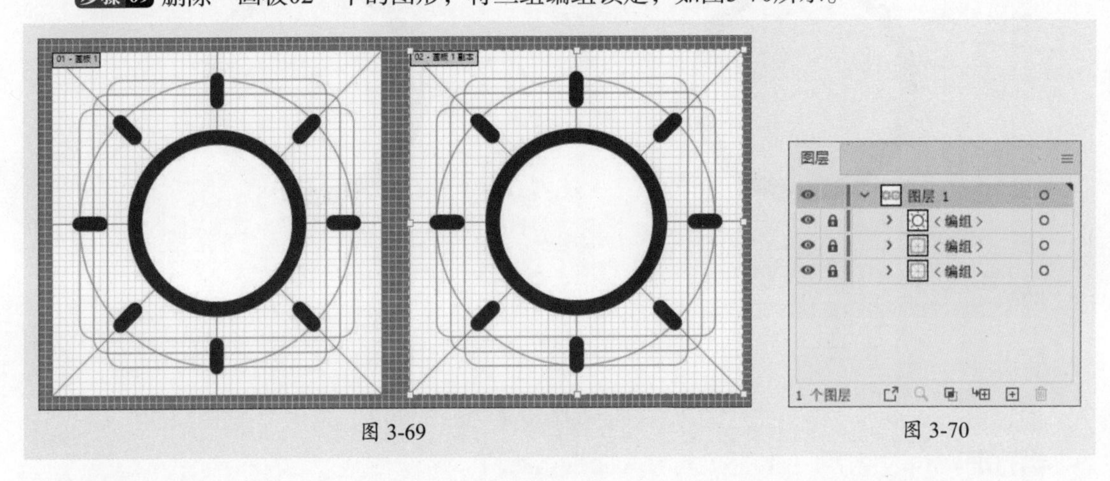

图 3-69

图 3-70

步骤 10 按Ctrl+R组合键显示标尺，使用“选择工具”从标尺左上角相交的位置拖动至画板左上角，调整原点位置，使画板右端点的坐标为（0，0），如图3-71和图3-72所示。

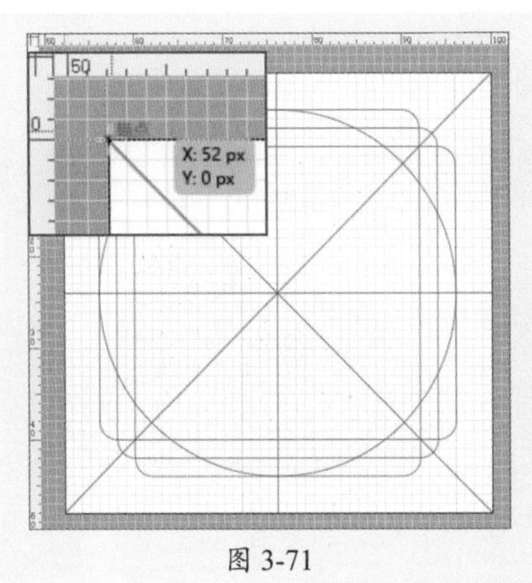

图 3-71

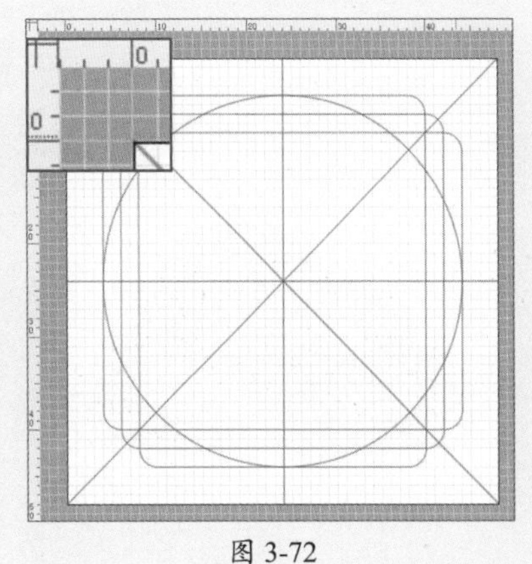

图 3-72

3. 绘制阴天

本节将绘制阴天图标，可以用云朵表示。使用“椭圆工具”和“矩形工具”，绘制正圆和矩形，拼合为云朵状，创建复合形状后调整填充和描边效果。

步骤 01 选择“椭圆工具”创建12px×12px的正圆，在“属性”面板中设置“填充”为深灰色（#333333），如图3-73和图3-74所示。

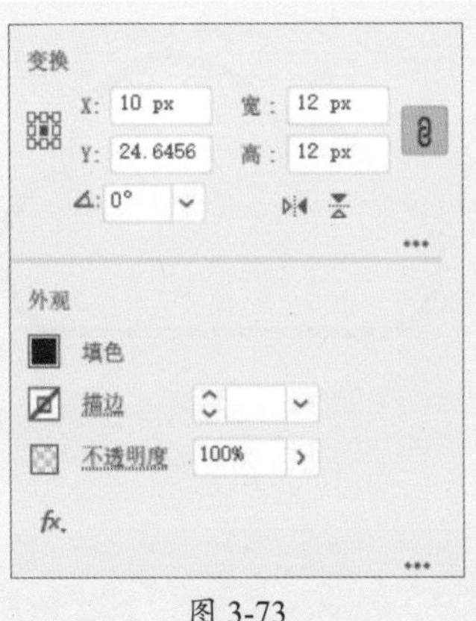

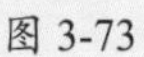

图 3-73

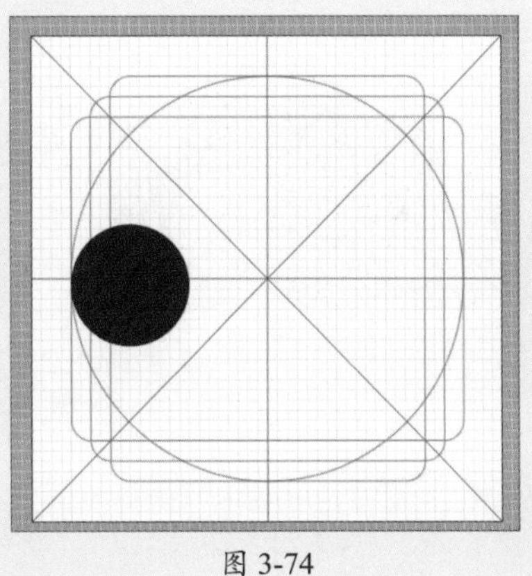

图 3-74

步骤 02 继续绘制14px×14px和20px×20px的正圆，如图3-75所示。

步骤 03 按住Alt键复制14px×14px的正圆，移动至右侧，如图3-76所示。

图 3-75

图 3-76

步骤 04 选择“矩形工具”绘制矩形，如图3-77所示。

步骤 05 分别选中左下和右下的边角控件，调整圆角半径，如图3-78所示。

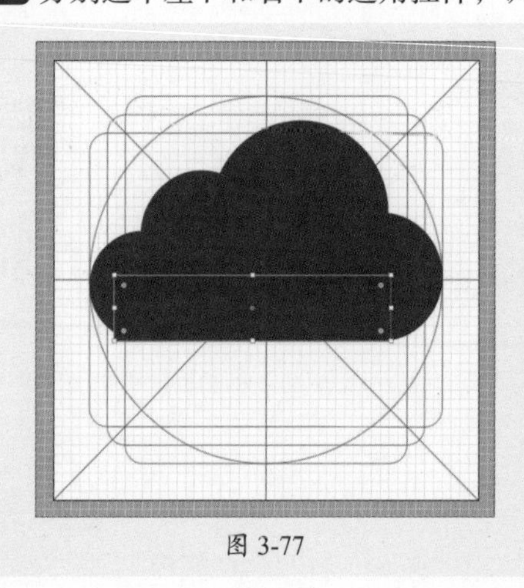

图 3-77

图 3-78

步骤 06 按Ctrl+A组合键全选，在“属性”面板中单击“联集”按钮，如图3-79所示。

步骤 07 切换前景色和背景色，如图3-80所示。

图 3-79

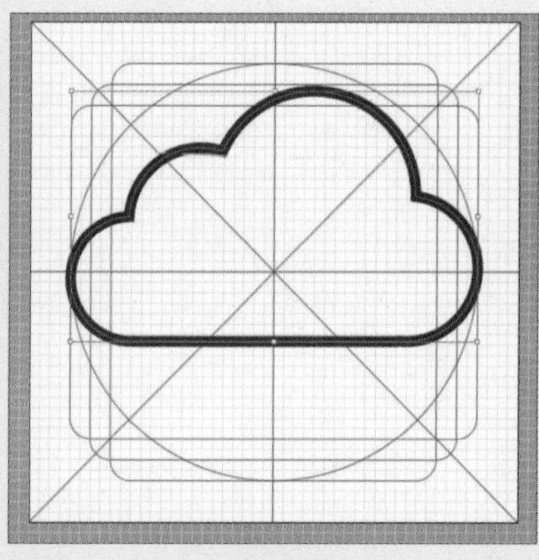

图 3-80

步骤 08 在控制栏中设置“填充”以及“描边”参数，如图3-81所示。

步骤 09 设置水平、垂直居中对齐，如图3-82所示。

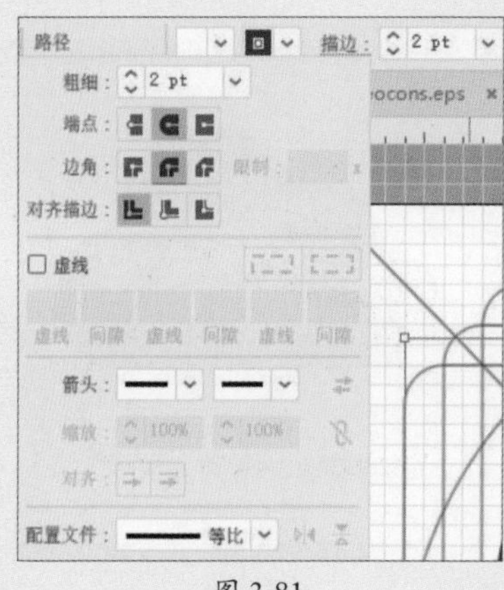

图 3-81

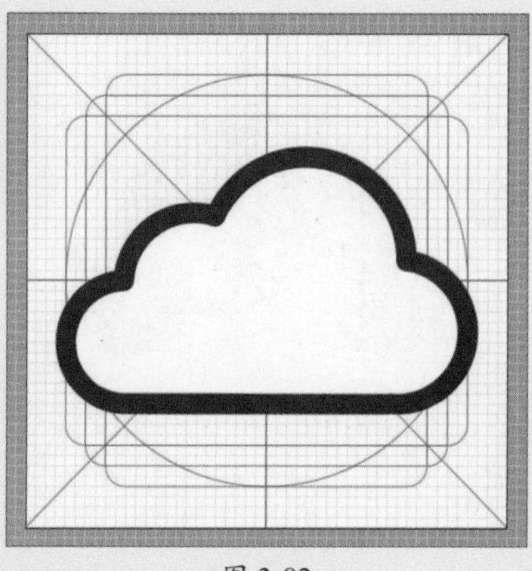

图 3-82

步骤 10 解锁图层，选择“画板工具”移动复制画板，如图3-83所示。

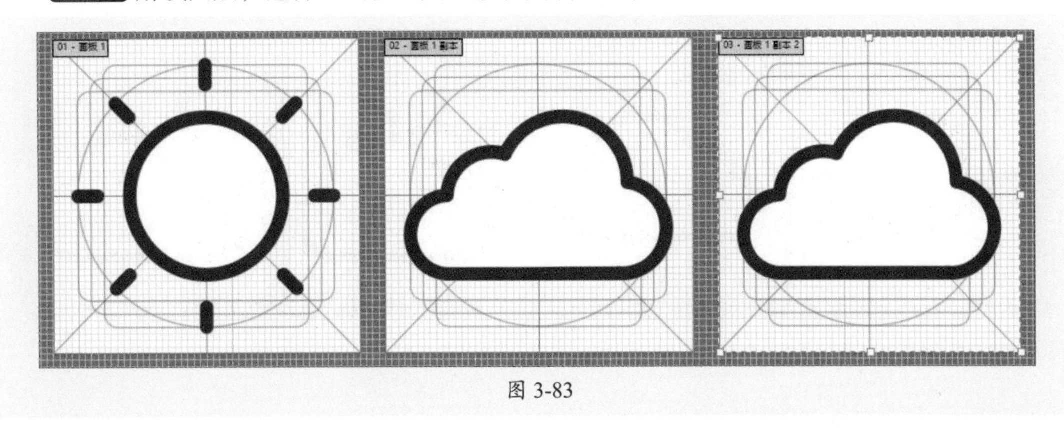

图 3-83

4. 绘制多云

本节将绘制多云图标，可以用太阳+云朵的形式表现。复制太阳并调整其大小和旋转角度，和云朵进行组合即可。

步骤 01 锁定参考线编组，按住Alt键移动复制“画板01”中的主体至“画板03”，如图3-84所示。

步骤 02 按Shift+Alt组合键从中心等比例调整，如图3-85所示。

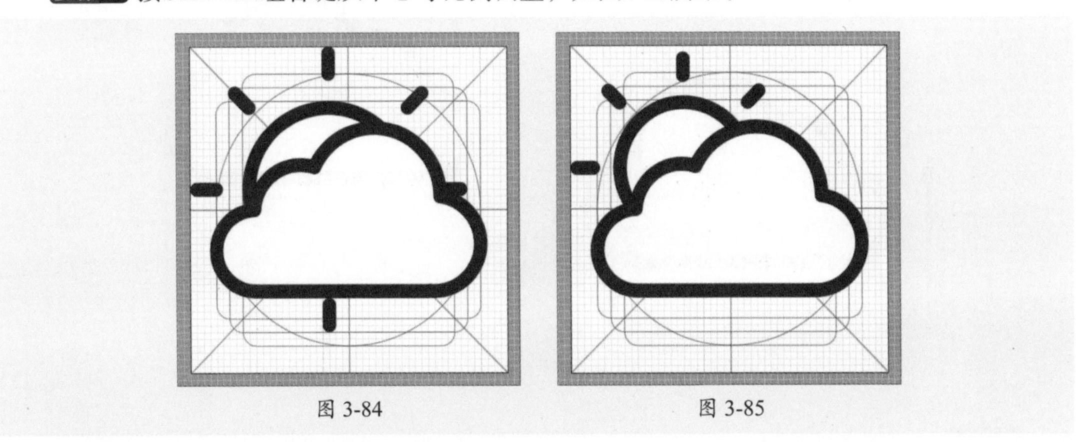

图 3-84　　图 3-85

步骤 03 旋转7°，效果如图3-86所示。

步骤 04 按住Shift键加选云朵，按Ctrl+G组合键编组，设置水平、垂直居中对齐，如图3-87所示。

图 3-86　　图 3-87

步骤 05 解锁图层，选择“画板工具”移动复制画板，如图3-88所示。

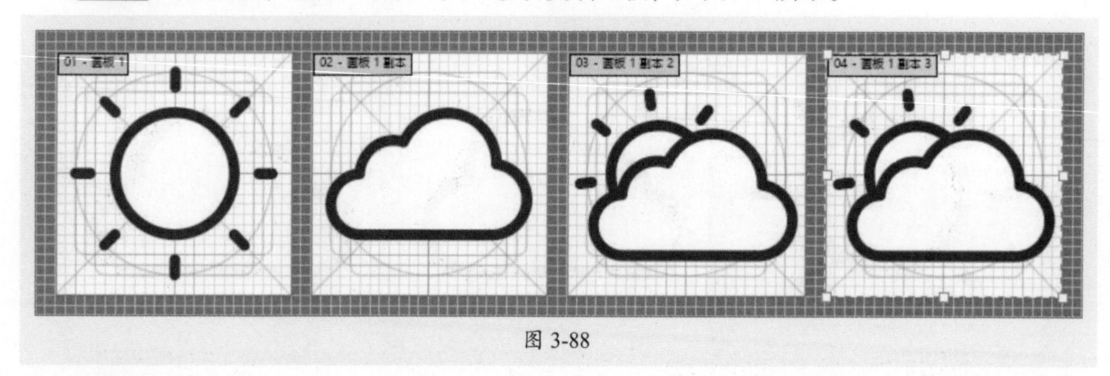

图 3-88

5. 绘制雨天

本节将绘制雨天图标，可以用云朵和雨滴的形式表现。将云朵移至中上方，使用“直线工具”绘制不同层级的直线，形成雨滴效果。

步骤 01 锁定参考线，按住Alt键移动复制画板中的主体，如图3-89所示。

步骤 02 按Shift+Alt组合键从中心等比例调整，如图3-90所示。

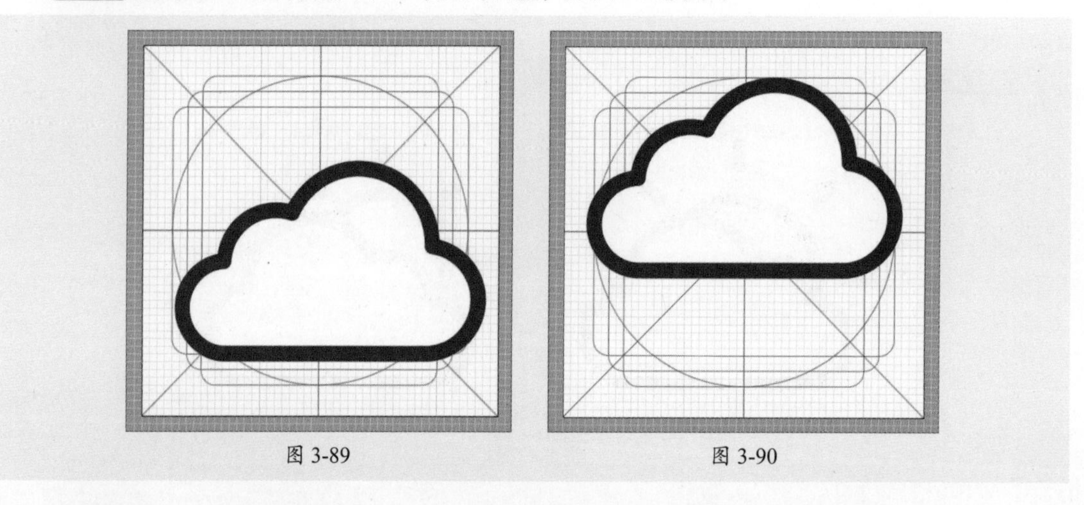

图 3-89　　图 3-90

步骤 03 选择“直线段工具”，按住Shift键绘制高为4px的直线，如图3-91所示。

步骤 04 按住Shift键复制直线段，如图3-92所示。

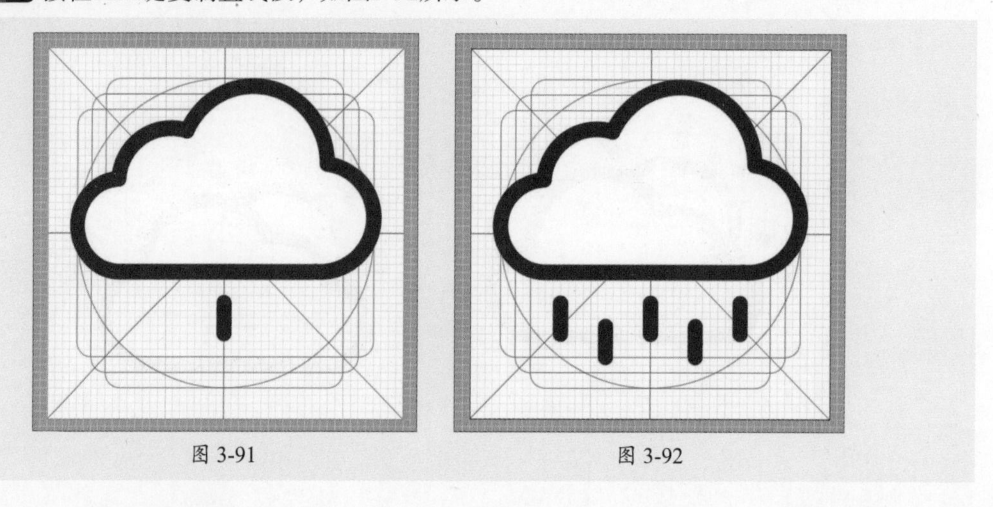

图 3-91　　图 3-92

步骤 05 选中直线段和云朵，编组后居中对齐，如图3-93所示。

步骤 06 解锁图层，选择“画板工具”移动复制画板，如图3-94所示。

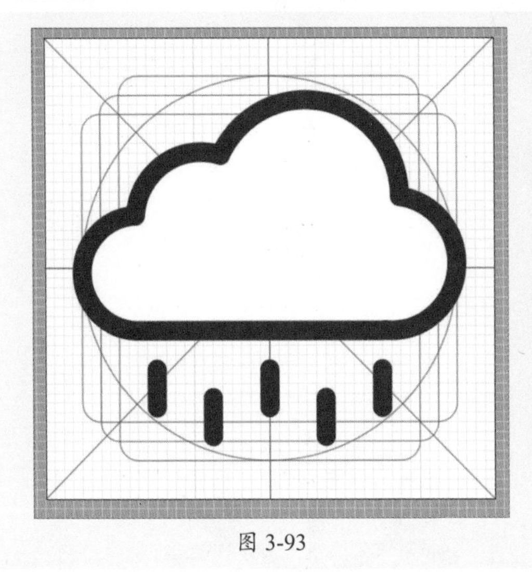

图 3-93

图 3-94

6. 绘制雪天

本节将绘制雪天图标，使用“直线段工具”和“钢笔工具”绘制路径，通过旋转、变换形成雪花效果。

步骤 01 锁定参考线，删除画板中的形状，选择“直线段工具”，按住Shift键绘制直线，如图3-95所示。

步骤 02 选择“钢笔工具”绘制路径，如图3-96所示。

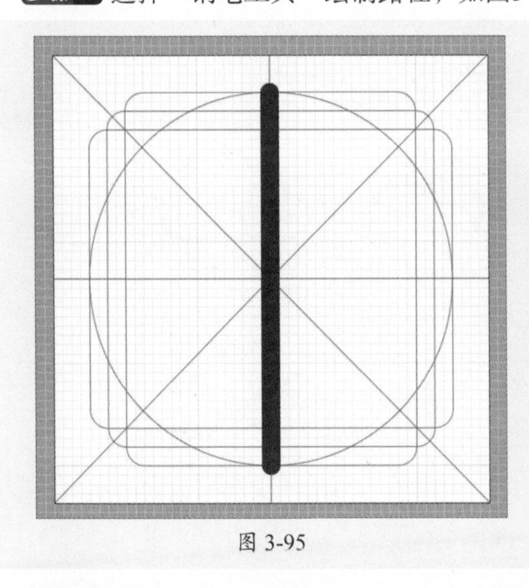

图 3-95

图 3-96

步骤 03 按住Alt键移动复制，在“属性”面板中单击“垂直翻转”按钮，如图3-97所示。

步骤 04 选中画面中的路径，按Ctrl+G组合键编组，如图3-98所示。

步骤 05 双击“旋转工具”，在“旋转”对话框中设置“旋转角度”为60°，单击“复制”按钮完成复制，如图3-99所示。

步骤 06 按Ctrl+D组合键再次变换，框选住所有组，按Ctrl+G组合键编组，如图3-100所示。

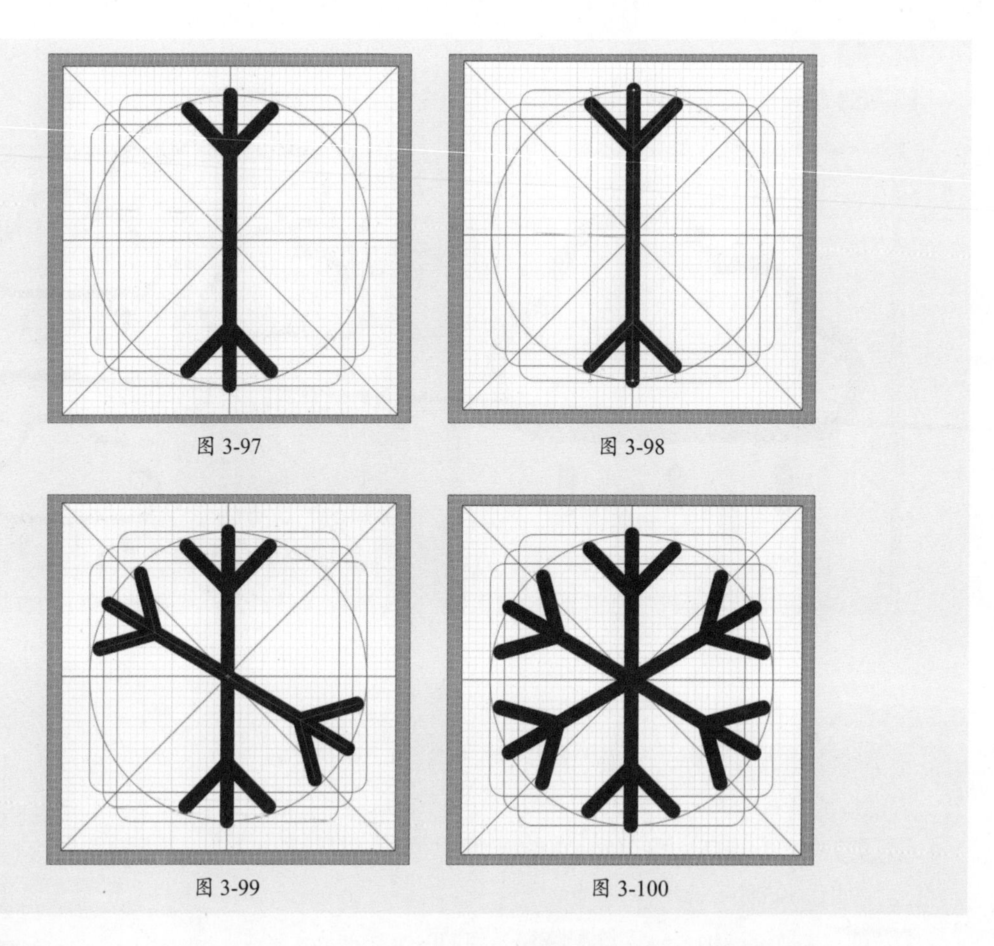
图 3-97　　图 3-98

图 3-99　　图 3-100

步骤 07 解锁图层，使用“画板工具”复制3个画板，删除图形形状后锁定参考线，如图3-101所示。

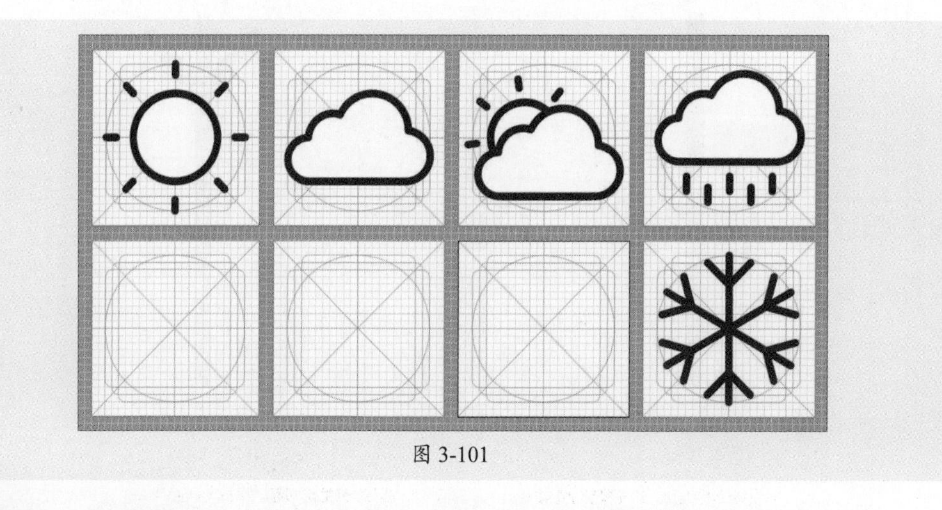
图 3-101

7. 绘制夜晚

本节将绘制夜晚图标，可以用月亮表示。使用“椭圆工具”绘制两个正圆，通过执行“减去顶层”操作生成月亮。

步骤 01 使用“椭圆工具”，创建40px×40px的正圆，如图3-102所示。

步骤 02 使用“椭圆工具”，创建30px×30px的正圆，如图3-103所示。

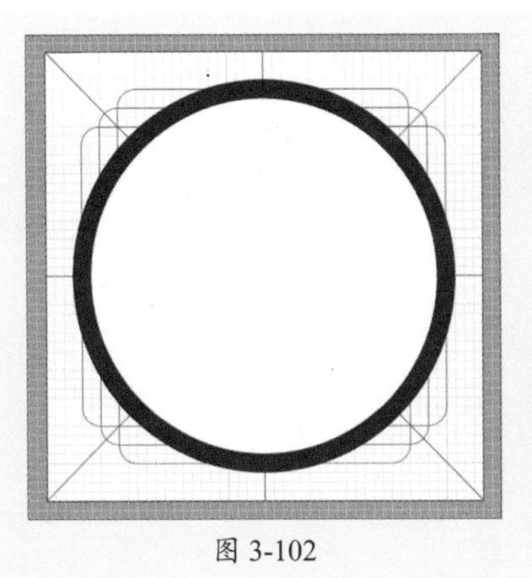

图 3-102

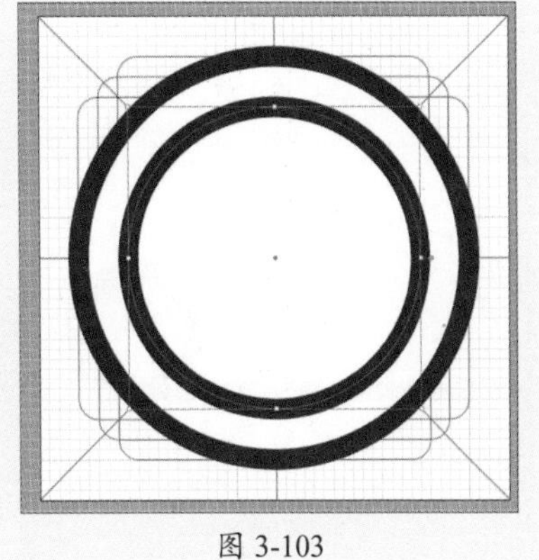

图 3-103

步骤 03 移动至右上角，如图3-104所示。

步骤 04 按住Shift键加选底部圆形，在“属性”面板中单击“减去顶层”按钮，如图3-105所示。

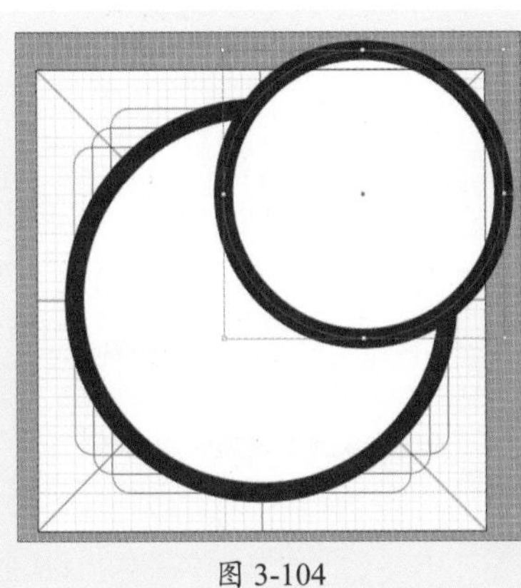

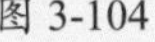

图 3-104

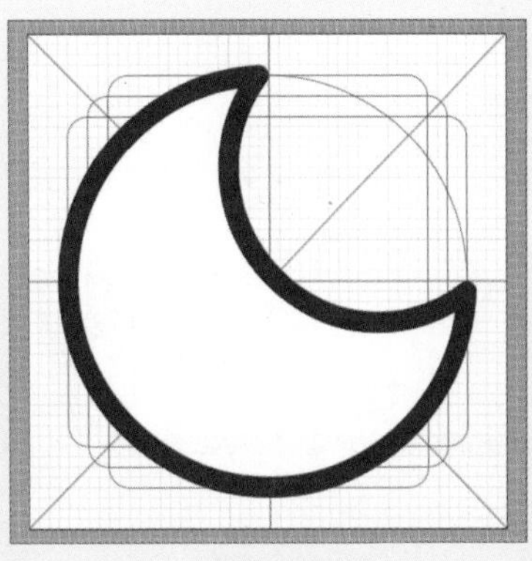

图 3-105

8. 绘制刮风

本节将绘制刮风图标，使用“直线工具”和“椭圆工具”生成有弧度的直线，复制并调节长短，组合为刮风图标。

步骤 01 使用“直线的工具”绘制直线，如图3-106所示。

步骤 02 使用“椭圆工具”，创建12px×12px的正圆，如图3-107所示。

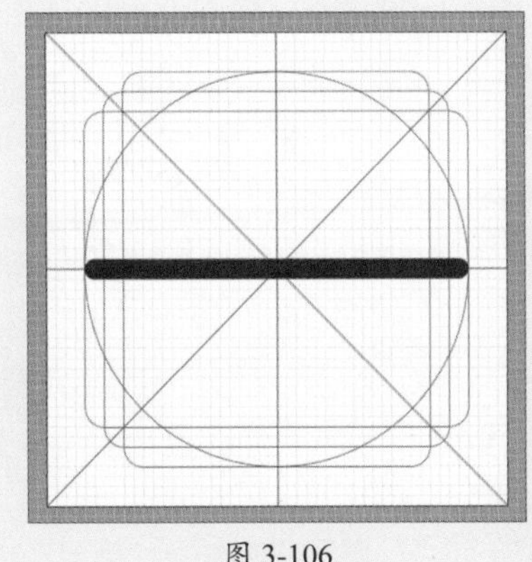

图 3-106

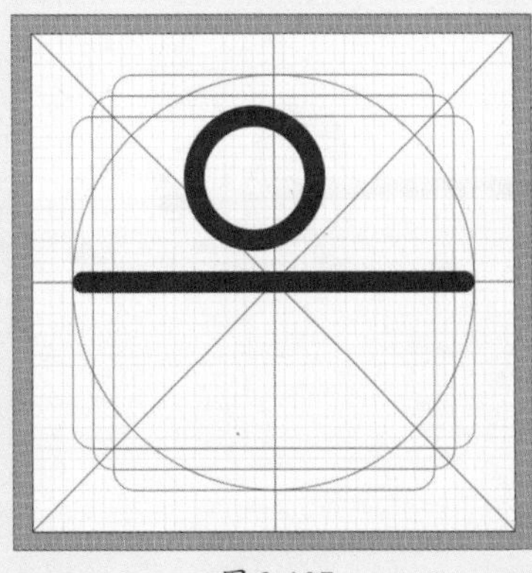

图 3-107

步骤 03 调整圆形和直线段的位置，如图3-108所示。

步骤 04 选择“剪刀工具”切断正圆部分路径，如图3-109所示。

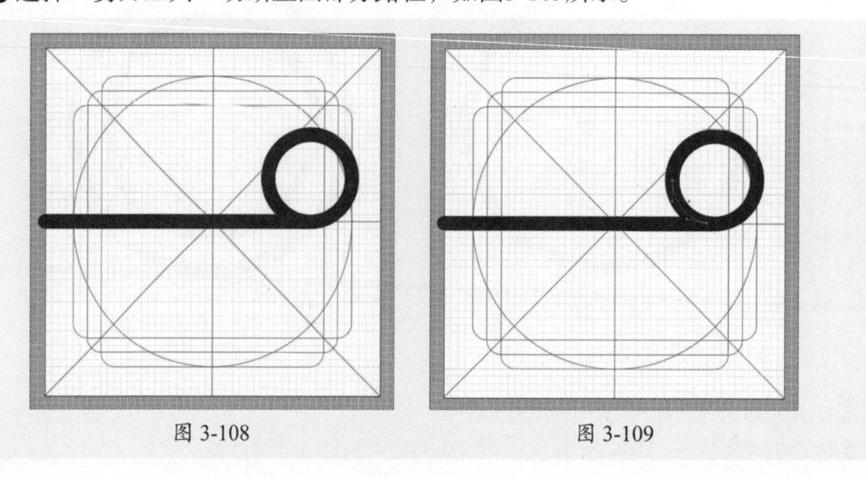

图 3-108　　图 3-109

步骤 05 删除被分割的路径，如图3-110所示。

步骤 06 选中两个路径，按Ctrl+J组合键连接，按Shift键等比例缩小连接的路径，如图3-111所示。

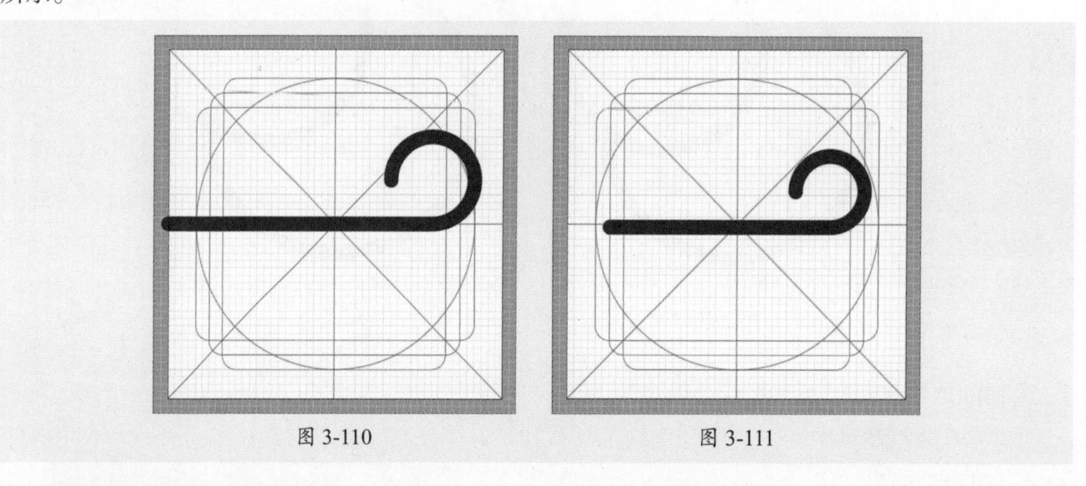

图 3-110　　图 3-111

步骤 07 按住Alt键复制路径，调整大小，如图3-112所示。

步骤 08 使用“编组工具”选中左侧锚点，向内拖动，整体向内移动，如图3-113所示。

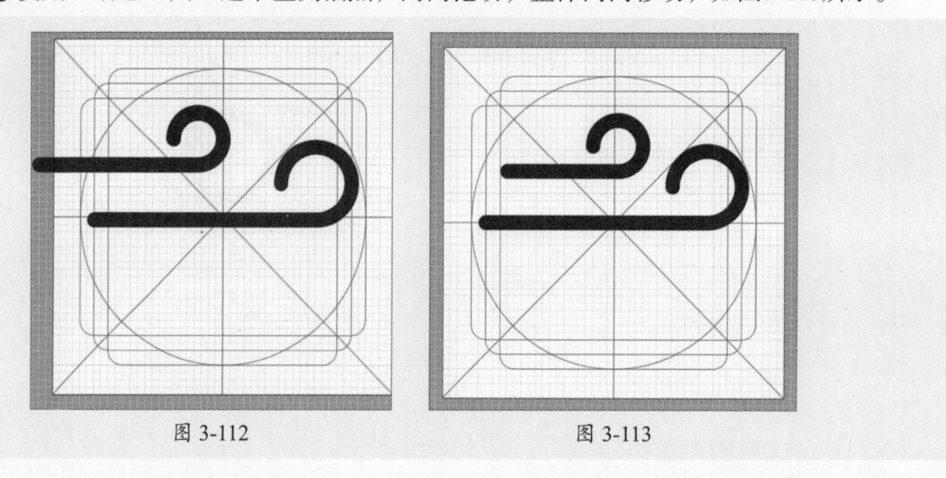

图 3-112　　图 3-113

步骤 09 按住Alt键复制路径，单击“垂直翻转”按钮，调整位置，如图3-114所示。

步骤 10 使用“编组工具”选中左侧锚点，向内拖动，整体向内移动，如图3-115所示。

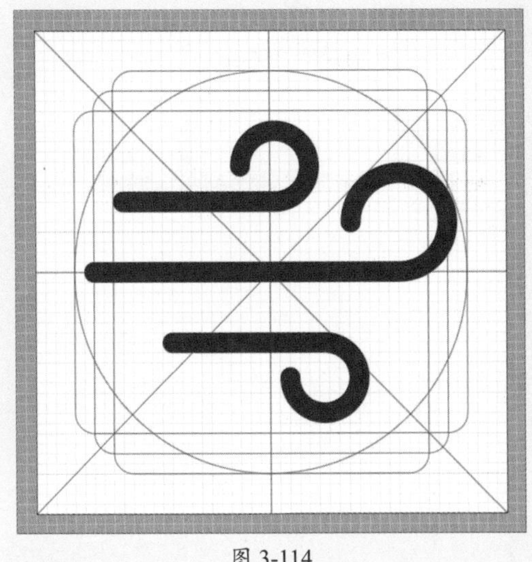
图 3-114

图 3-115

9. 绘制日出和日落

本节将绘制日出和日落图标，复制晴天图标，使用“矩形工具”绘制矩形，创建剪贴蒙版遮挡部分，添加直线与箭头。上箭头表示日出，下箭头表示日落。

步骤 01 复制“画板01”的主体图形至“画板06”，如图3-116所示。

步骤 02 选择“矩形工具”绘制矩形，如图3-117所示。

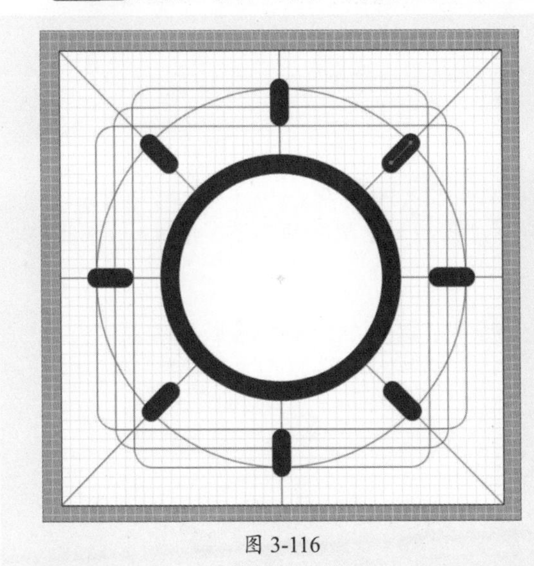
图 3-116

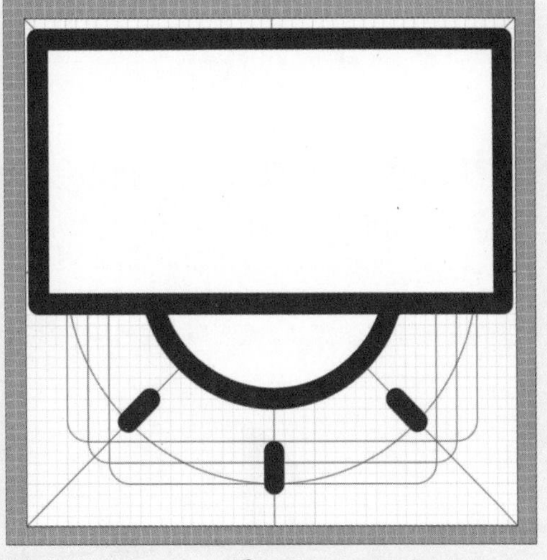
图 3-117

步骤 03 框选矩形和太阳，右击，按Ctrl+7组合键创建剪切蒙版，如图3-118所示。

步骤 04 选择“直线段工具”绘制直线，如图3-119所示。

步骤 05 双击进入隔离模式，使用“编组工具”选择下方两个路径，向上移动，如图3-120所示。

步骤 06 单击任意位置退出隔离模式，整体向下移动，如图3-121所示。

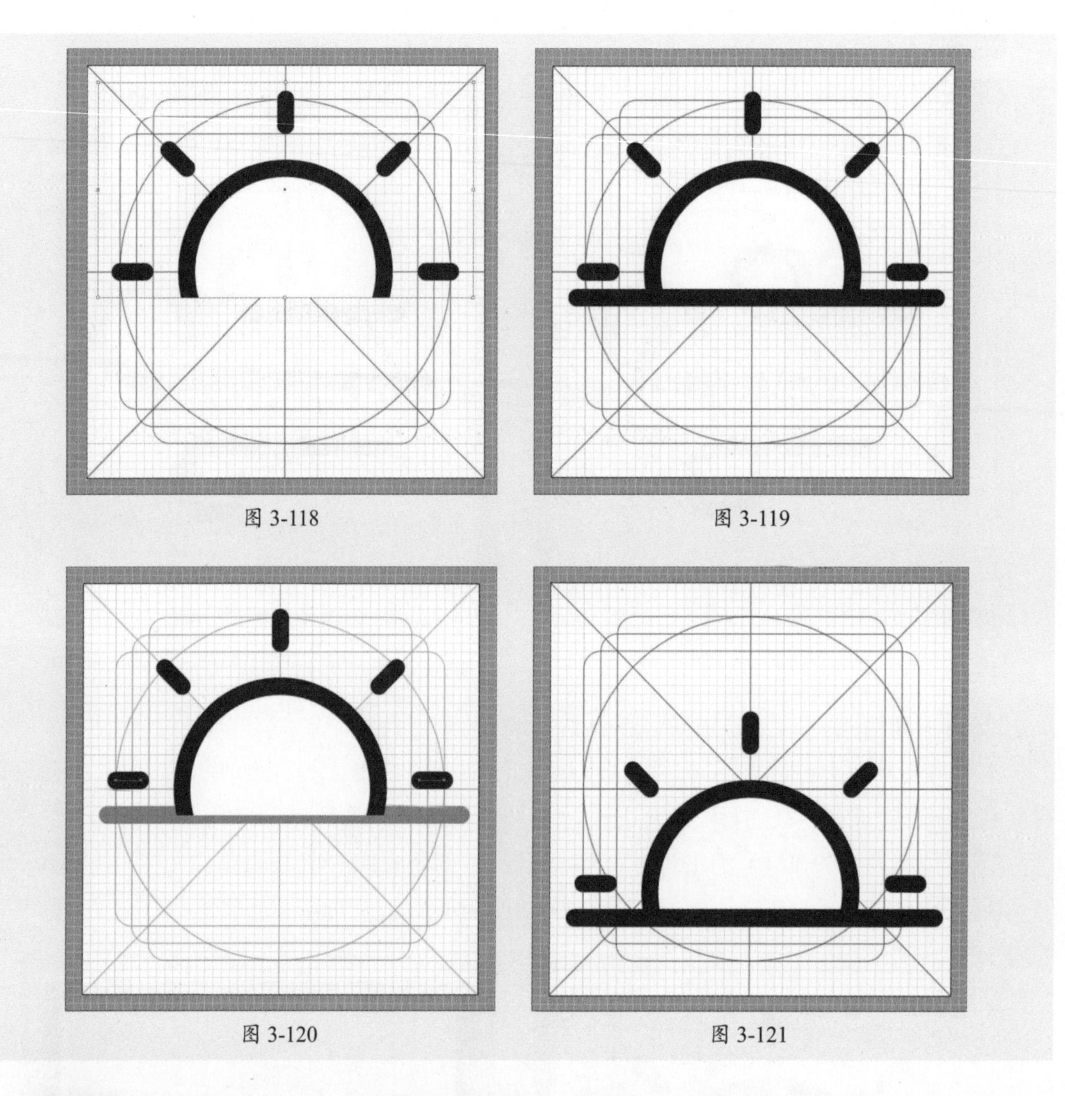

图 3-118

图 3-119

图 3-120

图 3-121

步骤 07 选择“直线段工具”绘制直线组成箭头，如图3-122所示。

步骤 08 双击进入隔离模式，使用“编组工具”选择和箭头重合的路径，按Delete键删除，如图3-123所示。

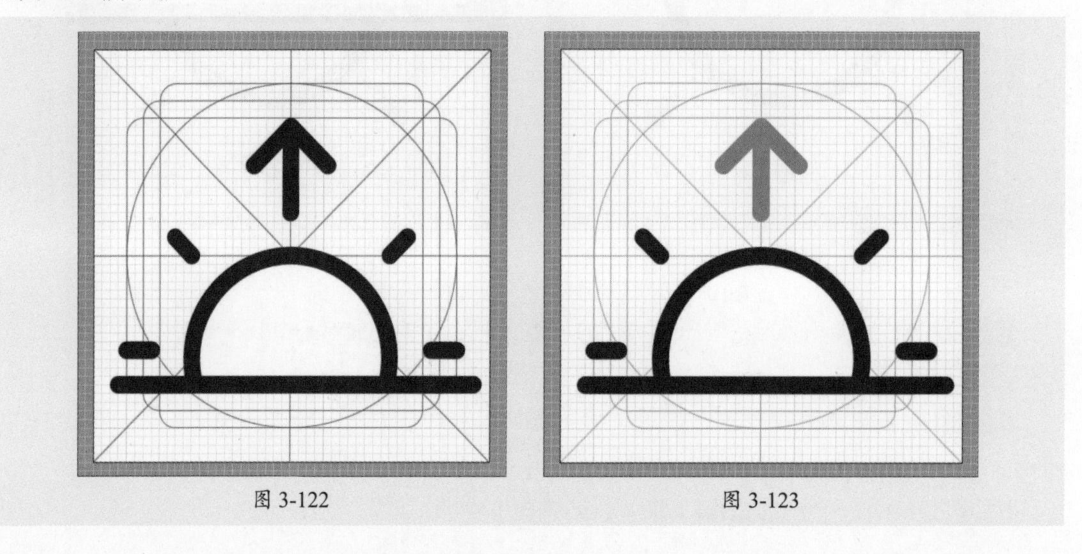

图 3-122

图 3-123

步骤 09 退出隔离模式后，解锁参考线，选择“画板工具”复制画板，如图3-124所示。

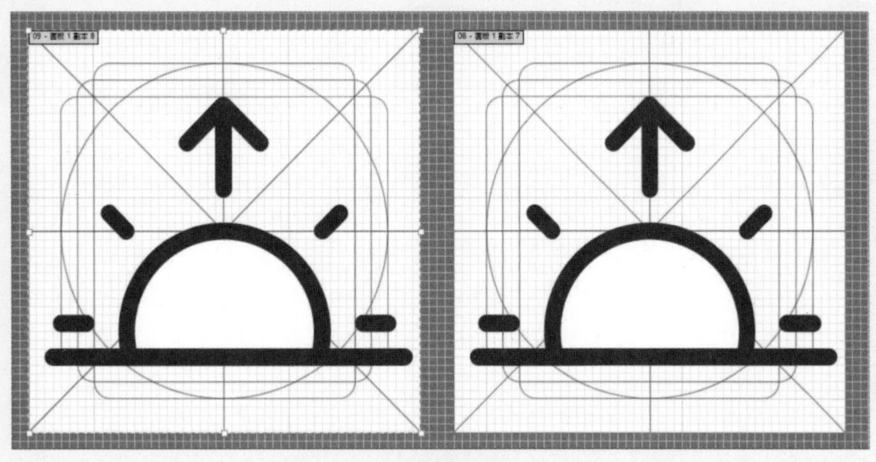

图 3-124

步骤 10 选择箭头路径，在“属性”面板中单击“垂直翻转”按钮，如图3-125所示。

步骤 11 在“图层”面板中隐藏所有参考线，如图3-126所示。

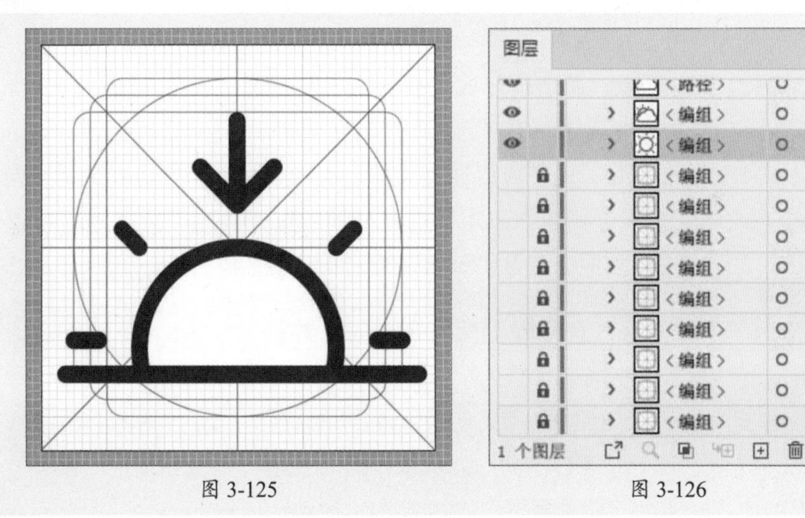

图 3-125　　图 3-126

步骤 12 导出为PNG格式后对文件重命名，如图3-127所示。

图 3-127

新手答疑

1. Q：三大主流系统中的图标，在设计风格上有什么特点？

A： iOS系统中的图标通常采用扁平化设计，倾向于使用2D图形和简单的视觉元素来传达功能。Android系统中的图标有多种设计风格，更加倾向于使用材质设计，注重层次感和阴影效果。HarmonyOS系统中的图标更加注重自然、流动和无边界的设计风格。

2. Q：三大主流系统中的图标，在形状和细节上有什么不同之处？

A： iOS系统中的图标具有圆角和简洁的形状，注重线条的细腻和平滑。Android系统中的图标可能更加多样化，形状和细节更加丰富。HarmonyOS系统中的图标更加注重流线型的形状和细节。

3. Q：三大主流系统中的图标，在颜色处理上有什么不同之处？

A： iOS的图标颜色通常与应用程序的主题相匹配，以保持整体的一致性和美观性。Android的图标颜色则更加多样化，每个应用程序的图标都有自己的颜色方案，以展示其独特性和个性。HarmonyOS的图标颜色通常采用鲜艳的颜色和对比色，以提高整体的可视性和吸引力。同时，它们也注重与应用程序主题的一致性。

4. Q：三大主流系统中的图标，在交互方式上有什么不同之处？

A： iOS的图标交互方式相对简单，用户可以通过轻触或滑动来打开应用程序。Android的图标交互方式则更加多样化，用户可以通过长按、滑动、拖动等方式来执行不同的操作。HarmonyOS的图标交互方式通常采用轻触或滑动的方式，以保持整体的一致性和易用性。同时，它们也支持其他交互方式，如语音控制和手势控制等。

5. Q：三大主流系统中的图标，在布局上有什么不同之处？

A： iOS的图标布局通常采用网格状排列，以充分利用屏幕空间并提高可读性。每个应用程序的图标都有一个固定的位置，使用户可以轻松地找到它们。Android的图标布局则更加自由和多样化，每个应用程序的图标可以根据需要进行调整和设置。使屏幕看起来更加灵活和生动，但有时也可能导致一些混乱和不一致。HarmonyOS的图标布局通常采用网格状排列，但它们可以更加灵活地调整位置和大小，以适应不同的设备和屏幕尺寸。

这些区别可能会随着操作系统版本的更新而有所改变。此外，除了系统级别的图标之外，第三方开发者也可以创建自己的图标设计，并将其集成到他们的应用程序中，这可能导致更大的多样性。

第4章 基础控件设计

在界面设计中，控件通常指的是窗体上放置的可视化图形元件，例如按钮、文本框等，是执行某些特定功能的界面元素，例如确认、取消、提交等。本章将常见的按钮、选择、分段、信息反馈以及文本框控件的类型和设计规范进行讲解。

4.1 认识控件

UI控件是用户界面的基本构建块，是创建用户界面的重要元素。包括各种图形、按钮、文本框等，如图4-1所示，用于实现用户与应用程序的交互。

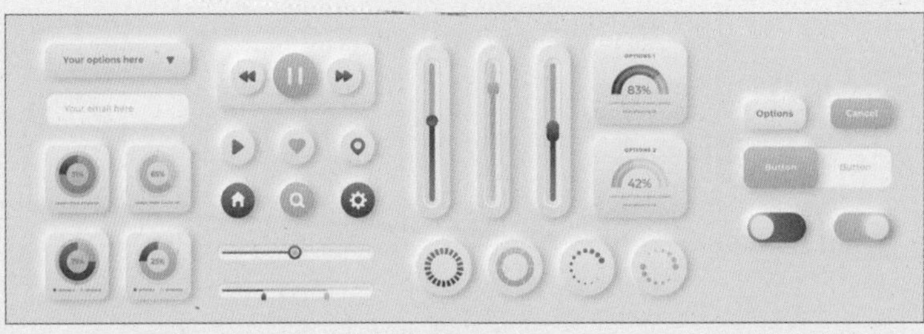

图 4-1

4.2 按钮控件

按钮是一种常见的控件，主要用于触发特定的操作或命令。按钮控件通常以矩形的形式出现，并可以显示文本或图像，如图4-2所示。

图 4-2

4.2.1 按钮控件的类型

UI按钮非常多样化，可以满足各种用途。典型且经常使用的按钮，其呈现交互部分一般显示为可见性并具有特定的几何图形，同时有副本支持说明通过该按钮将执行的操作。下面介绍常用的几种按钮类型。

1. CAT 按钮

CTA（Call To Action，号召性按钮）是一种引导用户点击并跳转到下一个流程的按钮控件。此操作为特定页面或屏幕提供链接，例如登录、注册、购买、订阅、启动等，如图4-3所示。该按钮与页面上其他按钮的不同之处在于其引人注目的特性：它必须引起注意并刺激用户执行所需的操作，例如，按钮足够大、颜色足够醒目等。

图 4-3

2. 文字按钮

文字按钮是以纯文本或是图标+文本组合而成的按钮类型。文字按钮相较于其他类型的按钮，其优点是表意明确，以简短的文本字段，阐明执行命令的结果，用户单从字面意思，即可准确判断执行何种命令。此外，文字按钮相较于其他类型的一般按钮，其在视觉设计中占据较小的视觉重量，通常以弱打扰的方式，为用户执行命令，提供选择。当光标悬停时，文字的颜色会改变，或出现下画线，如图4-4所示。

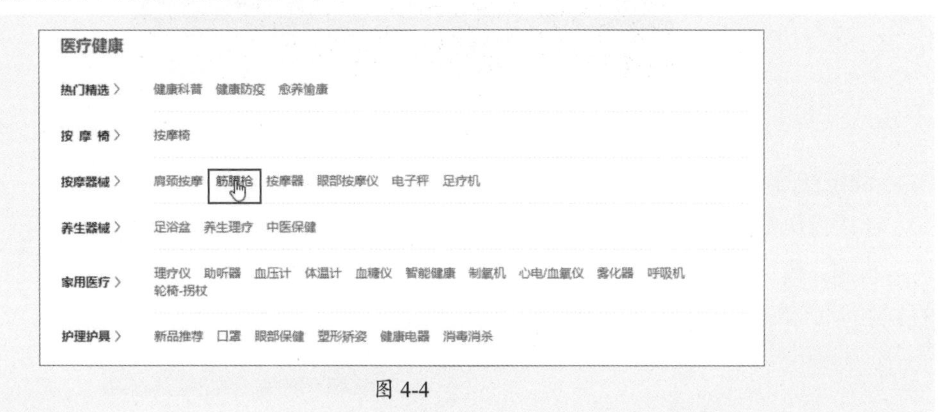

图 4-4

3. 下拉菜单按钮

下拉菜单按钮是一种弹出按钮，默认状态下显示单箭头指示符。通常用于设置、文件选择等，当单击该按钮时，将显示一个相互排斥的项目下拉列表，选中的选项呈激活状态，并显示其他颜色，如图4-5所示。

图 4-5

4. 幽灵按钮

幽灵按钮也称为空心按钮，呈透明状态，由文字和按钮轮廓组成，没有填充颜色。幽灵按钮常用于辅助CTA按钮，主要的CTA按钮将引导用户进行设计者希望他们采取的行动，而辅助按钮提供了一个合理的选择，例如常见的是/否、确认/取消、继续使用/立即卸载等，如图4-6所示。

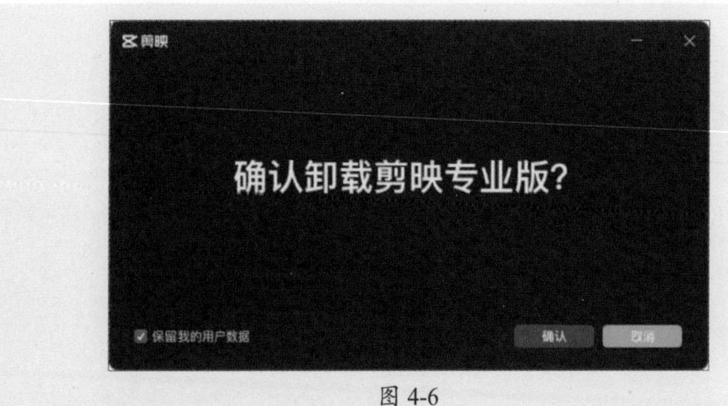

图 4-6

5. 浮动操作按钮

浮动操作按钮简称FAB，主要是为了简化界面操作，提供一个明显的触发点，使用户可以快速找到并执行主要操作。FAB按钮通常是高于界面内容的圆形按钮，中间位置带有图标，如图4-7所示，单击即可显示主要操作或最频繁的操作，如图4-8所示。

图 4-7

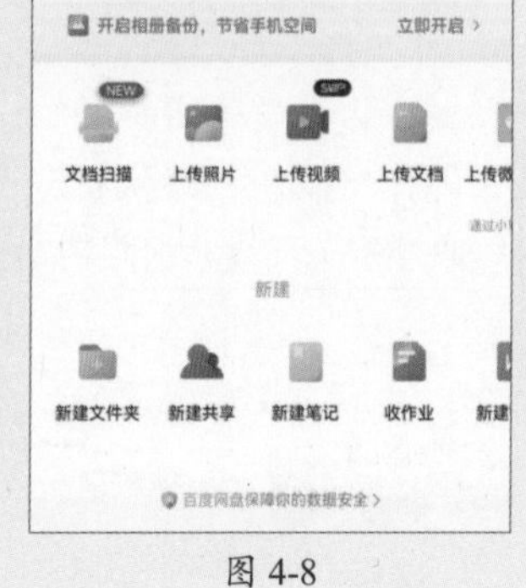

图 4-8

6. 加号按钮

通过单击加号按钮，可以向系统添加一些新内容。根据应用程序的类型，加号按钮可能代表列表中的新帖子、联系人、位置、注释、项目等任何可作为数字产品基本操作的操作。单击该按钮后，将直接转移到创建内容的模式窗口，或者有一个中间阶段供用户选择添加内容的类别并导向特定屏幕，如图4-9和图4-10所示。

图 4-9

图 4-10

7. 汉堡按钮

汉堡按钮是隐藏的菜单按钮，外观形似汉堡，由三条水平线组成，表示存在多个选项，通常在移动应用或网站的主页和子页面上展示。单击该按钮时，菜单将展开所有选项，如图4-11所示。

图 4-11

> **知识点拨**
>
> 汉堡按钮不再是指单纯三条线组成的按钮样式，而是变成了一类导航形式的统称，即单击该按钮打开侧边抽屉式菜单导航形式。

4.2.2 按钮控件设计规范

UI按钮控件由容器、圆角、图标、边框、文字标签、背景所组成，如图4-12所示，部分按钮还会添加投影效果。

图 4-12

- **容器：** 整个按钮的载体，容纳文案、图标等元素。
- **圆角：** 传达出按钮的气质，决定用户的视觉感受。
- **图标：** 用于按钮含义的图形化抽象表达，例如加载中、编辑。
- **边框：** 确定按钮的边界，常用于次级按钮描边。
- **文字标签：** 按钮的文字化表达。
- **背景：** 表达按钮的当前状态，对按钮合理地使用主体色能有效传播品牌气质。

（1）按钮的高度

按钮在容纳文本内容的同时需要提供足够的点击区域，在实际应用中，根据权重划分，将按钮的高度分成了高、中、低三个权重等级。

- **高权重：** 高权重按钮的尺寸一般比普通尺寸大，高度为40～56pt，常用于登录页面的注册、登录，详情页中的购买，流程页面中的下一步，等等，如图4-13所示。

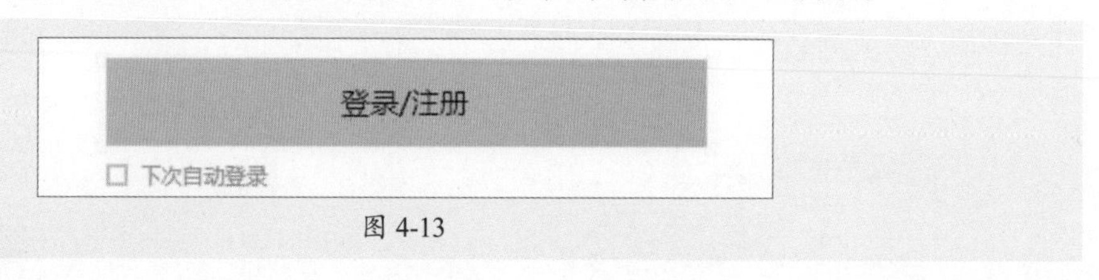

图 4-13

- **中权重：** 同一个页面会出现多个中权重的按钮，高度为24～40pt，常用于界面中的关注、点赞、评论等，如图4-14所示。

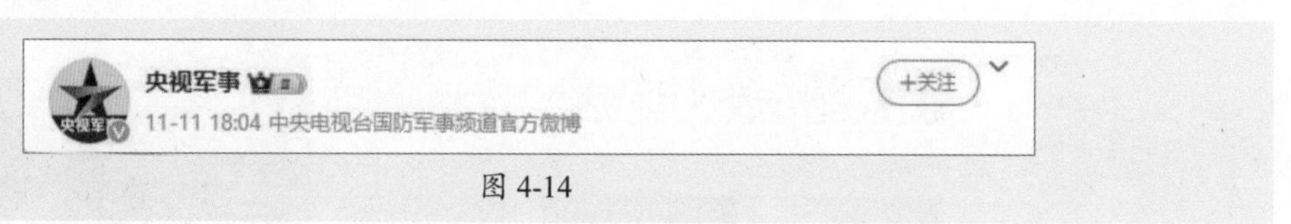

图 4-14

- **低权重：** 具有提示属性的按钮，高度为12～24pt，可以是纯文本按钮，也可以是图文、图标按钮，常用于查看更多、热门搜索、标签等，如图4-15所示。

图 4-15

（2）按钮的宽度

按钮的宽度根据文本的长度调整，左右间距应小于或等于上下间距的2倍，如图4-16所示。但高权重的按钮可以全屏宽度，无视内容的长度。

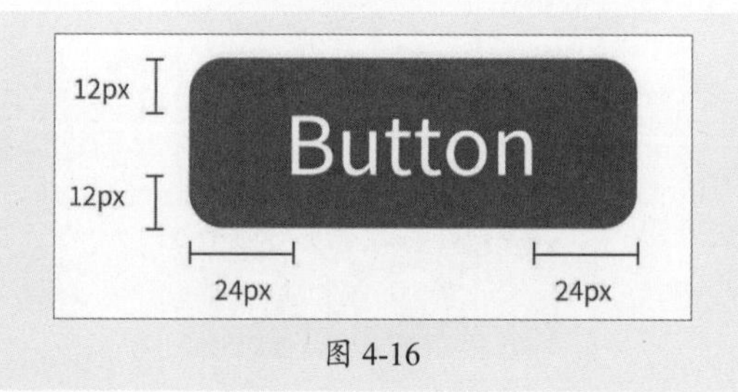

图 4-16

（3）按钮的圆角半径

按钮的圆角半径可分为直角、小圆角和全圆角三种样式，如图4-17所示。

图 4-17

- **直角：** 具有严谨、力量的特点，适用于金融类、奢侈品、商务类产品以及用户授权界面中。
- **小圆角：** 具有稳定性、中性的感觉，适用于用户跨度较大的常规产品中。
- **全圆角：** 具有活泼、亲和力的感觉，适用于儿童类、年轻化、娱乐类、购物类等产品中。

知识点拨

当选择小圆角的圆角半径时，其设置范围应小于或等于高度的1/4。例如，高度为32pt的圆角矩形，圆角的尺寸应该不大于8pt。

（4）按钮的设计风格

在UI设计中，按钮的种类有很多，但风格逐渐统一，大致可分为以下四大类型。

- **扁平化按钮：** 通常在容器中填充一个纯色即可，没有多余的视觉干扰，操作简便，这种类型的按钮一般在应用中用得最多，如图4-18所示。

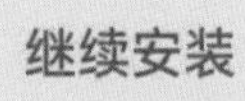

图 4-18

- **微质感按钮：** 相比扁平化按钮，在颜色和效果的应用上更加有质感，例如填充渐变色再加上浅浅的投影，不仅能保持信息内容的简洁，让用户产生更强的操作欲望，还能让页面具有品质感，更加耐看，如图4-19所示。

图 4-19

- **3D按钮：** 该类型按钮的3D质感较强，属性样式丰富。通常在游戏界面中用到，可以增加页面的真实感，如图4-20所示。

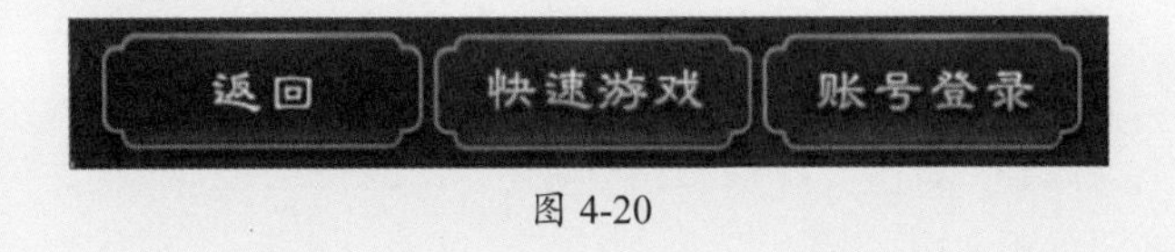

图 4-20

- **新拟态按钮：** 介于扁平化与3D之间，类似浮雕的一种设计风格，利用高光和阴影使元素与背景间富有柔和的层次感，具体体现为凸出和下凹的立体效果，如图4-21所示。

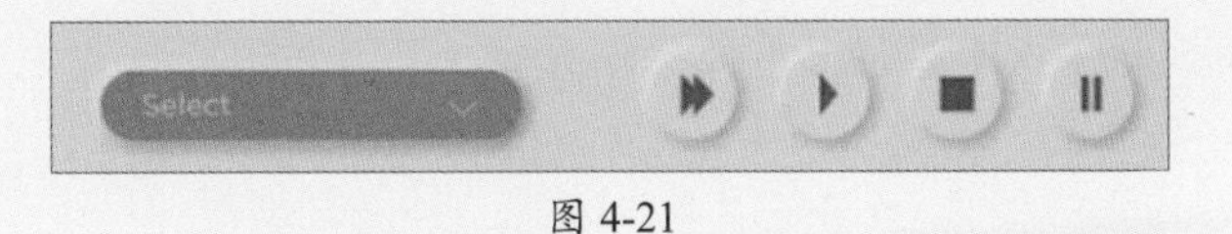

图 4-21

4.3 选择控件

选择控件是供用户选择不同选项的组件，常用于表单、设置页。当需要用户输入的内容只有几种固定的格式时，可以选择变输入为选择，这样不仅节约时间，也能避免输入出错，如图4-22所示。

图 4-22

4.3.1 选择控件的类型

选择控件可分为单选按钮、复选框以及开关。

1. 单选按钮

单选按钮通常用于可以同时提供多个选项的情况下，只允许用户选择其中一个选项。单选按钮通常用圆形表示，在内部使用点或实心圆圈来显示所选选项的轮廓圆圈，如图4-23所示。

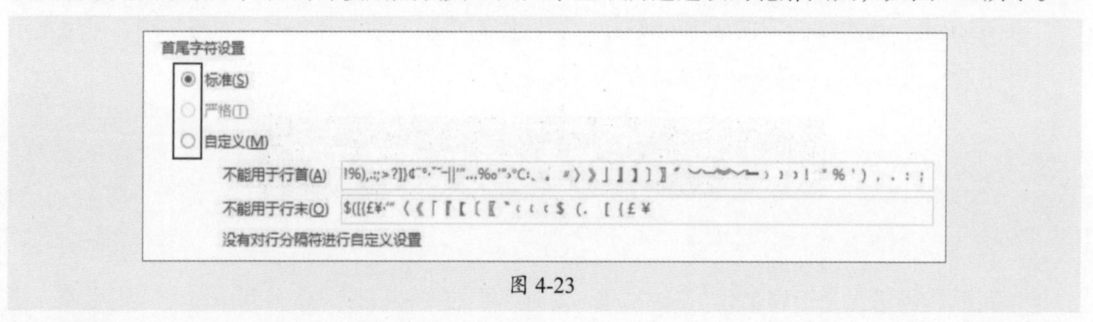

图 4-23

2. 复选框

复选框是可以同时选中多个选项的控件。复选框通常用方框表示，“复”表示两个或两个以上，“复选”表示可以选择两个或两个以上选项，如图4-24所示。

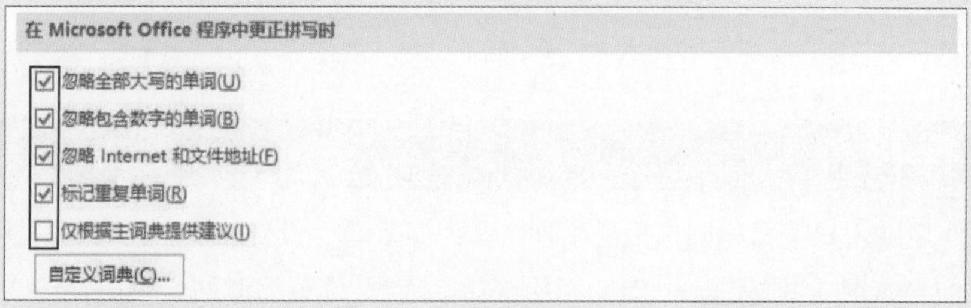

图 4-24

3. 开关

开关控件主要是用于开启或关闭某种状态/功能的控件。开关控件由一个圆形或方形的按钮组成，可以通过单击或滑动按钮来切换开关状态，最常见的为椭圆形形式，如图4-25和图4-26所示。开关操作会使设置的状态发生变化，因此在部分场景下，从开到关或关到开，会有状态的延迟显示。

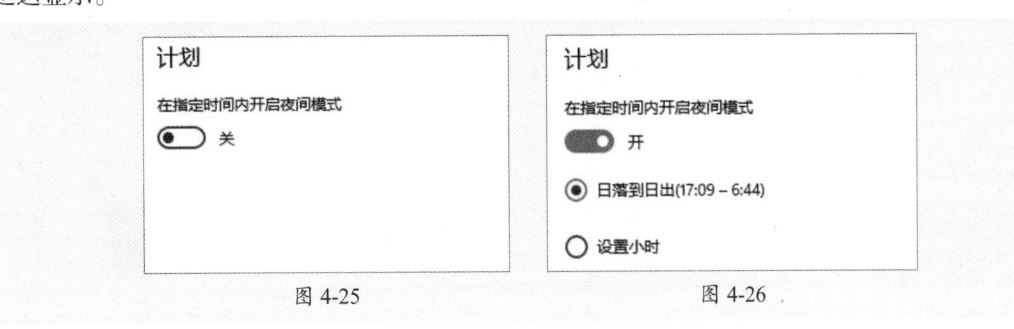

图 4-25　　图 4-26

4.3.2　选择控件设计规范

在制作选择控件时需要制作未选/选中、开启/关闭两种状态。其尺寸需要根据具体的页面布局和设计风格来设定，下面就常用的尺寸进行介绍。

1. 单选按钮

单选按钮一般为圆形，尺寸为20pt，选中后内圆尺寸为8pt，如图4-27所示。

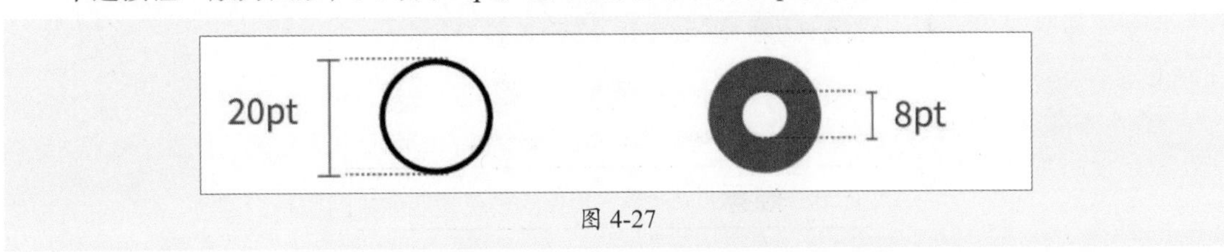

图 4-27

2. 复选框

复选框一般为圆角矩形，尺寸为20pt，选中后内部尺寸为10pt×8pt，如图4-28所示。

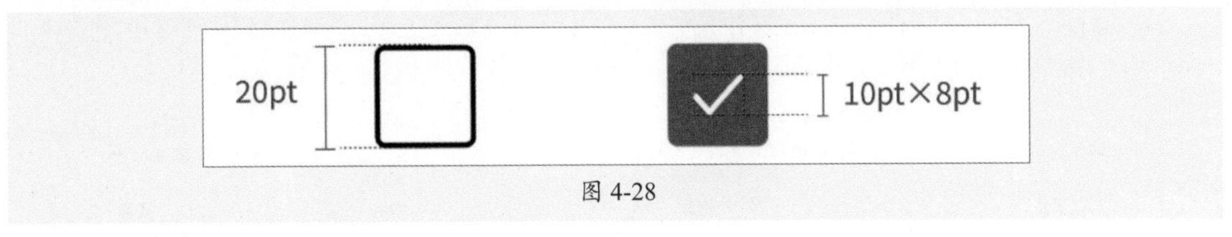

图 4-28

3. 开关

在制作开关时，首先要确定底部矩形区域，高度为24～32pt，宽度则用1∶2的比例。例如，高度为24pt，则宽度为48pt，之后再将细节填入，如图4-29所示。

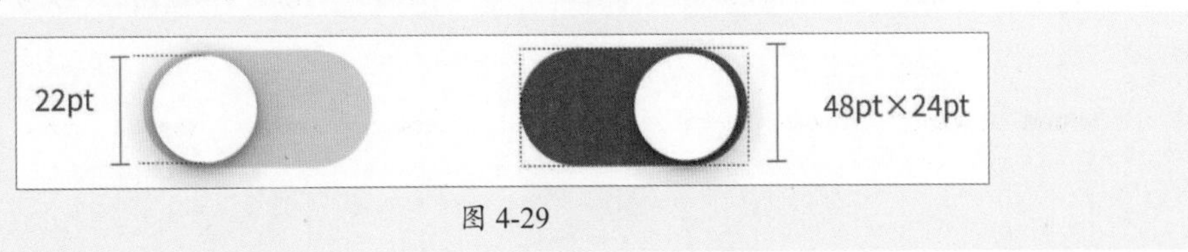

图 4-29

4.4 分段控件

分段控件由两个或以上的分段组成，每个分段的作用类似于按钮，点击后将切换到相应的视图。每个分段宽度相同，与分段的数量成反比，分段数量越多，则宽度越小，如图4-30所示。

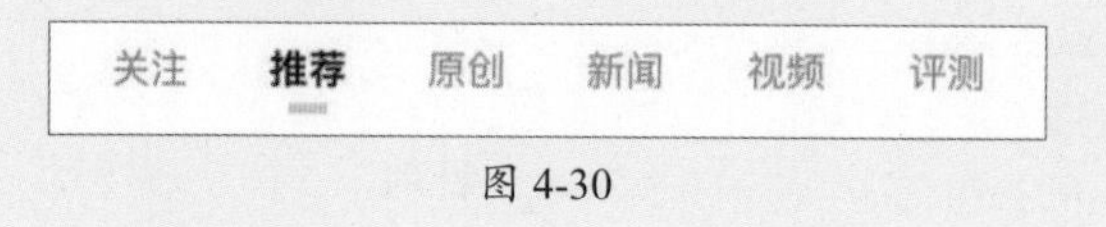

图 4-30

4.4.1 分段控件的类型

分段控件可以分为固定和滚动两种类型。

1. 固定分段控件

固定分段控件通常被固定在页面顶部或中部的组件中，如图4-31所示，用于提供不同的视图或操作选项，单击不同的分段来选择不同的选项。

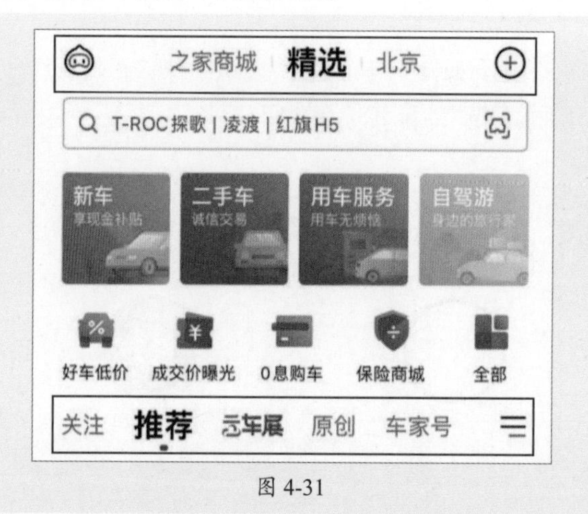

图 4-31

2. 滚动分段控件

滚动分段控件是可以滚动的分段控件，通常用于展示多个选项，并允许用户通过滚动来查看和选择不同的选项，如图4-32和图4-33所示。

图 4-32

图 4-33

UI界面设计与制作标准教程（全彩微课版）

4.4.2 分段控件设计规范

分段控件由于位置的不同，其高度也有所不同，当位于App顶部时，高度为40～48pt，属于高权重。位于页面中部组件中，高度为28～36pt，属于低权重，如图4-34所示。

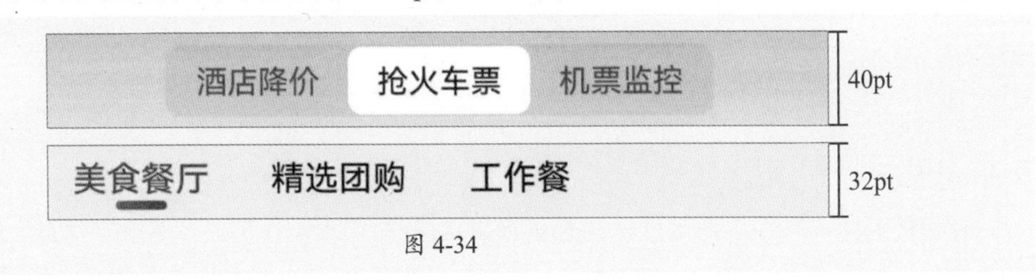

图 4-34

一个完整的分段控件需要包含两个或以上的选项，当选项少时，直接均分显示。当选项较多时，可以采取定宽模式，宽度最小为64pt，如图4-35所示。

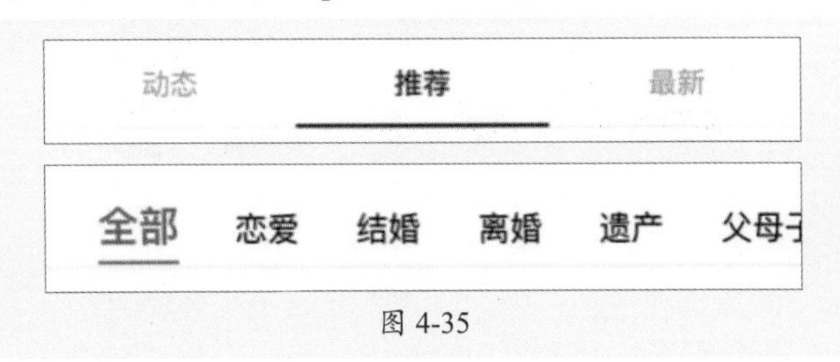

图 4-35

分页控件选项处于选中状态时，有三种设计方法：修改背景颜色、修改文字属性以及添加下画线。添加下画线效果，可以细分为贴在控件底部和在下方悬浮两种。两种方式线条高度小于或等于2pt。宽度为8～16pt（小于文字总宽），也可以和选项背景区域相等，如图4-36所示。

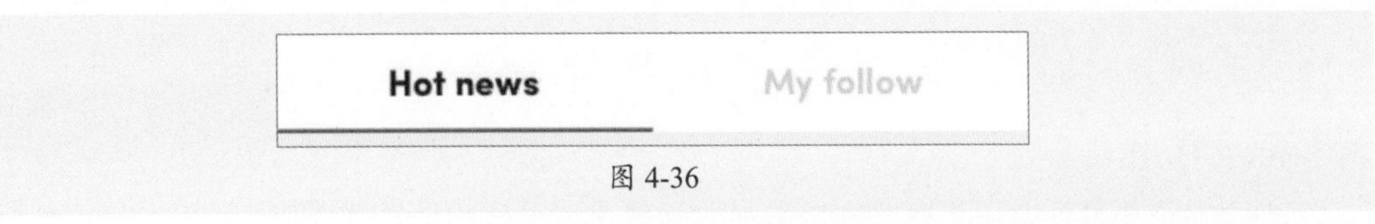

图 4-36

4.5 信息反馈控件

反馈控件通常用于提供用户操作反馈，可以以视觉的方式向用户反馈信息，以帮助用户更好地理解操作结果和系统的状态，如图4-37所示。

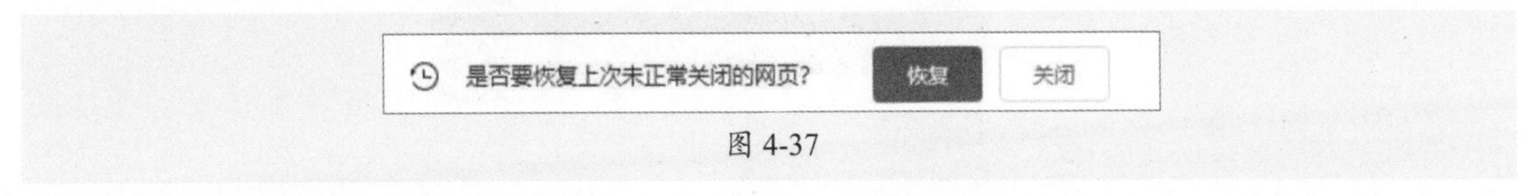

图 4-37

4.5.1 反馈控件的类型

常见的反馈控件有角标、吐司提示、通知、Snack Bars等。

1. 角标

角标控件通常用于显示应用程序的未读消息、通知或任务的数量。通常以圆点、数字、文字的形式显示在应用程序图标的右上角，以便用户快速了解有多少未读消息或待处理任务，如图4-38所示。

图 4-38

2. 吐司提示

吐司提示是一种在界面上悬浮的轻量级提示组件，通常用于展示一些简短的信息或提示。以半透明的形式出现在界面上，显示2～6s后便会消失，不干扰用户的正常操作，如图4-39所示。

图 4-39

3. 通知

通知组件在应用程序顶部以小弹窗或气泡的形式展示信息，包括通知、提醒、消息等，通常用于显示重要的、需要及时响应的信息，如图4-40所示。

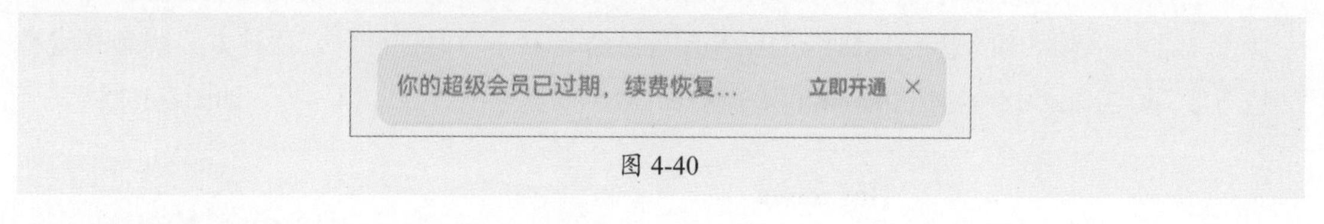

图 4-40

4. Snack Bars

Snack Bars组件通常用于在页面底部显示一些重要的提示信息或操作指南，如图4-41所示。底部提示条的设计可以根据具体需求和产品风格而有所不同，通常包含以下元素。

- **提示文本**：用于显示提示信息，通常简明扼要地描述需要用户注意或操作的内容。
- **提示图标**：可以添加一个或多个图标，用于指示提示信息的类型或相关操作。
- **提示状态**：根据提示信息的类型和状态，可以设置不同的样式，如颜色、大小、形状等。

图 4-41

4.5.2 反馈控件设计规范

1. 角标

角标没有固定的尺寸，可以根据设计的需求和产品风格进行调整。在主流产品中，角标的尺寸为16～30px，数字标记显示为1～99，超过99用99+表示。设置添加的文字要少于四个字段。

角标按照使用场景的关注度划分，可分为高、中、低三种，对应角标的三种类型：红点+数字、红点+文字以及红点，如图4-42所示。在颜色的选择上，通常使用品牌色，或红色、橙色等暖色系。

图 4-42

- **红点+数字：**显示具体的数量，多用于消息对话、通知等。
- **红点+文字：**有具体的引导文字，用于吸引用户注意，多用于营销场景。
- **红点：**多用于提醒内容、功能或状态的更新。

2. 吐司提示

吐司提示的宽度和高度需根据文字的大小进行设置，文字大小为14pt，一行不得超过12个字。圆角半径为10pt，不透明度为70%，如图4-43所示。

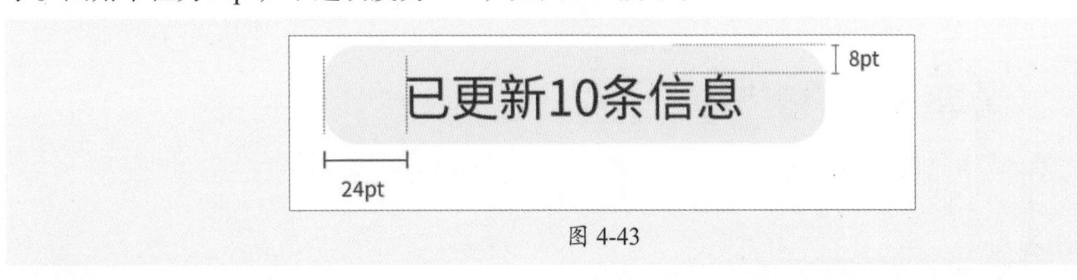

图 4-43

3. 通知

通知控件的具体尺寸，会因应用的设计和需求而异。常见高度为32～44pt，字体大小为14pt。在颜色的应用上有以下要求。

- **背景颜色：**通常采用白色或浅灰色，以突出显示通知内容。
- **文本颜色：**通常采用黑色或深灰色，以确保文本内容在背景色上清晰可见。
- **样式颜色：**根据不同的通知类型或状态，可以采用不同的颜色进行区分。例如，重要通知可以用红色或橙色，如图4-44所示，提示通知可以用绿色或蓝色等。

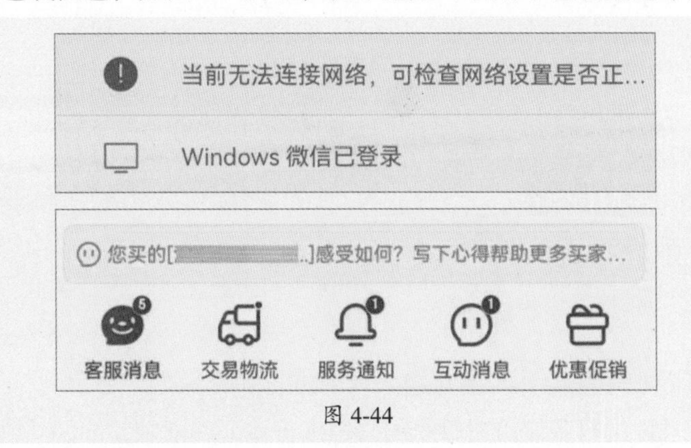

图 4-44

4. Snack Bars 提示框

Snack Bars提示框中文字的大小为14pt，单行的高度为48pt，双行的高度为68pt，按钮间距为8pt，文字间距为16pt，如图4-45所示。

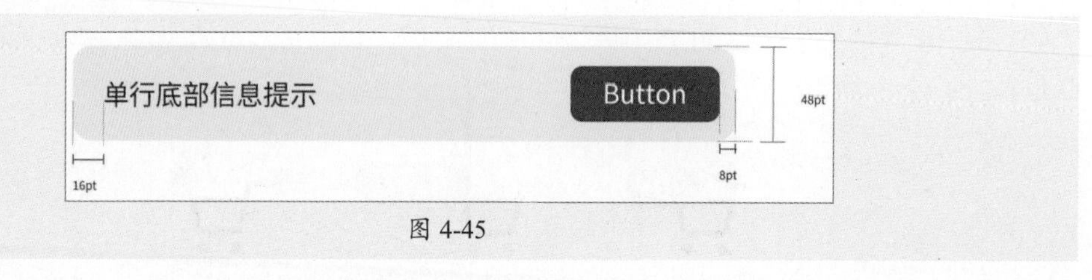

图 4-45

4.6 文本框控件

文本框控件通常是一个矩形区域，用户可以在其中输入文本、数字、符号等，用于各种应用程序和网站，包括登录页面、注册表单、搜索栏、留言板等，如图4-46所示。

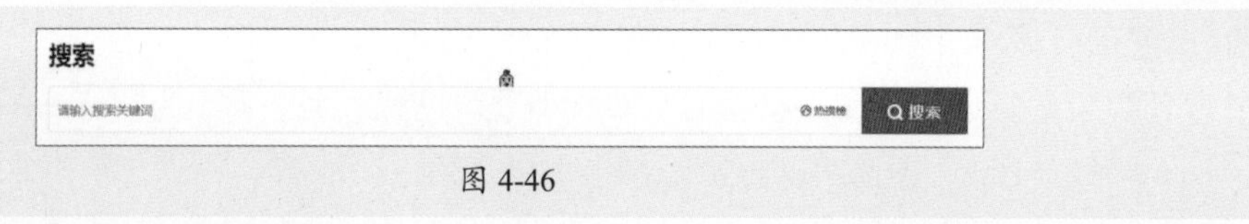

图 4-46

4.6.1 文本框控件的类型

文本框控件的类型通常分为单行文本框、多行文本框以及密码文本框。

1. 单行文本框

单行文本框常用于登录页面、注册表单、搜索栏、留言板等场景，以接收用户输入的关键字或短文本，如图4-47所示。在输入时可以对输入文字的长度、内容进行验证和限制，对用户输入内容进行验证和限制。

2. 多行文本框

多行文本框可以输入多行文本，并且可以自动换行或手动换行。这种文本框控件常用于输入较长的文本内容，如备注、评论、描述等，如图4-48所示。多行文本框还可以设置输入长度限制、自动滚动等特性，对用户输入内容进行验证和限制。

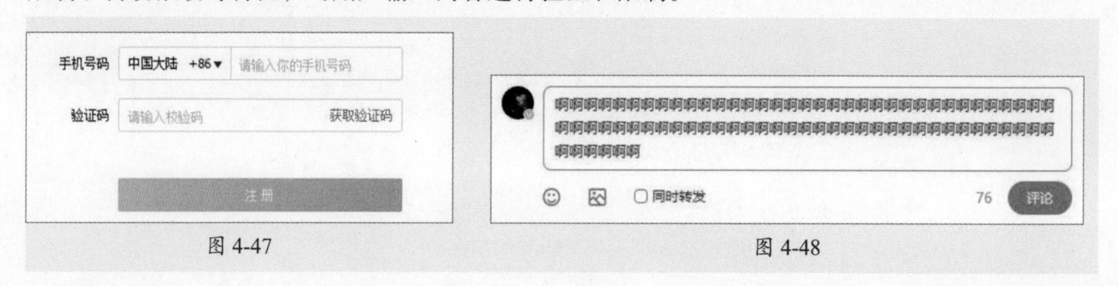

图 4-47　　图 4-48

3. 密码文本框

密码文本框为了保护用户隐私，会对输入内容进行加密处理，显示为符号或圆点，部分密码文本框还会对输入长度进行限制，对输入的内容进行验证和限制，如图4-49和图4-50所示。

密码:

8-14位,字母/数字/标点符号至少2种

图 4-49

密码:

•••••••••••••••

图 4-50

4.6.2 文本框控件设计规范

文本框的高度需要根据实际需要而定，高度为36～56pt，图标的尺寸为24pt，文本和图标距离文本框的尺寸为12pt，如图4-51所示。多行文字其高度根据显示内容的多少而定，文字的行高为1.2～1.5倍，字距则可根据字体和字号而定。

文本框的状态包括“默认”状态、“选中”状态、“输入”状态、“错误”状态以及“禁用”状态，如图4-52所示。

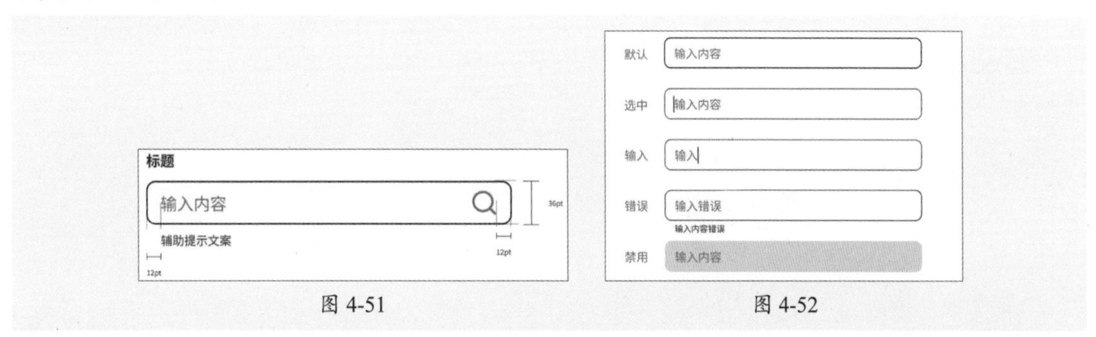

图 4-51　　图 4-52

案例实战：制作美食App登录页控件

本案例将利用所学的知识制作美食App登录/注册页面控件，包括文本框、按钮。涉及的知识点有容器的创建、圆角矩形的绘制、文本的创建、不透明度的调整、颜色的填充等。下面介绍具体的绘制方法。

步骤 01 打开MasterGo官网，新建文件，使用“容器工具”在右侧属性栏中选择“华为P30”选项创建容器，如图4-53所示。

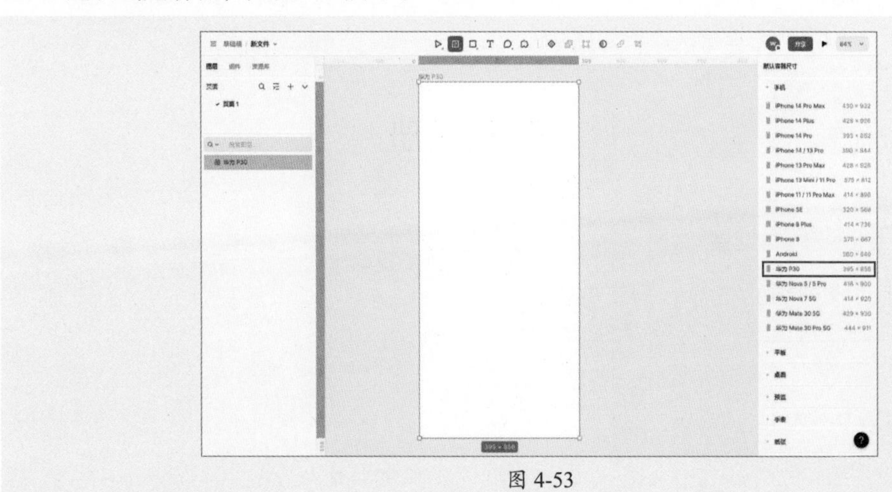

图 4-53

步骤02 选择“文字工具”输入文字，设置文字为“中文/标题/标题二”，填充颜色为“正文色/正文色”，如图4-54所示，效果如图4-55所示。

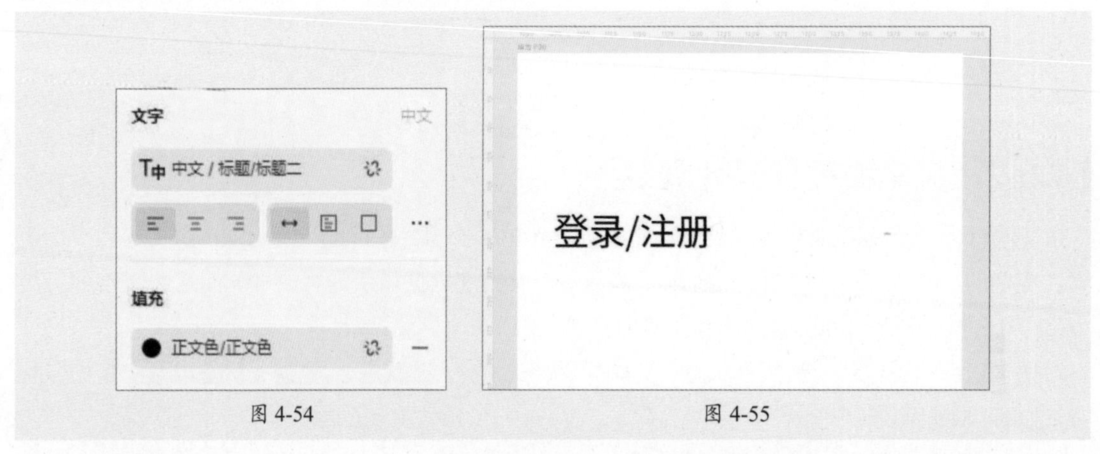

图 4-54
图 4-55

步骤03 选择“矩形工具”绘制矩形，设置高度为56，调整为全圆角状态后居中放置，填充颜色为“背景色/深色背景”，如图4-56所示。

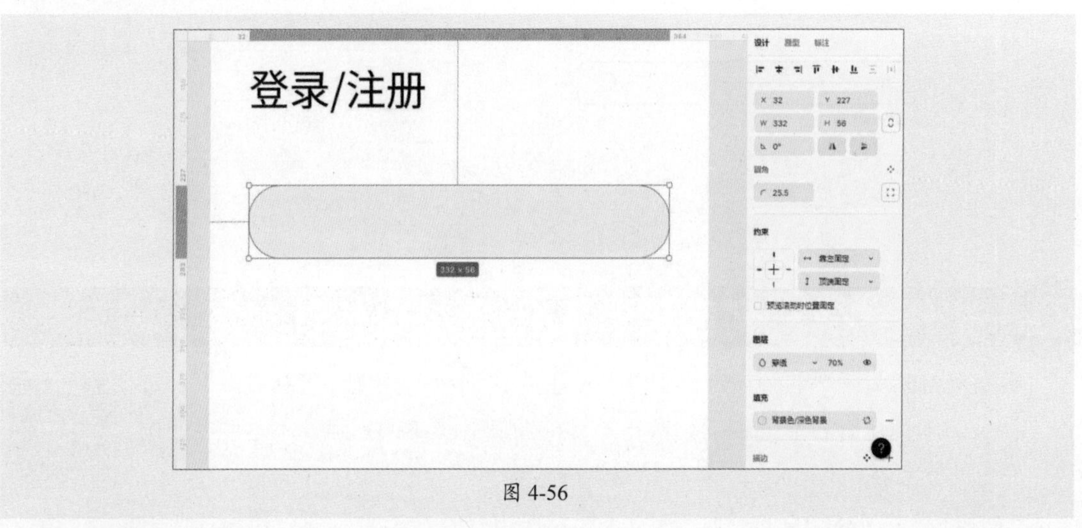

图 4-56

步骤04 选择“文字工具”输入文字，设置文字为“中文/正文/正文文本”，填充颜色为“正文色/正文辅助色”，如图4-57所示，效果如图4-58所示。

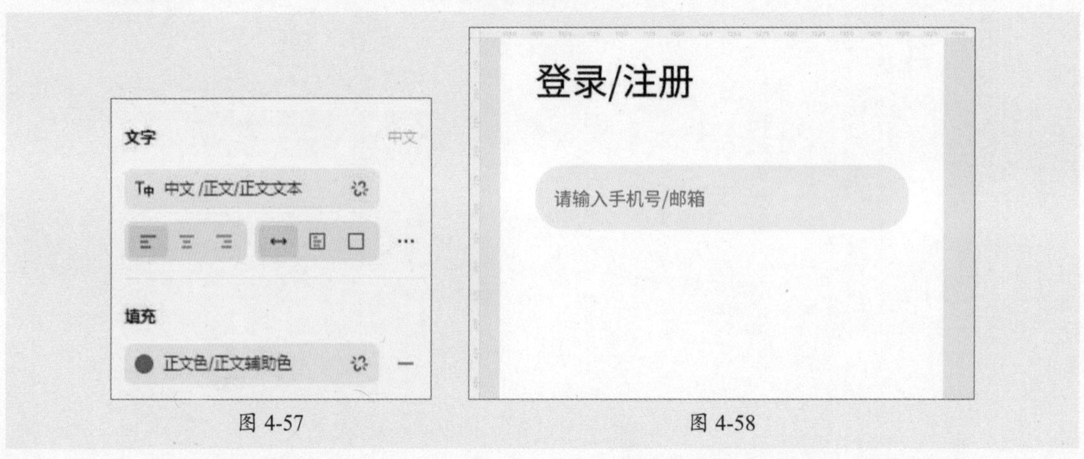

图 4-57
图 4-58

步骤 05 选中文本框和文字，按住Alt键移动复制，如图4-59所示。

步骤 06 更改文字内容，如图4-60所示。

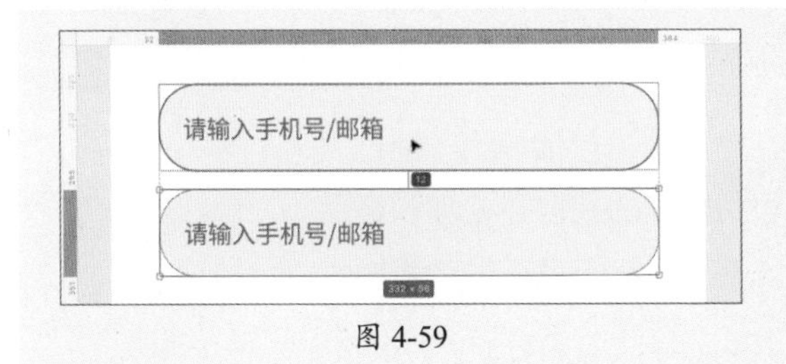

图 4-59

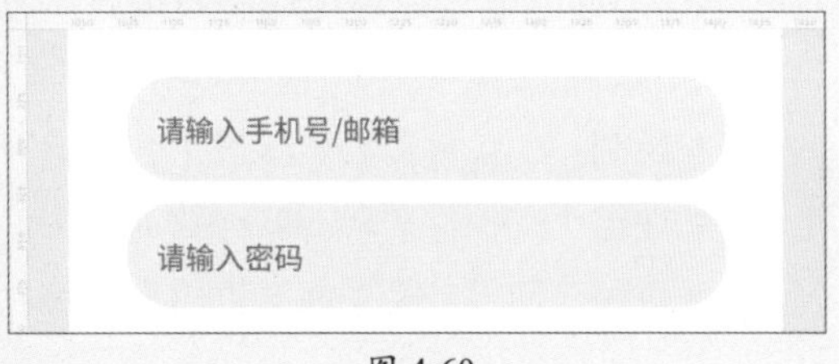

图 4-60

步骤 07 使用“图片工具”，置入图片后调整大小，如图4-61所示。

步骤 08 选择文本框和文字，按住Alt键移动复制，如图4-62所示。

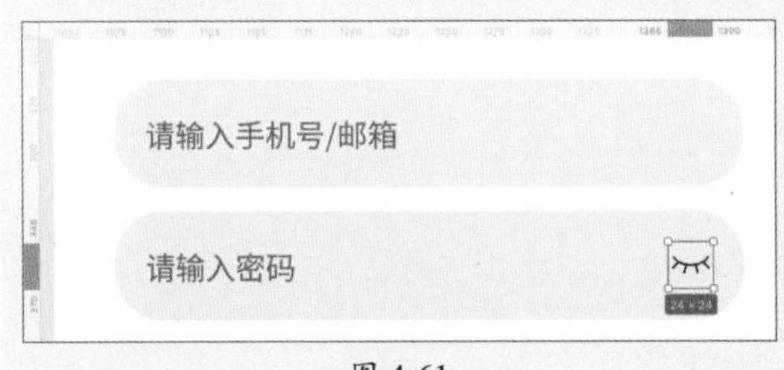

图 4-61

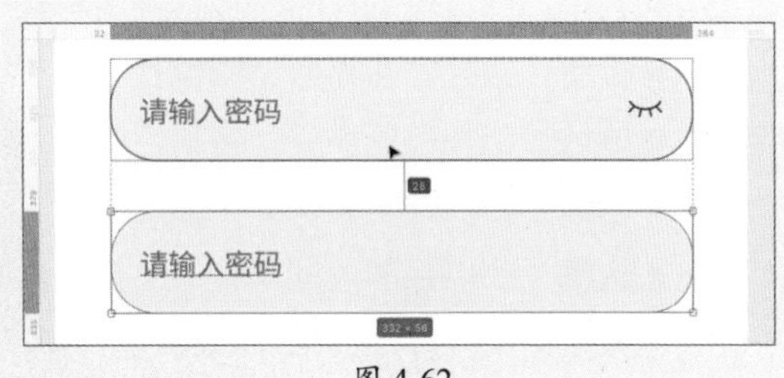

图 4-62

步骤 09 更改填充颜色，调整“穿透”为30%，如图4-63所示。

步骤 10 更改文字和颜色，设置为居中对齐，如图4-64所示。

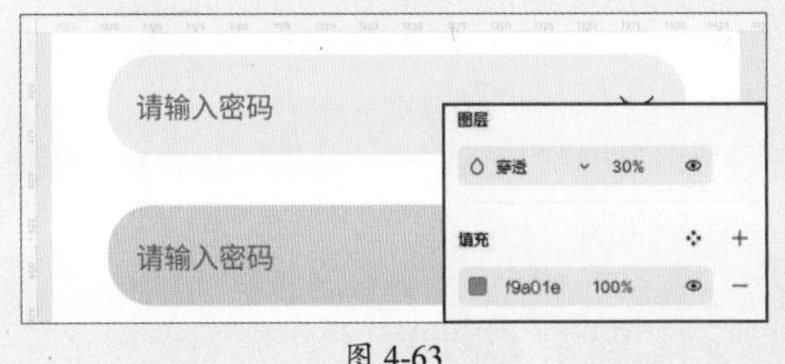

图 4-63

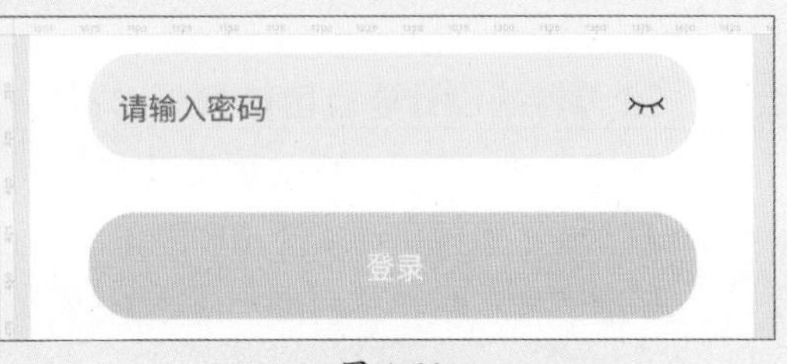

图 4-64

步骤 11 输入文字并设置参数，如图4-65所示。

步骤 12 复制文字后更改文字内容和颜色，整体效果如图4-66所示。

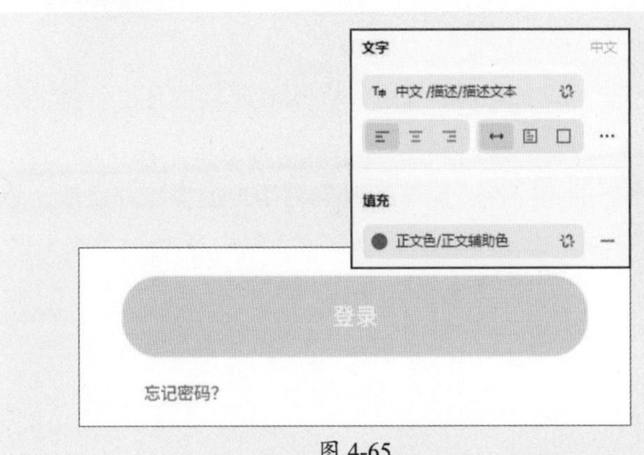

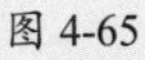

图 4-65

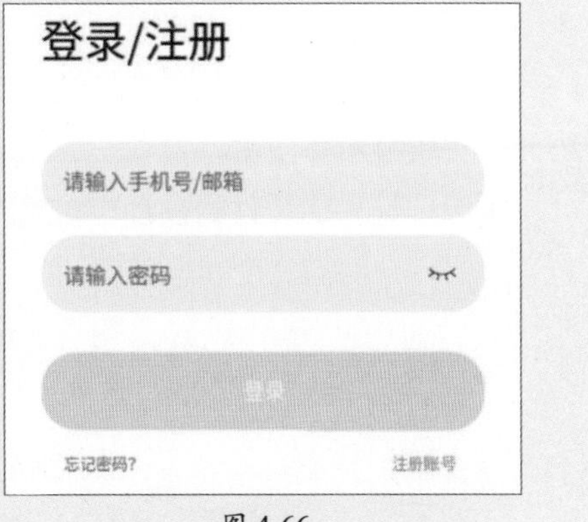

图 4-66

新手答疑

1. Q：UI控件的要素体现在哪些方面？

A：UI控件的要素主要体现在以下三方面。

- **绘制：** UI控件需要能够被正确地绘制在界面上，包括形状、颜色、大小等。
- **数据：** UI控件需要能够与数据交互，包括数据的获取、处理和显示等。
- **控制：** UI控件需要能够被用户控制，包括点击、拖曳、滑动等操作。

2. Q：UI控件的基本属性是什么？

A：UI控件的属性主要是控制UI控件的外观和行为，从而提供更好的用户体验，以下是UI控件的基本属性。

- **大小：** UI控件的尺寸，包括宽度和高度。
- **位置：** UI控件在界面上的位置，包括横坐标和纵坐标。
- **颜色：** UI控件的颜色，包括背景色、文字颜色等。
- **字体：** UI控件中文字的字体、大小、样式等。
- **边框：** UI控件的边框样式，包括边框的颜色、宽度、样式等。
- **背景：** UI控件的背景样式，包括背景颜色、背景图片等。
- **不透明度：** UI控件的不透明度，用于控制控件的不透明度。
- **可见性：** UI控件的可见性，用于控制控件是否可见。
- **选中状态：** UI控件的选中状态，用于控制控件是否被选中。
- **事件：** UI控件的事件，包括鼠标事件、键盘事件等，用于响应用户的操作。

3. Q：UI控件的设计要点包括哪些内容？

A：UI控件是用户界面中的重要组成部分，它们为用户提供交互方式，帮助用户完成特定任务。为了设计出易于使用和理解的UI控件，需要遵循以下要点。

- **简洁性：** UI控件的设计应该简洁、不复杂，避免过多的装饰和复杂的交互方式，让用户能够快速理解和使用。
- **易于操作：** UI控件的设计应该注重易于操作，确保用户在使用过程中能够轻松、快捷地完成所需的操作。
- **统一性：** UI控件的设计应该遵循统一的风格和规范，保持一致的设计语言和视觉效果，以提高用户体验和认知度。
- **适应性：** UI控件的设计应该适应不同的设备和屏幕尺寸，确保在不同的环境下都能够正常显示和使用。
- **响应性：** UI控件的设计应该具有良好的响应性，能够及时响应用户的操作和反馈，提高用户的满意度和忠诚度。

UI

第5章 常用组件设计

在界面设计中，组件是一组相关的控件、布局和样式的集合，可以以不同的方式进行拆解、重组，从而快速构建复杂的用户界面。本章将基础、导航、输入、展示以及反馈类型的组件和设计规范进行讲解。

5.1 认识组件

UI组件是用户界面设计中的常用控件或元件，是界面设计的基础组件，通常以成套的元件的形式出现，如图5-1所示。UI组件通常是在软件应用程序或网页中使用的可视化元素，其类型大致可分为基础组件、导航类组件、输入类组件、展示类组件以及反馈类组件。

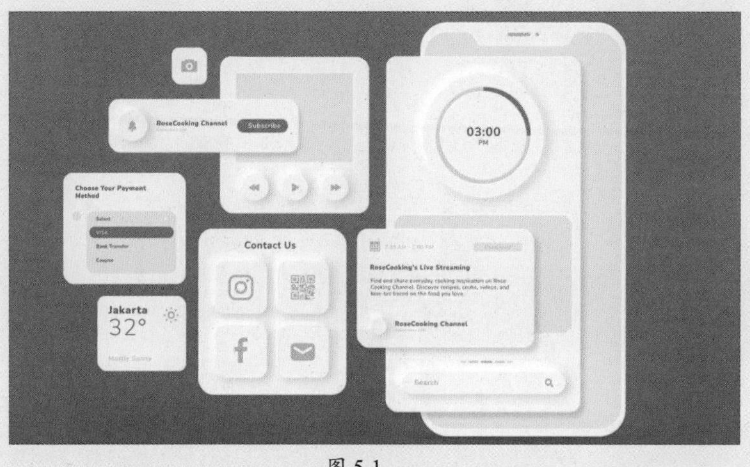

图 5-1

5.2 基础组件

UI基础组件是在应用程序开发中常用的基本组件，这些组件是构建用户界面和交互的基础，使用它们可以提高应用程序的可用性和可维护性。

5.2.1 基础组件解析

UI基础组件是界面设计中一些常见的元素，包括图标、文本、按钮、图片、单元格、状态栏、弹出层等。本节将对部分组件进行介绍。

1. 单元格

单元格通常用于构建表格、列表和其他数据展示形式。单元格组件可以包含文本、图片、图标等多种元素，以展示不同的数据信息，如图5-2和图5-3所示。

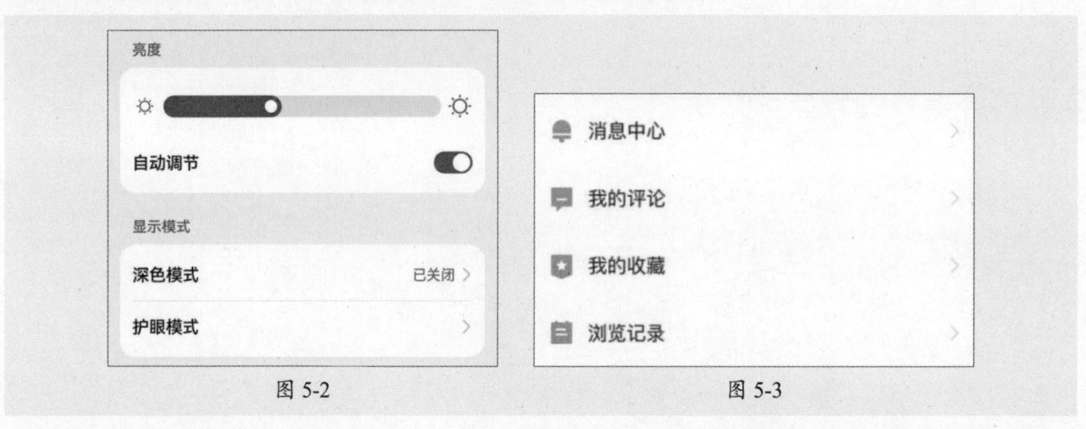

图 5-2　　图 5-3

2. 状态栏

状态栏位于屏幕最顶端，用于显示当前设备的时间、电池电量、蓝牙、信号、定位等各种状态，如图5-4所示。

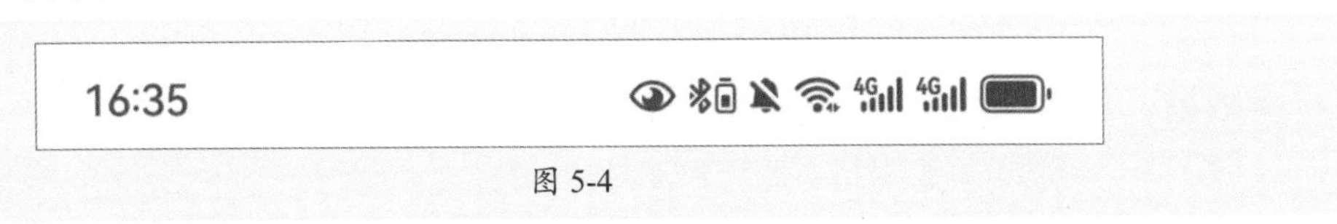

图 5-4

3. 弹出层

弹出层用于在用户触发某个操作时弹出一个额外的界面层，以提供更多的信息或选项。弹出层组件可以包含各种类型的内容，如文本、图片、表单等，由一个半透明的遮罩层和一个包含内容的展示层组成，如图5-5和图5-6所示。遮罩层可以防止用户对下面的界面进行操作，展示层则用于展示弹出的内容。

图 5-5

图 5-6

> **知识点拨**
>
> 弹出层既是基础组件，也是反馈类组件。

5.2.2 基础组件设计规范

1. 单元格

单元格的构成可分为左侧、中间和右侧三部分，如图5-7所示。

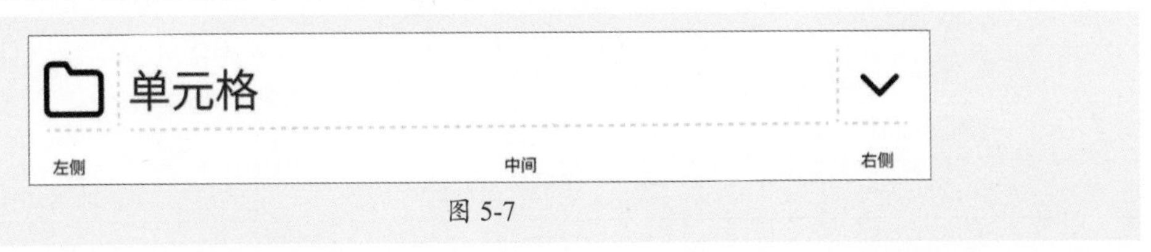

图 5-7

- **左侧：** 表意图标，例如图标、系统图标、头像、应用图标、预览图等。图标与屏幕保持16pt边距。
- **中间：** 列表文本，支持单行、双行和多行文本，字号默认为16pt，屏幕到文本的距离为72pt。
- **右侧：** 非操作的辅助文本和可操作的按钮，例如箭头、文本、图片、按钮、单选按钮、开关等，图标与屏幕保持边距为16pt。

在单元格中不同元素的组合，其高度也有所差别，常见高度如下。

- 当单元格为单行文本时，默认高度为48pt，列表固定间距为8pt。
- 当单元格为单行文本时，左侧有元素且元素小于40pt时，默认高度为56pt。
- 当单元格为单行文本时，左侧有元素且元素为40pt时，默认高度为72pt。
- 当单元格为双行文本时，默认高度为64pt。
- 当单元格为双行文本时，左侧有元素，默认高度为72pt。
- 当单元格为三行文本时，默认高度为96pt。

2. 状态栏

状态栏出现在屏幕的最顶端，显示的信息因设备和系统配置而异，状态栏的背景可分为白、黑、透明以及模糊四类，在看小说、视频或者运行拍照、视频等软件时，状态栏会隐藏。

下面介绍不同系统中状态栏的高度，以iOS和Android为例。

（1）iOS

在iOS 14之前，iPhone状态栏高度只有两种：刘海屏132px/44pt，非刘海屏40px/20pt，iOS 14之后，不再是固定的132px/44pt。详情如表5-1所示。

表5-1

设备名称	状态栏高度	倍率
iPhone 14 pro/14pro max	162px/54pt	@3x
iPhone 12/12pro/13/13pro/14	141px/47pt	@3x
iPhone 11	144px/48pt	@3x
其他刘海屏	132px/44pt	@3x
非刘海屏	40px/20pt	@2x

（2）Android

Android的状态栏高度因设备分辨率的不同而有所差别，具体如表5-2所示。

表5-2

密度	分辨率	状态栏高度
xxxhdpi	2160px×3840px	96px
xxhdpi	1080px×1920px	72px
xhdpi	720px×1280px	50px
hdpi	480px×800px	32px
mdpi	320px×480px	24px

知识点拨

HarmonyOS和Android一样，都是非常开放的系统，界面尺寸和组件都可以自定义，HarmonyOS中状态栏的高度参考Android即可。

3. 弹出层

弹出层的高度应是屏幕高度的二分之一，位置偏下。在设计弹出层时要注意以下方面。

- **一致性：**保持界面元素在整个应用中的一致性，包括颜色、字体、图标等。
- **简洁性：**只展示必要的信息和操作选项，使用户可以快速理解与响应。
- **可见性：**确保底部弹出框在界面中清晰可见，避免与其他元素重叠或被遮挡，可以使用高对比度的颜色和阴影效果进行突出。
- **可关闭性：**提供关闭或取消选项，使用户可以快速选择或关闭当前操作。

5.3 导航类组件

导航类组件可以帮助用户在应用程序中浏览和导航。这类组件通常用于实现应用程序内的页面跳转和导航流程，从而提高用户的使用体验和应用程序的可测试性。

5.3.1 导航类组件解析

常见的导航类组件包括导航栏、菜单、宫格、气泡、标签栏、索引栏、分页器等。

1. 导航栏

导航栏位于应用程序的顶部，即状态栏下方，一般情况下左侧为返回到上级的图标，中间是标题，右侧为功能按钮，背景多为白色或主题色，如图5-8所示。

图 5-8

在网页中导航栏位于屏幕的顶部或底部，包含一系列的按钮、链接或图标等元素，使用户能够快速找到所需的功能和页面，如图5-9所示。

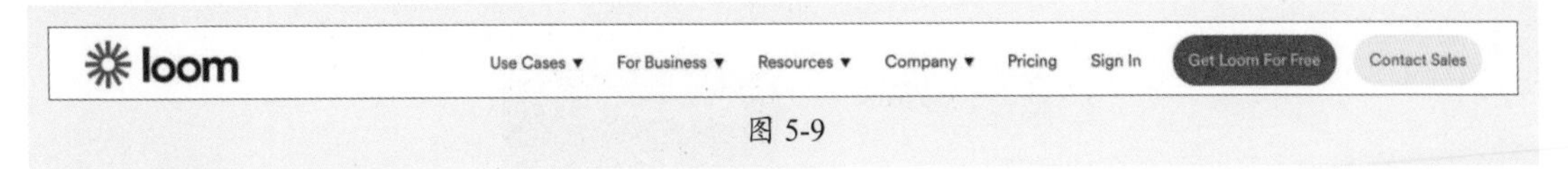

图 5-9

知识点拨

在网页或应用程序中也可以将导航栏放在左侧，以提供一种方便的方式来浏览不同的页面或功能。

2. 菜单

菜单组件允许用户通过菜单项进行选择、导航或执行其他操作。菜单有多种类型，包括下拉菜单、级联菜单、单选菜单和多选菜单等，如图5-10所示。每种类型的菜单都有其特点和适用场景，根据具体的需求和使用场景来选择合适的菜单类型即可。

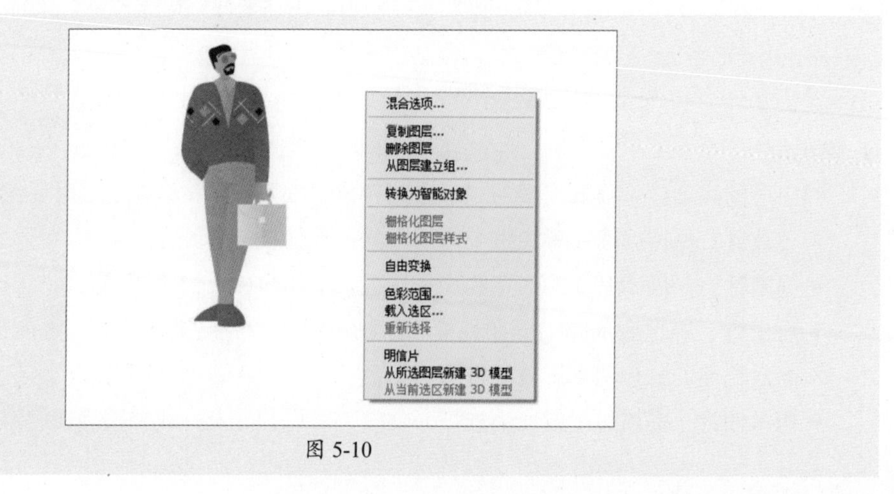

图 5-10

3. 宫格

宫格组件可以在水平方向上把页面分隔成等宽度的区块，用于展示内容或进行页面导航。通常用二级页作为内容列表的一种图形化形式呈现，或是一系列工具入口的集合，如图5-11所示。

图 5-11

4. 气泡

气泡组件是在点击控件或者某个区域后弹出的一个气泡框，由一个椭圆形和一个三角形组成，箭头指向的是气泡框弹出的区域，如图5-12所示，点击气泡框外的区域可关闭气泡框。

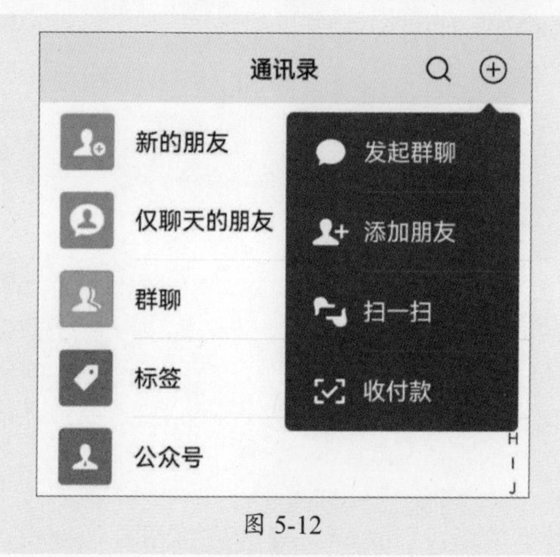

图 5-12

5. 标签栏

标签栏通常出现在应用程序的底部，并包含多个标签，每个标签可以表示一个不同的页面或功能，如图5-13所示。

图 5-13

6. 索引栏

索引栏通常位于页面顶部或底部，以提供快速导航的便利性，点击索引栏自动跳转到相对应位置，常用于地区选择上，如图5-14和图5-15所示。

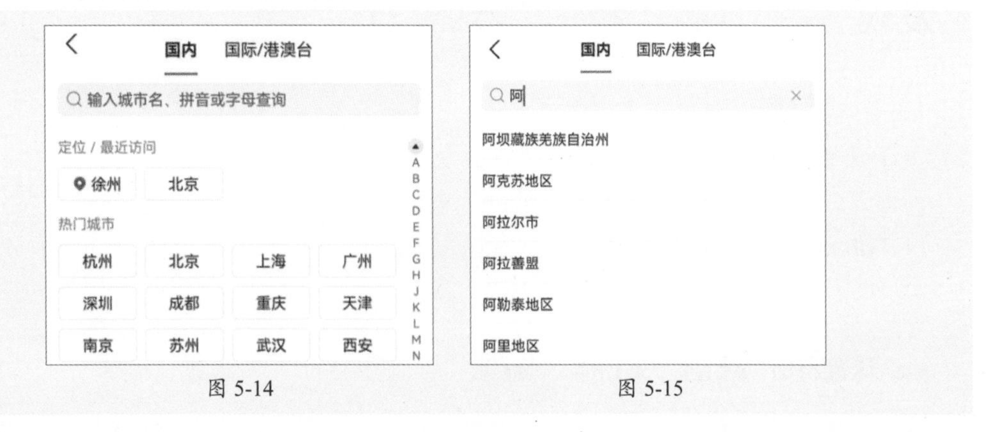

图 5-14　　图 5-15

7. 分页器

分页器可以快速导航到不同的页面，以便查看和浏览内容。分页器通常出现在电子书、博客、新闻应用等需要展示大量内容的应用程序中。有多种形式呈现，例如带有数字按钮的固定控件、带有动态图标的可滑动控件等，如图5-16所示。

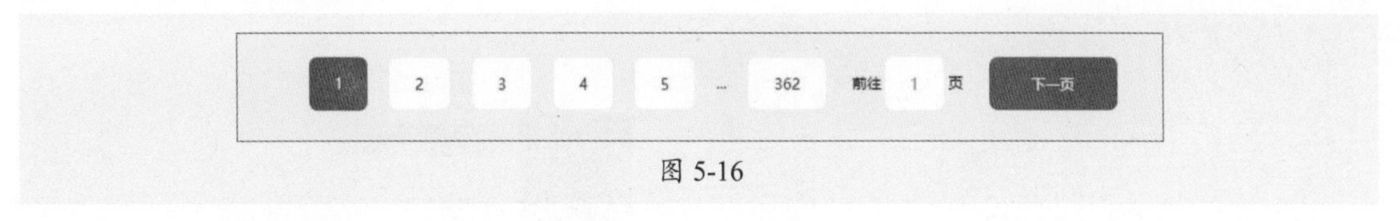

图 5-16

5.3.2　导航类组件设计规范

本节将对部分组件的设计规范进行介绍。

1. 导航栏

导航栏也叫标题栏，用于呈现界面名称和操作入口。常见的导航栏分为左侧、中间和右侧结构，如图5-17所示。

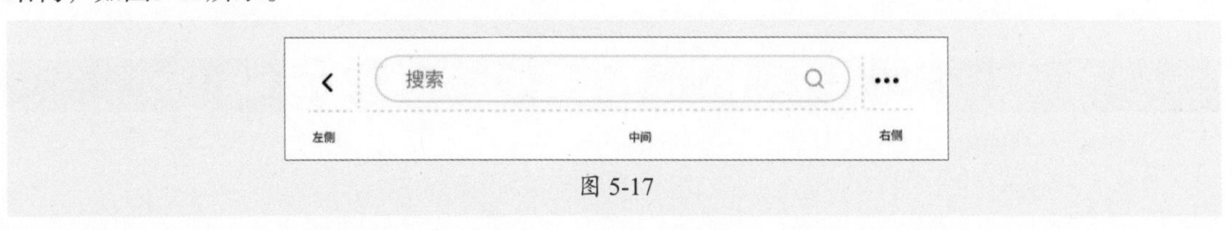

图 5-17

- **左侧：** 图标，例如定位、LOGO、抽屉式菜单、箭头、返回、用户头像等。
- **中间：** 文本内容，例如标题、搜索、下拉框、分段Tab等。
- **右侧：** 功能图标，例如搜索、更多、关闭、扫一扫等。

除了常规导航栏，还可以分为大标题式、搜索框式、Tab导航标签、Tab分段控件、通栏导航以及头像式导航。

- **大标题式：** 高度为192px，字号为56～68px，适合社交、新闻、工具且功能单一的应用，如图5-18所示。
- **搜索框式：** 根据搜索框的权重，会在常规导航栏中添加一个搜索框并替代标题显示，高度为56～64px，如图5-19所示。

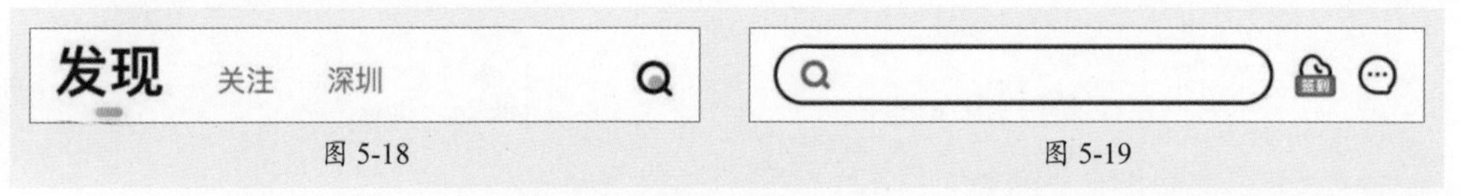

图 5-18　　图 5-19

- **Tab导航标签：** 适合分类较多的内容，可通过左右互动查看分类，标签在5、6个及以上，标签宽度等分，如图5-20所示。
- **Tab分段控件：** 包含2～4个标签，以文本为主，不支持滑动，单击即可查看分类内容，如图5-21所示。

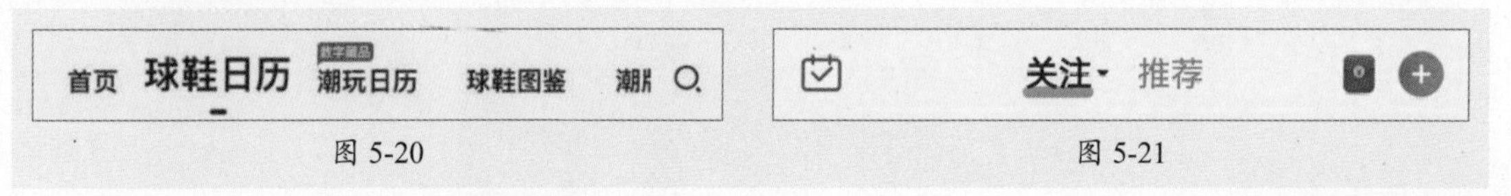

图 5-20　　图 5-21

- **通栏导航：** 背景层与下方打通，减少导航栏与内容区的分割感，背景可以是主色、图片、渐变等类型效果，如图5-22所示。
- **头像式导航：** 以用户头像为主，单击进入个人设置、个人主页等，如图5-23所示。

图 5-22　　图 5-23

iOS最常用的尺寸是44pt，换算成@2x的高度为88px，换算成@3x的高度为132px。Android的导航栏因设备分辨率的不同而有所差别，具体如表5-3所示。

表5-3

密度	分辨率	导航栏高度
xxxhdpi	2160px×3840px	192px
xxhdpi	1080px×1920px	144px

（续表）

密度	分辨率	导航栏高度
xhdpi	720px×1280px	96px
hdpi	480px×800px	64px
mdpi	320px×480px	48px

2. 宫格

宫格组件按照布局图标数量将界面宽度进行等分，每一个图标居中放置，行数为1～3行，列数为4、5列，图标与文字的间距为8px～16px，字体图标分为两种形式：有外轮廓、无外轮廓。无外轮廓的图标尺寸范围一般为32～64px，有外轮廓的图标尺寸范围一般为48～64px，如图5-24所示。

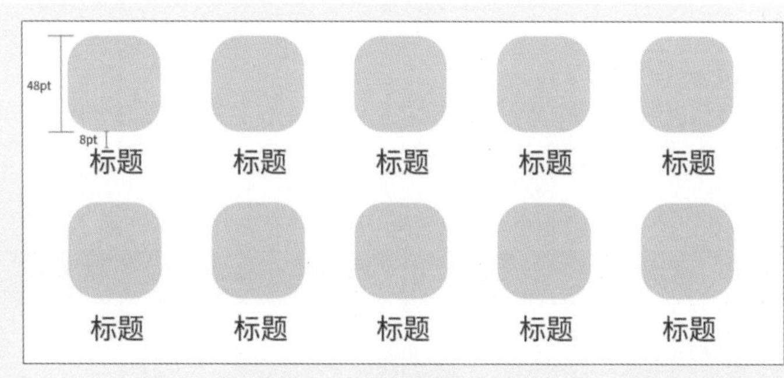

图 5-24

3. 标签栏

标签栏也叫工具栏，标签图标通常为3～5个，大小为16～40px，文字大小为12～16px。常见的组合方式有三种：常规、纯图标以及纯文本。

- **常规：**图标+文本的组合，可以降低用户的理解成本，可以在图标类型上做差异化设计，如图5-25所示。

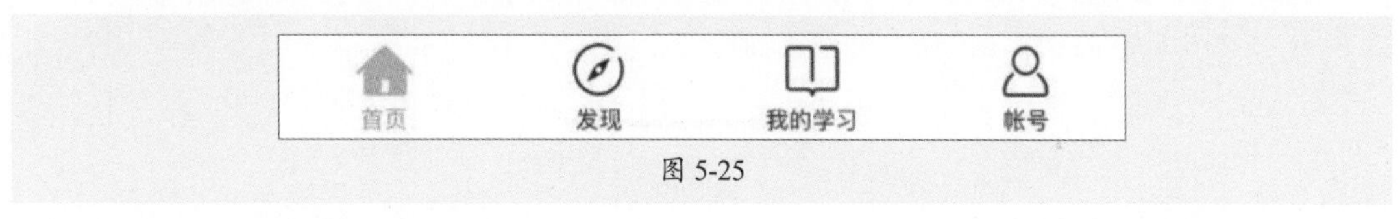

图 5-25

- **纯图标：**对图标的要求较高，样式较为简洁，适合小众的产品，如图5-26所示。

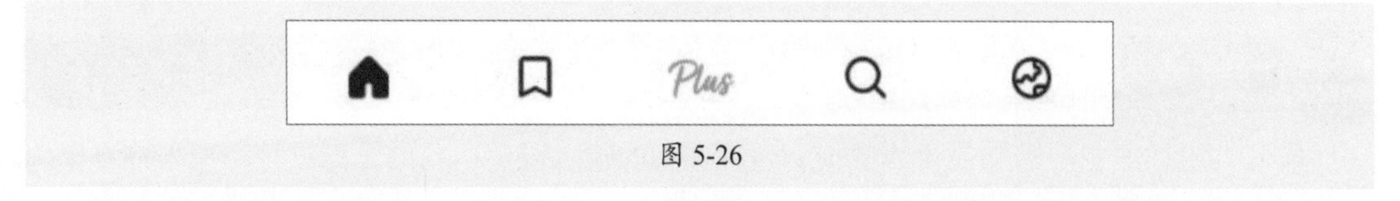

图 5-26

- **纯文本：**对文本的可读性要求较高，可对文本做图形化设计，如图5-27所示。

图 5-27

- **驼式**：标签中间为一个加号或其他形状的驼式导航，如图5-28所示。

图 5-28

- **悬浮**：该类型导航大多做成透明底，透出底部内容，如图5-29所示。

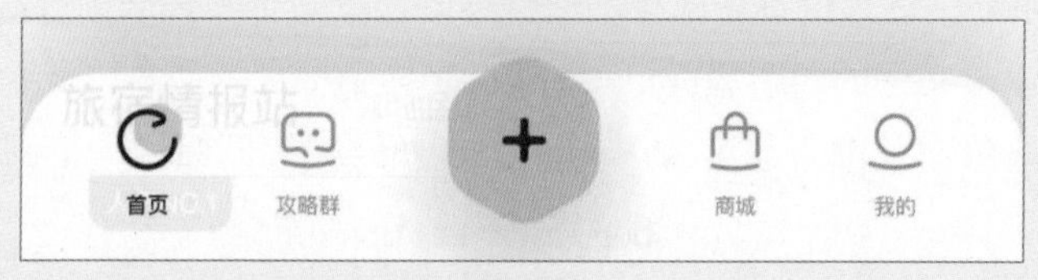

图 5-29

iOS最常用的尺寸是49pt，换算成@2x的高度为98px，换算成@3x的高度为147px。Android的导航栏因设备分辨率的不同而有所差别，具体如表5-4所示。

表5-4

密度	分辨率	标签栏高度
xxxhdpi	2160px×3840px	192px
xxhdpi	1080px×1920px	144px
xhdpi	720px×1280px	96px
hdpi	480px×800px	64px
mdpi	320px×480px	48px

知识点拨

iPhone X及其高版本的设备上，会在屏幕底部、标签栏下方出现一个长条形指示器，其高度为34pt，换算成@3x的高度为102px，如图5-30所示。

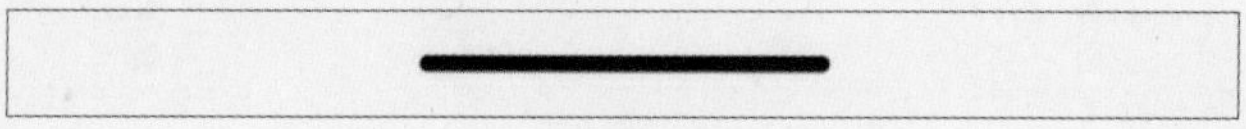

图 5-30

5.4 输入类组件

输入类组件的主要功能是录入数据，包括文本的输入以及内容的选择。该类型组件可以用于各种不同的场景和目的，例如登录/注册、填写表单、设置参数等。

5.4.1 输入类组件解析

常见的输入类组件包括单选框、复选框、输入框、步进器、选择器、表单等。本节将对部分组件进行介绍。

1. 步进器

步进器是一种通过增、减按钮对数值进行控制的组件。该组件界面通常包括一个“+”按钮和一个“–”按钮，通过这两个按钮来增加或减小数值，用于小范围整数数值输入，如图5-31和图5-32所示。

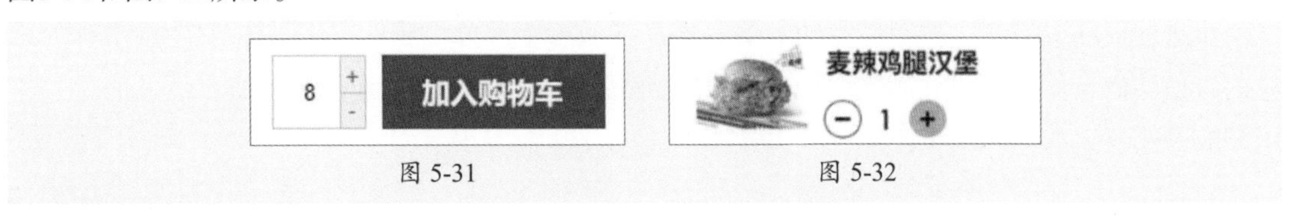

图 5-31　　图 5-32

2. 选择器

选择器组件允许用户从一组选项中选择一个或多个选项，可以通过滚动来查看和选择选项，常与弹出层组件配合使用。选择器有多种类型，包括但不限于级联选择器、日期选择器、时间选择器、日期时间选择器、颜色选择器等，如图5-33和图5-34所示。

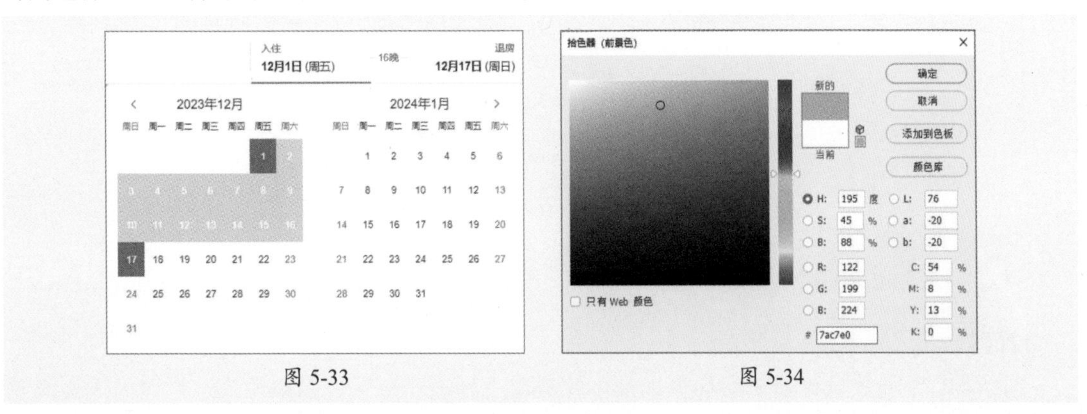

图 5-33　　图 5-34

3. 表单

表单组件是一种用于收集用户输入的组件，通常由多个输入字段、按钮等元素组成。每个输入字段可以是一个单独的单元格组件，用于接收用户输入的不同类型的数据，如文本、数字、日期等。表单组件可以分为多种类型，包括基础表单、搜索表单、数据录入表单、数据提交表单等，如图5-35和图5-36所示。

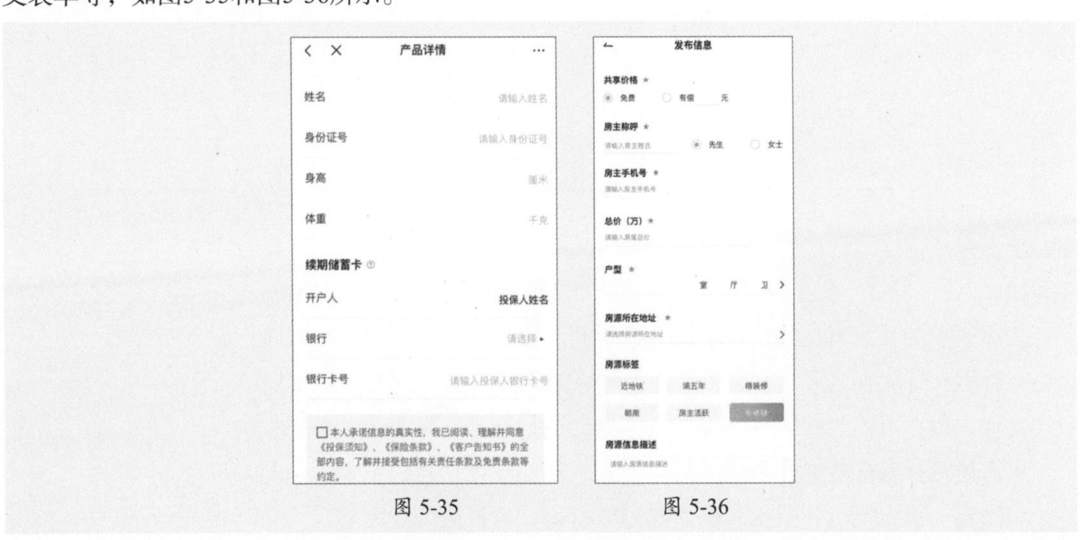

图 5-35　　图 5-36

5.4.2 输入类组件设计规范

本节将对部分组件的设计规范进行介绍。

1. 步进器

步进器由减少按钮、按钮控制的数值、增加按钮三个部分组成。点击增加/减少按钮时，相应的数值会固定增加/减少。在设置时，要考虑到最小值和最大值，到达最小值和最大值时，禁用相应的按钮，如图5-37所示。

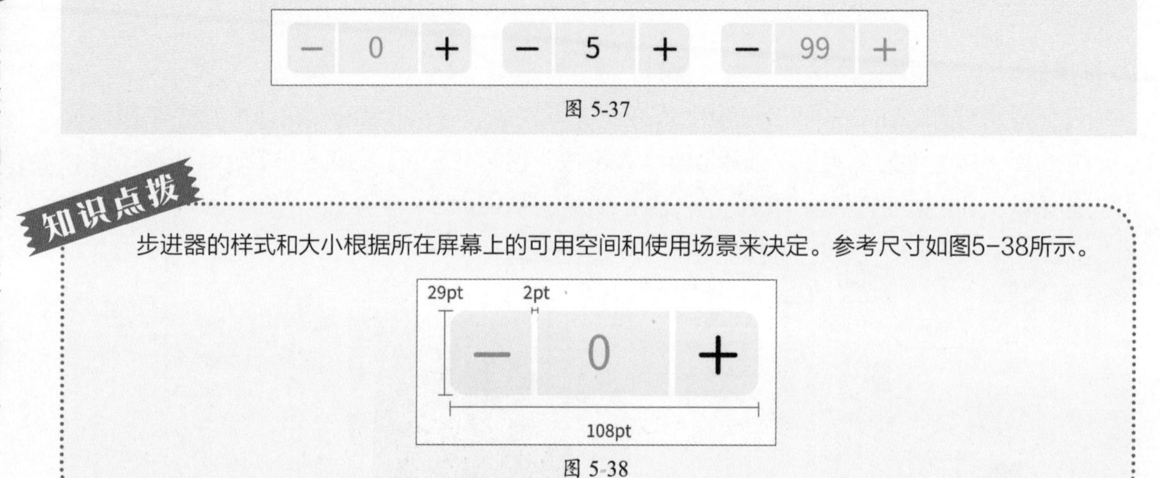

图 5-37

知识点拨

步进器的样式和大小根据所在屏幕上的可用空间和使用场景来决定。参考尺寸如图5-38所示。

图 5-38

2. 选择器

选择器有滚轮式选择器、对话框以及下拉菜单三种表现形式，以滚轮式选择器为例，滚轮式选择器中展示的区域优先，大部分为禁用、隐藏状态。

选择器列数可以选择1～3列，如图5-39～图5-41所示，列宽可以根据内容等分或者3：2：2，宽度左右边距为24pt。

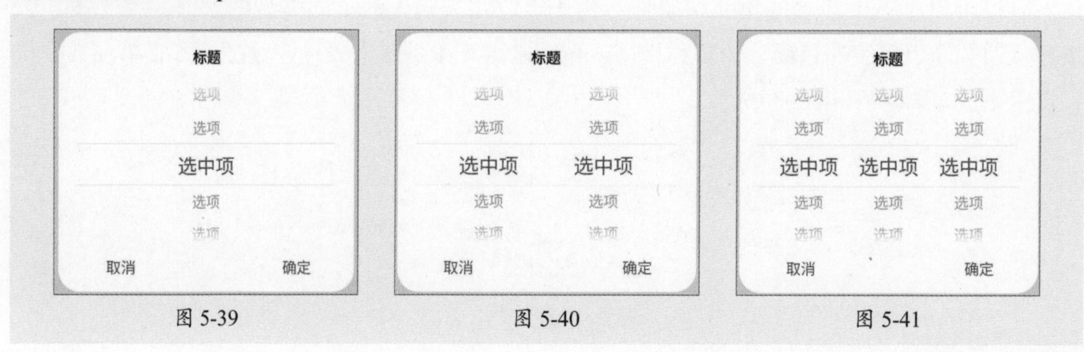

图 5-39　　图 5-40　　图 5-41

3. 表单

构成表单的元素有标签、输入域、占位符、图标、选项、提示、反馈、动作按钮等。

- **标签：** 标明输入元素，例如姓名、电话、地址等。
- **输入域：** 可输入的区域，例如文本框、下拉选择、文本上传等。
- **占位符：** 对标签进行额外的信息描述，例如输入信息的范例、填写帮助等。
- **图标：** 示意或引导图标，例如账号、密码、验证码、关闭等。

- **选项：** 当表单选项存在多个选项时，需根据选项的数量、长短设置不同的展现方式，例如单/复选框、弹窗等。
- **提示：** 提供表单内容的注释或辅助内容，例如说明、注意事项等。
- **反馈：** 告知用户当前操作或已经出现的问题，例如提交成功、错误提示、网络问题等。
- **动作按钮：** 表单顶部或底部按钮，例如提交、下一步、清空等。

表单可分为默认、输入以及输入/选择后三种状态，每种状态的显示与尺寸规范如图5-42所示。

图 5-42

5.5 展示类组件

展示类组件的主要功能是将相关数据或内容以一定的格式展示给用户，使用户可以快速了解和获取信息。

5.5.1 展示类组件解析

展示类组件包括列表展示、卡片展示、图表展示、瀑布展示、徽标和头像展示以及标签展示。本节将对部分组件进行介绍。

1. 列表展示

列表展示是一种常见的展示类组件，用于将数据以列表的形式展示给用户，如图5-43所示。

图 5-43

2. 卡片展示

卡片展示是一种将信息以卡片形式呈现的展示类组件，通常用于显示人物、事件、商品等信息，如图5-44所示。

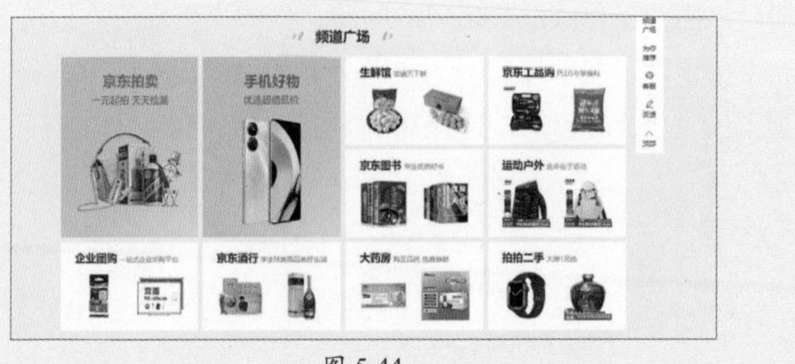

图 5-44

3. 图表展示

图表展示是一种将数据以图表的形式展示的展示类组件，包括柱状图、折线图、饼图等，如图5-45和图5-46所示。

图 5-45　　图 5-46

4. 瀑布展示

瀑布展示是一种将数据以瀑布流的形式展示的展示类组件，通常用于显示图片或商品信息，如图5-47所示。

图 5-47

5. 标签展示

标签展示是一种将标签以一定格式呈现的展示类组件，通常用于显示分类、主题或关键词等信息，如图5-48所示。

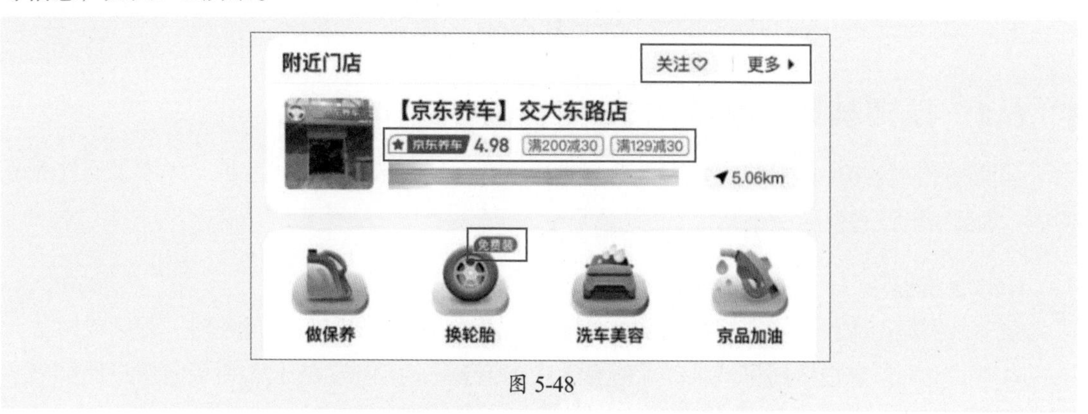

图 5-48

5.5.2 展示类组件设计规范

标签组件由容器、文本和图标构成，可根据需要选择纯文本或文本+图标。标签的样式可分为面性、线性、线面、异形、图标以及文本等样式，如图5-49所示。

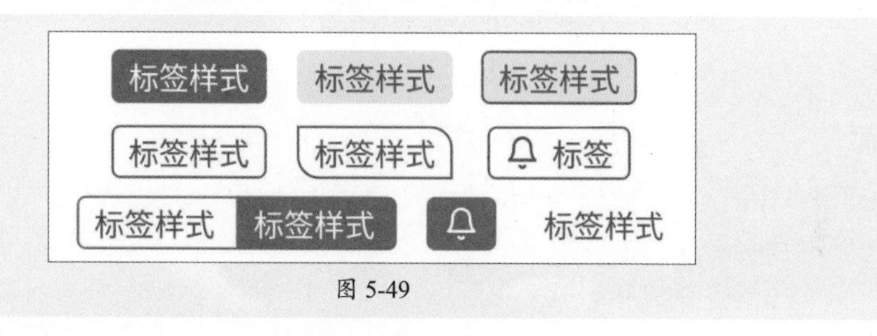

图 5-49

标签字号最小为12pt，常规文本最多不超过7个字，特殊情况除外，例如标签列表、商品标签等可展示全部的标签字数。不同大小标签的尺寸如图5-50所示。

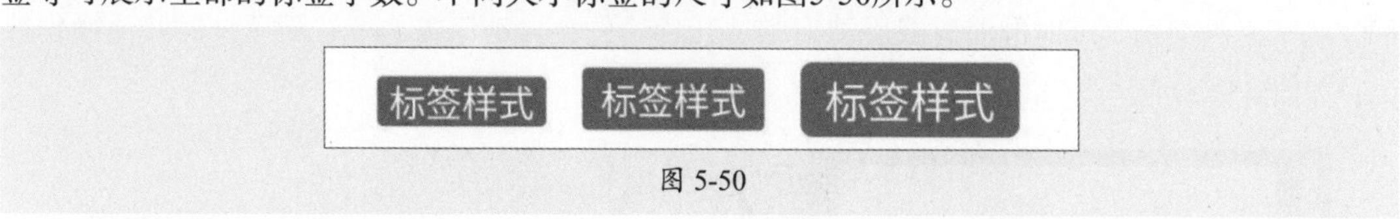

图 5-50

- **小号标签**：高为16pt，左右边距为4pt，字号为12pt。
- **中号标签**：高为20pt，左右边距为6pt，字号为12pt。
- **大号标签**：高为24pt，左右边距为8pt，字号为14pt。

标签组件的颜色优先选择品牌色，也可以结合标签所表达的语义选择适当的颜色，常规用法如图5-51所示，错误用红色，告警用橙色，提示用蓝色，成功用绿色，禁用或结束用灰色。

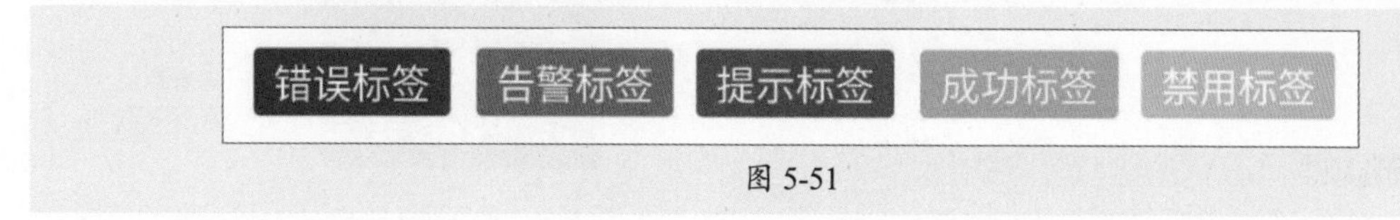

图 5-51

5.6 反馈类组件

反馈类组件用于向用户显示系统对用户操作的响应。这种响应可以是提示、警告、消息、确认等，根据场景的不同会有不同的响应形式和作用。

5.6.1 反馈类组件解析

常见的反馈类组件包括Alert警告提示、对话框、全局提示、通知提醒框、进度条、气泡确认框、加载中以及骨架屏。

1. Alert 警告提示

Alert警告提示组件用于向用户显示一条警告信息。当用户进行某种操作时，程序或网站会出现对应的警告信息提示用户，该提示信息的状态不会主动消失。它通常用于向用户提供重要信息或错误提示，如图5-52所示。

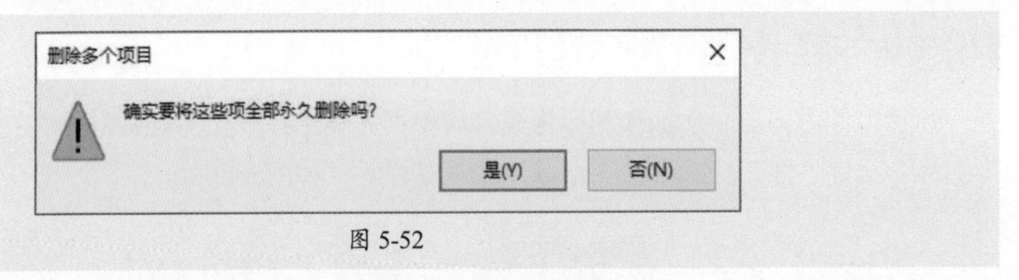

图 5-52

2. 对话框

对话框也叫弹窗，通常用于在用户进行某些操作时提供反馈信息，例如确认操作、提供提示或显示错误消息等。该类组件可以包含各种类型的信息，例如文本信息、图片、表单等，具有明确的目标和功能，如图5-53所示。

3. 全局提示

全局提示组件可以提供全局性的提示信息，通常以轻量级的方式出现在屏幕的顶部或底部，用于提供简短、临时的消息或反馈，维持几秒后便会自动消失，不打断用户的其他操作行为，如图5-54所示。

图 5-53

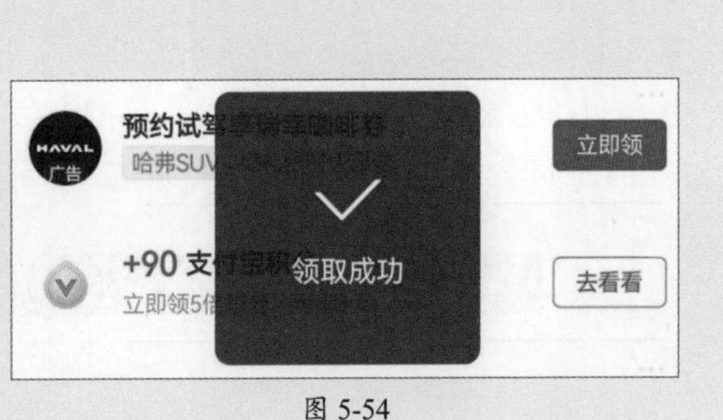

图 5-54

4. 通知提醒框

通知提醒框通常用于向用户提供关于应用程序状态、操作结果或系统消息的反馈信息。该类组件可以以不同的形式出现，例如弹出窗口、底部提示条、横幅等，如图5-55所示。它们可以包含各种类型的信息，例如警告、提示、确认、错误等。通知提醒框组件通常用于向用户提供即时的反馈信息，以便用户更好地了解应用程序的状态和操作结果。

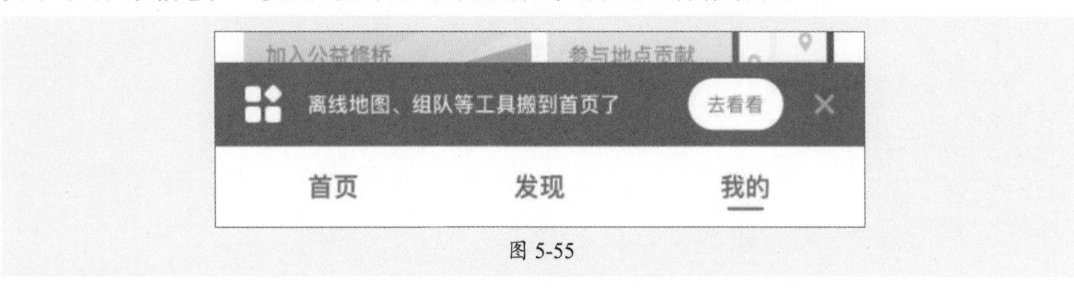

图 5-55

5. 进度条

进度条是显示任务进度的用户界面组件，通常由一个表示进度的条形图形和相应的文本组成，用于向用户反馈任务的执行进度，如图5-56所示。该组件可以以不同的形式出现，例如在页面底部、页面顶部、弹出窗口中等。它可以根据任务的实际进度进行更新，以便让用户知道当前正在执行的操作以及完成的百分比。

图 5-56

6. 气泡确认框

气泡确认框通常用于在用户界面中提供确认操作的功能。它以气泡的形式出现，通常包含一个标题和描述信息，以及一个“确定”或“取消”按钮，如图5-57所示。

7. 加载中

加载中组件用于在处理请求或加载数据时提供视觉反馈，以告知用户系统正在进行操作。在加载中组件中，通常会显示一个指示器或进度条，以表示系统的处理进度或数据加载的进度，如图5-58所示。

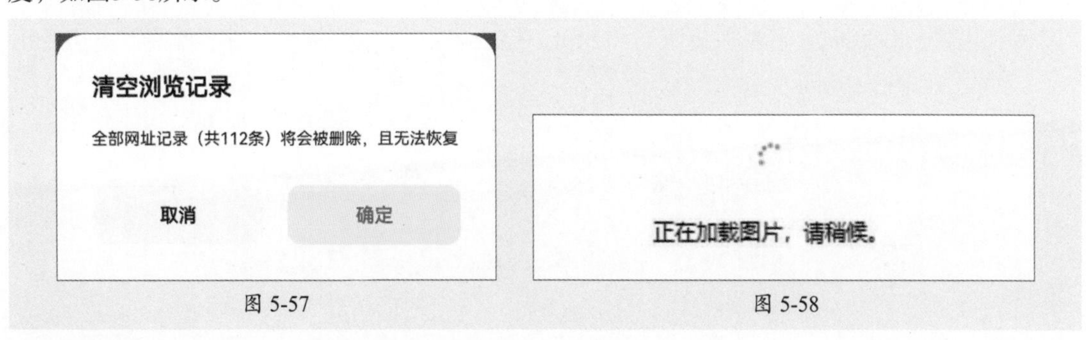

图 5-57　　图 5-58

8. 骨架屏

骨架屏组件通常是在页面内容尚未完全加载完成之前显示的大致结构，如图5-59所示，当页面内容加载完成后，骨架屏组件会逐渐消失，被完整的内容所替代。骨架屏适用于布局排版固定的内容区域，例如文章、列表、个人信息等。

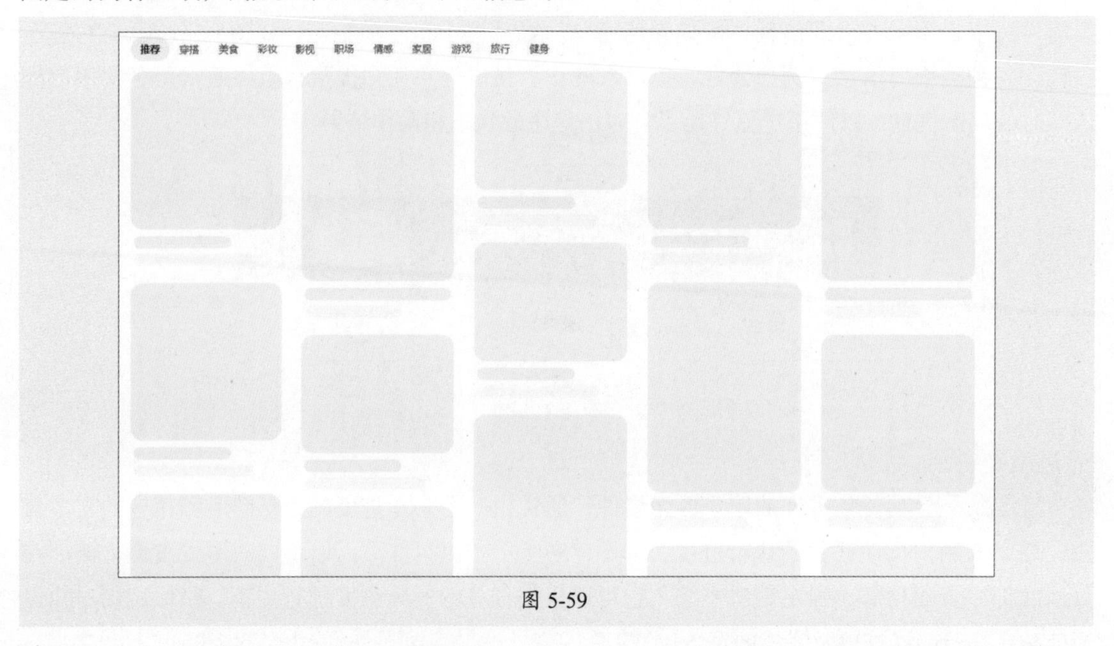

图 5-59

5.6.2 反馈类组件设计规范

Alert警告提示、对话框、全局提示、通知提醒框以及气泡确认框都是以弹窗的形式出现。弹窗一般分为模态弹窗和非模态弹窗。

- **模态弹窗：** 将用户视线聚焦在当前，需要做出反馈，带有一定的强制性、打扰性，需要手动点击或关闭，例如Alert警告提示、对话框、通知提醒框、全局提示等。
- **非模态弹窗：** 轻量型的信息反馈机制，在屏幕中出现几秒钟后自动消失，可能出现在屏幕中的任何位置，例如全局提示。

1. 模态弹窗

模态弹窗需要明确信息内容，还需要进行功能性选择操作，所以由标题区、内容区和操作按钮区组成。组合样式有纯内容、内容+操作按钮、标题+内容以及标题+内容+操作按钮。四种组合示意如下。

- **纯内容：** 该区域上下左右边距各为24pt，但内容如果为列表类，则不需要上下边距为24pt，如图5-60所示。

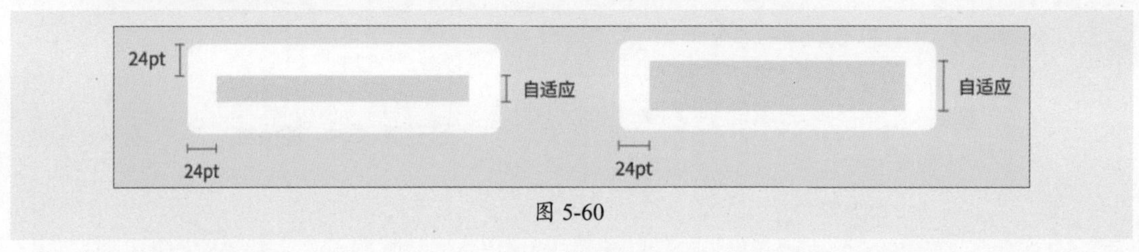

图 5-60

- **内容+操作按钮：** 该内容区域左右和上边距为24pt，操作按钮区域高度为56pt，内容区和操作按钮间距为8pt，如图5-61所示。

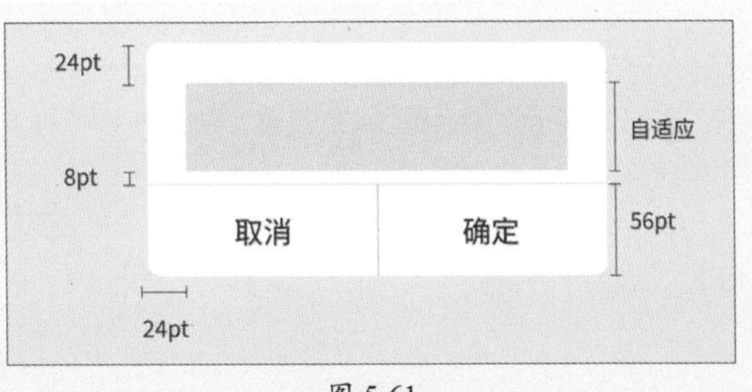

图 5-61

- **标题+内容：**标题区域高度为56pt，内容区域自定义，左右和下边距为24pt。该当内容为列表内容时，底部不需要留边距，如图5-62所示。

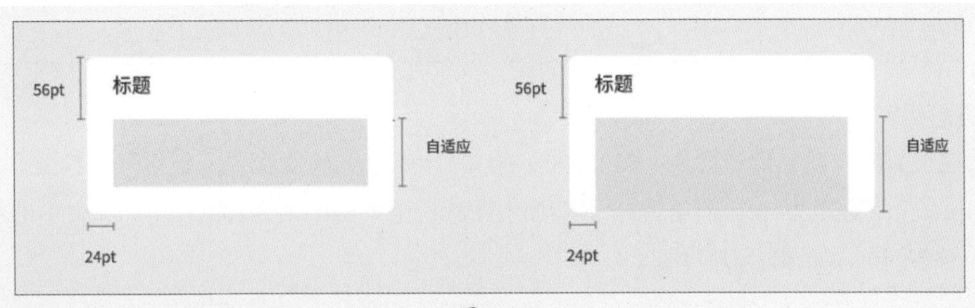

图 5-62

- **标题+内容+操作按钮：**该样式中左右边距为24pt，标题区和操作按钮区域高度为56pt，内容区域由主内容文本和辅助内容文本组成，如图5-63所示。

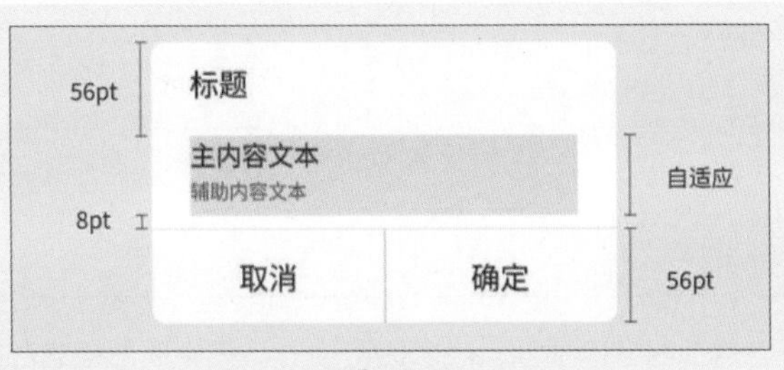

图 5-63

知识点拨

弹出框的最大高度=0.8×（屏幕高度-状态栏-导航栏）；弹窗框的宽度=屏幕宽度-左右边距。弹出框底部蒙版颜色为黑色（#000000）的50%～70%。

在标题区、内容区以及操作按钮区中支持以下组合。

- **标题区：**单文本标题、双文本标题、标题+操作图标。
- **内容区：**图/左图右文、输入框/列表/网格/进度条等、辅助文本、其他操作、勾选框。
- **操作按钮区：**左右布局时默认按钮宽度不超过弹框宽度；上下布局时按钮组合宽度超过弹框宽度。若按钮超过三个，需要将左右布局更改为上下布局。

知识点拨

在需要强调的情况下，按钮可使用蓝色背景填充效果。普通按钮和强调按钮之间可以没有分隔线间隔，强调按钮的样式自定义设置，如图5-64所示。

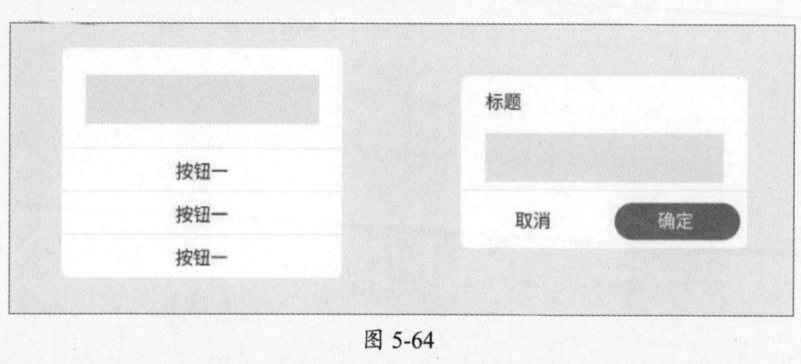

图 5-64

2. 非模态弹窗

非模态弹窗容器颜色为黑色（#000000）的50%～70%，纯文本提示中字号为14pt，左右边距为24pt，上下边距为8pt，圆角为8pt。若加上图标，上下边距则为16pt，图标和文本的间距为8pt，图标为32pt，如图5-65所示。

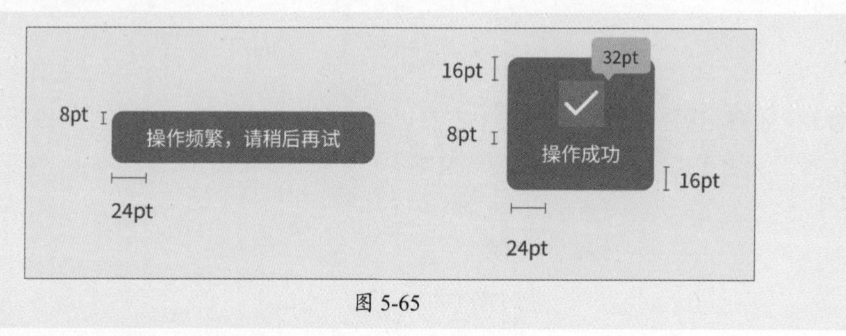

图 5-65

知识点拨

该类组件的位置可以位于内容区顶部、底部以及中心。其中顶部和底部区域的边距为80pt。内容区是减去状态栏、导航栏和标签栏的高度。

案例实战：制作App系统更新对话框

本案例将利用前面所学知识制作App的系统更新提示对话框，即模态弹窗。涉及的知识点有容器的创建、矩形的绘制、不透明度的调整、颜色的填充、文本的创建、标注模式的应用等。下面介绍具体的绘制方法。

步骤 01 打开MasterGo官网，新建文件，使用“容器工具”在右侧属性栏中选择“iPhone 8”选项创建容器，如图5-66所示。

步骤 02 选择“矩形工具”绘制和容器等大的矩形，“填充”为“纯黑”，设置“穿透”为50%，如图5-67所示。

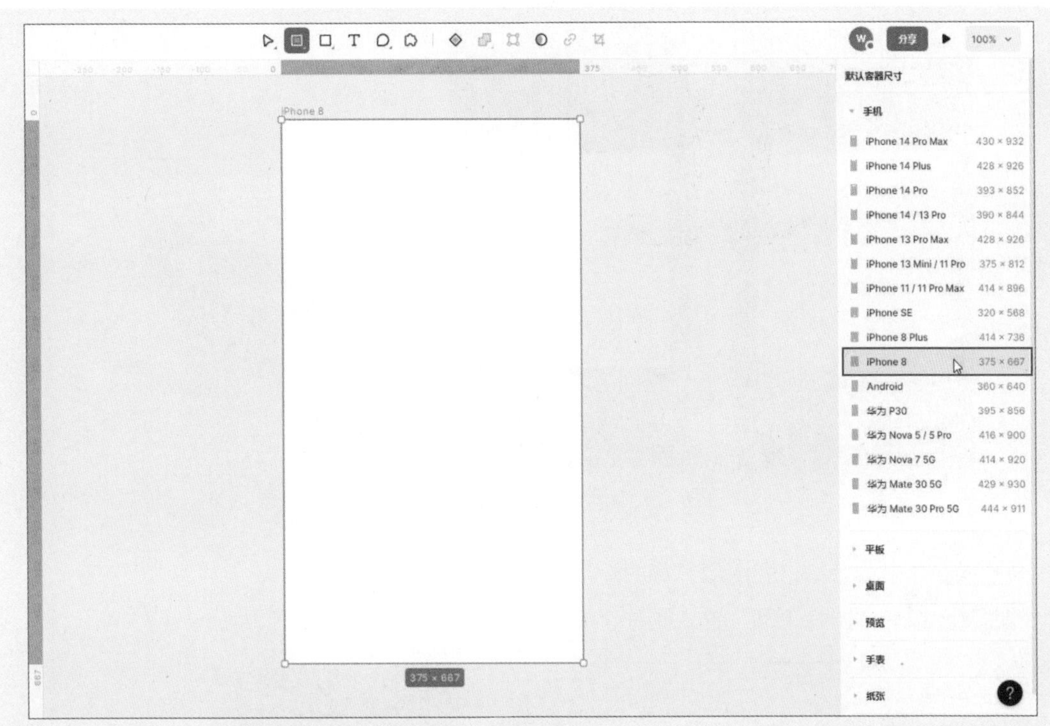

图 5-66

图 5-67

步骤 03 选择“矩形工具”绘制矩形，“填充”为“纯白”，如图5-68所示。

步骤 04 在工作台右侧点击“标注”按钮，借助标注调整矩形大小和边距，如图5-69所示。

步骤 05 在Illustrator中使用“形状工具”“路径工具”以及“填充工具”绘制火箭，效果如图5-70所示。

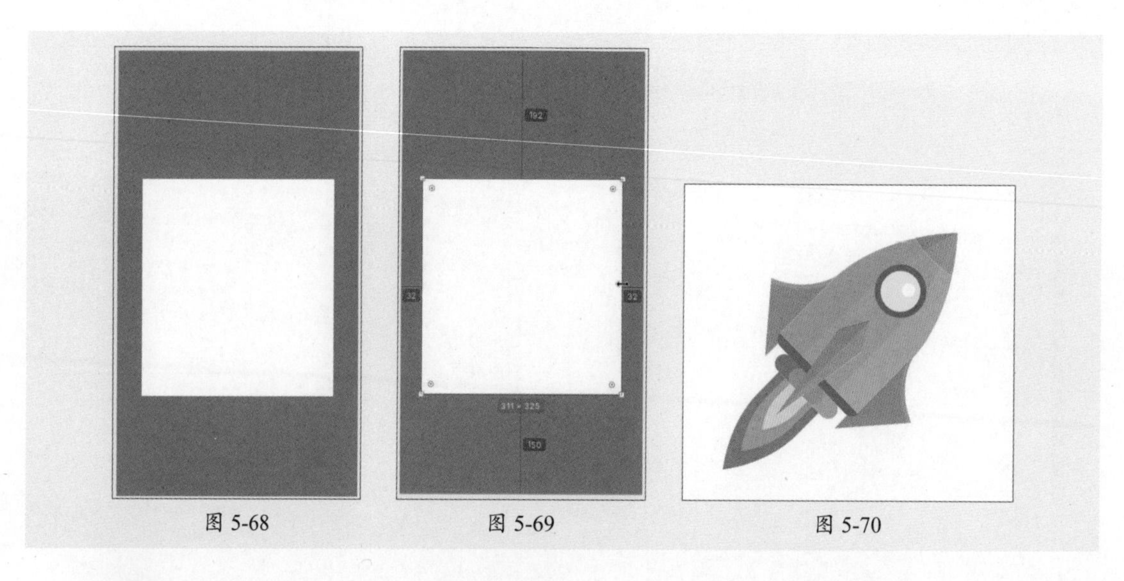

图 5-68　　图 5-69　　图 5-70

步骤 06 导出为PNG格式图像，如图5-71所示。

步骤 07 选择“图片工具”置入图片，调整大小和位置，如图5-72所示。

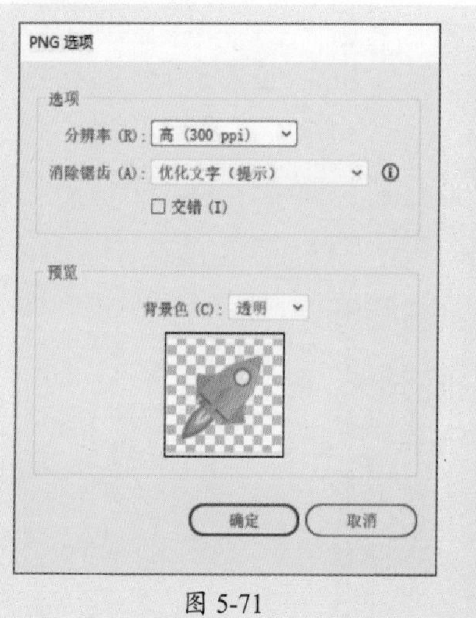

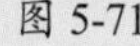

图 5-71

图 5-72

步骤 08 选择矩形，在“填充”中更改颜色参数，如图5-73所示。

步骤 09 选择“圆工具”绘制不同大小的椭圆和正圆，如图5-74所示。

图 5-73

图 5-74

步骤 10 选择“矩形工具”，绘制宽度为32pt的矩形，如图5-75所示。

步骤 11 选择圆和矩形，在顶部工具栏中选择“减去顶层”选项，如图5-76所示。

图 5-75

图 5-76

步骤 12 在右侧绘制矩形后，加选椭圆减去顶层，如图5-77所示。

步骤 13 按住Alt键复制底部矩形，调整高度，更改“填充”颜色为“白色”，如图5-78所示。

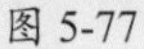

图 5-77

图 5-78

步骤 14 按住Alt键加选图层，如图5-79所示。

步骤 15 单击“联集”按钮，如图5-80所示。

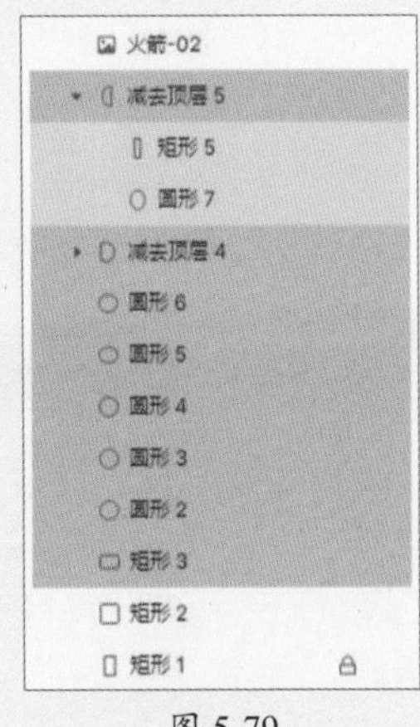

图 5-79

图 5-80

步骤 16 选择底部矩形，单击▣按钮切换至渐变效果，调整渐变颜色和不透明度，如图5-81所示。

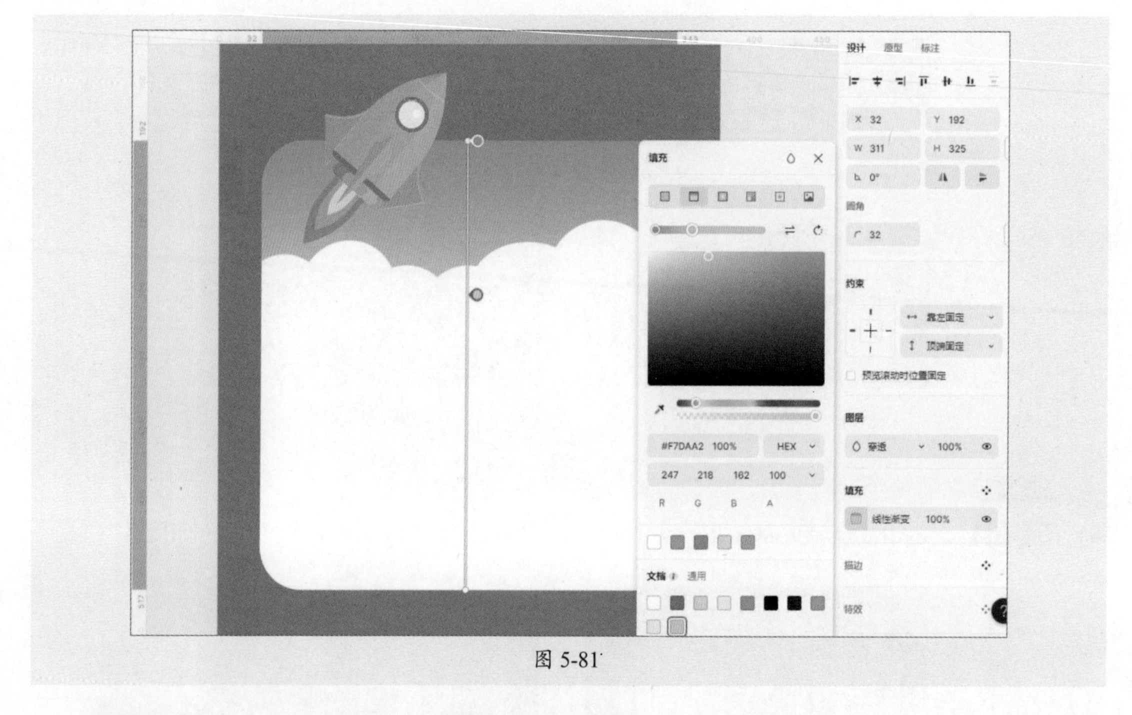

图 5-81

步骤 17 复制联集的形状图层，选择原图层向上移动，如图5-82所示。

步骤 18 调整不透明度为30%，如图5-83所示。

图 5-82　　图 5-83

步骤 19 分别双击选择底部圆形，调整位置，如图5-84所示。

步骤 20 调整填充为渐变，如图5-85所示。

图 5-84

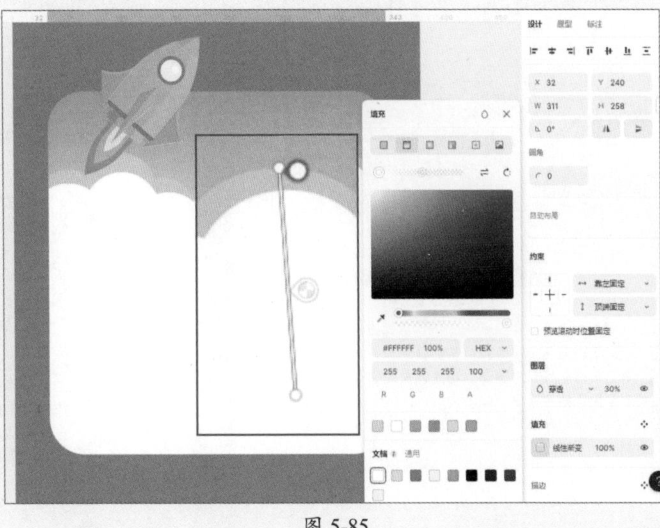

图 5-85

步骤 21 复制顶部的联集图层，设置为渐变效果，调整渐变参数，如图5-86所示。

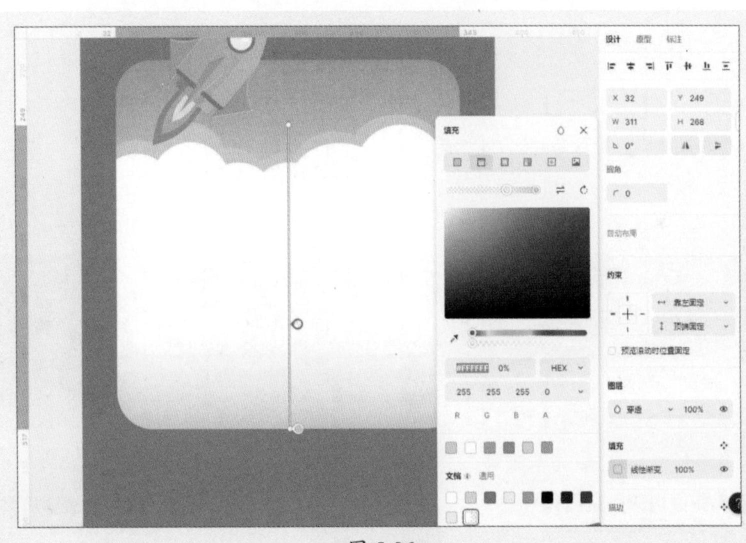

图 5-86

步骤 22 选择“文字工具”输入文字，设置字体参数后居中对齐，如图5-87～图5-89所示。

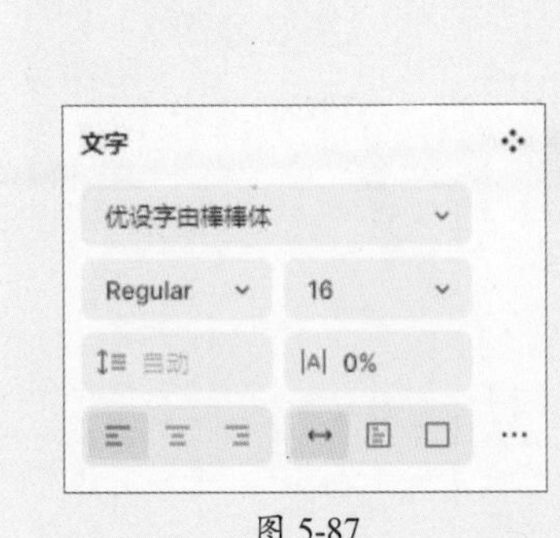

图 5-87

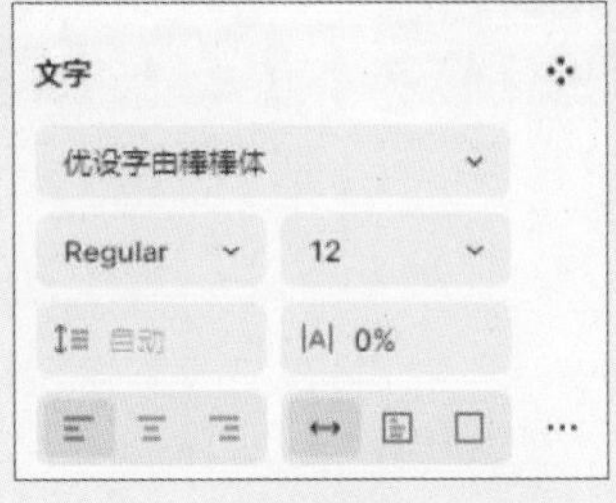

图 5-88

图 5-89

步骤23 选择“文字工具”创建段落文字，设置参数后调整文本框大小，如图5-90和图5-91所示。

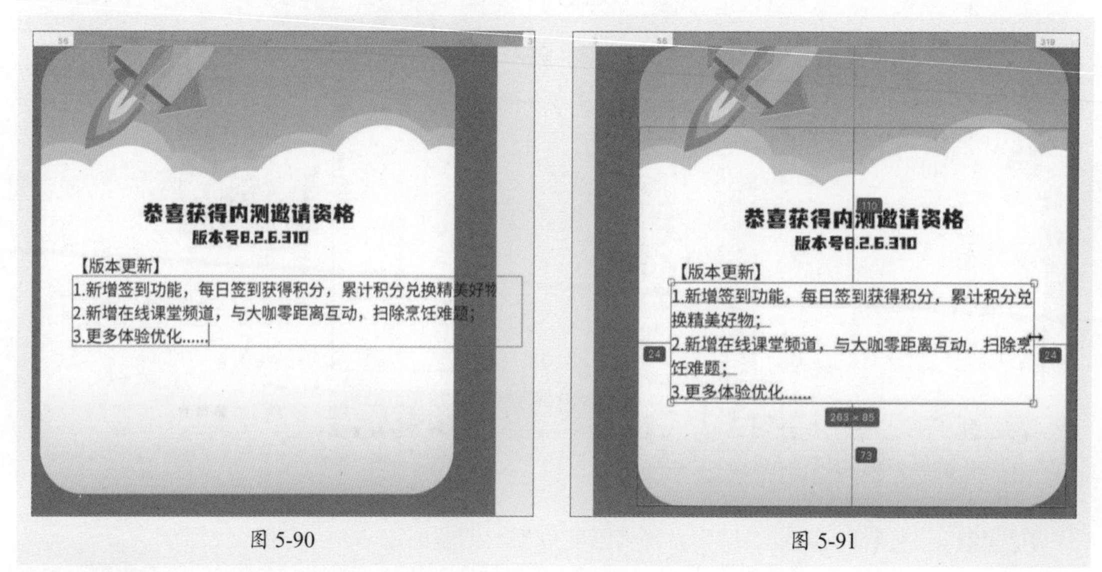

图 5-90　　图 5-91

步骤24 使用“矩形工具”绘制矩形，设置“填充”为无，“描边”颜色为（#ea903c），“圆角”半径为8pt，选择“文字工具”输入文字，如图5-92所示。

步骤25 复制矩形和文字，更改“描边”为无，填充颜色为（#ea903c），更改字体和颜色，如图5-93所示。

图 5-92

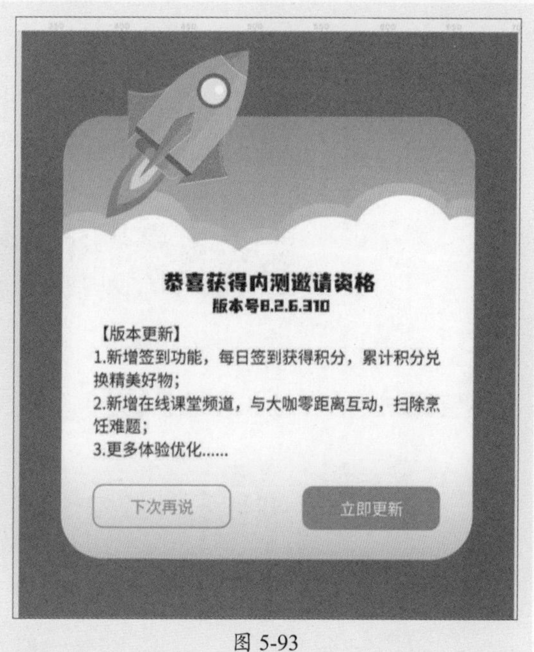

图 5-93

新手答疑

1. Q：UI组件和控件的区别是什么？

A：UI组件和控件的主要区别在于它们的级别和功能。UI组件是一种更高级别的UI元素，它包含一组相关的UI控件，并具有自己的外观、行为和逻辑；而UI控件是一种更低级别的UI元素，它只包含一个特定的功能或行为，满足用户的基本操作需求。

2. Q：UI组件的基本属性包括哪些内容？

A：UI组件的基本属性可以根据具体的组件类型和开发平台的不同而有所差异，通常包括以下几个常见的属性。

- **标识符：** 每个UI组件都应该有一个唯一的标识符，以便在代码中引用和访问。
- **类型：** UI组件的类型决定了它在界面中的功能和用途，例如按钮、文本框、列表等。
- **外观：** UI组件的外观包括颜色、字体、大小、边框、背景等属性，这些属性可以控制组件的视觉效果。
- **行为：** UI组件的行为是指它对用户操作的响应方式和效果，例如点击按钮后触发的动作或动画效果。
- **状态：** UI组件的状态反映了它的当前状态，例如是否被选中、是否禁用等。
- **数据：** UI组件可能需要与数据进行交互，例如显示文本框中输入的文本内容或列表中的数据项。
- **事件：** UI组件可以触发事件，例如点击事件、滑动事件等，这些事件可以与代码进行交互，实现更复杂的功能和逻辑。

3. Q：在UI中既是控件又是组件的元素有哪些？

A：一个元素被定义为组件还是控件，主要取决于它是作为界面的基本元素还是作为一个可重用的模块来使用，下面举例说明。

- **按钮：** 按钮是一种常见的UI元素，用于触发某些动作或响应。它既是控件，因为它具有尺寸、位置、背景色等属性，同时也是组件，因为它可以包含文本或其他UI元素。
- **图片/图标：** 图片和图标作为视觉元素，既可以单独使用，也可以作为更大UI组件的一部分，例如，它们可以被包含在按钮、工具栏或其他控件中。
- **文本框：** 文本框允许用户输入和编辑文本。它既是控件，因为用户可以在其中输入文本，同时也是组件，因为它可以与其他UI元素组合使用。
- **表格：** 表格是一种用于显示结构化数据的UI元素。它既是控件，因为用户可以查看表格中的数据，同时也是组件，因为它可以包含行、列和其他UI元素。
- **下拉菜单/选择器：** 下拉菜单或选择器允许用户从一组选项中进行选择。作为控件，显示了可交互的下拉列表；作为组件，可以被嵌入到其他UI结构中。
- **标签：** 标签通常用来描述或标记其他UI元素，例如表单字段或窗口标题。虽然它们可能不直接参与用户交互，但仍然构成了可视化的用户界面。

UI

第6章 移动端 App 界面设计

移动端App界面设计是一个综合性的过程，需要考虑用户体验、交互设计、视觉设计等多个方面。本章将对App常用的界面类型、App原型设计以及主流系统App的设计规范进行讲解。

6.1 App常用界面类型

在App中，常见的UI界面有闪屏页、引导页、注册登录页、空白页、首页、个人中心页等，如图6-1所示。

图 6-1

6.1.1 闪屏页

闪屏页又称为“启动页”，是用户点击App图标后，预先加载的一张图片。闪屏页承载了用户对这款App的第一印象，但闪屏页通常留给用户观看的时间很短，所以在设计上很考究。闪屏页可分为品牌宣传型、节假关怀型、活动推广型三种类型。不同类型的闪屏页承载的信息内容和表达方式也有所不同。

- **品牌宣传型**：该类闪屏页主要是为了体现产品的品牌而设定的，主要组成部分是“产品名称+产品名形象+产品广告语”，如图6-2所示。
- **节假关怀型**：该类闪屏页是为了营造节假日氛围，闪屏页的设计需要结合重要节假日的主题和特点，通过图片、插画、文字和动画效果，做出相应的情感氛围，如图6-3所示。
- **活动推广型**：该类闪屏页主要是为了宣传App内的活动及营销信息而设计的。通过符合活动的主题吸引用户参与活动，从而增加用户参与度和转化率，如图6-4所示。

图 6-2

图 6-3

图 6-4

6.1.2 引导页

引导页是用户首次使用软件时进行产品推介和引导的说明书，使用户在最短的时间内了解这个软件的主要功能、操作方式，以便迅速上手。引导页具有指引用户了解和掌握软件应用的功能、特性操作方法等作用。根据软件应用的安装情况，从位置上一般将引导页分为前置引导和中间引导。

（1）前置引导

前置引导是在用户安装完成软件应用，并第一次打开时出现的引导页，该引导页一般由2～6页连续或不连续的相关页面构成，主要介绍产品的概况内容、核心功能、比同类产品更具竞争力的功能，以及重要的操作步骤等，如图6-5～图6-7所示。

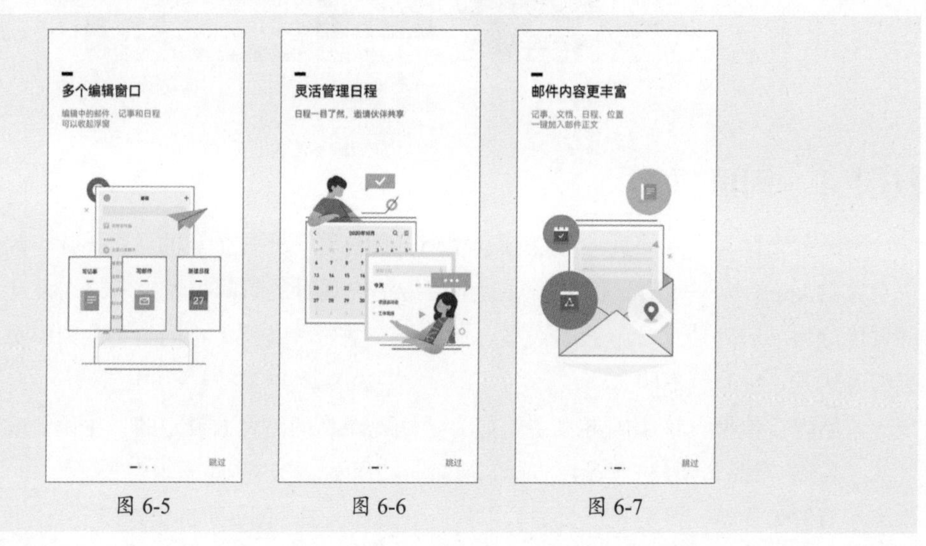

图 6-5　　图 6-6　　图 6-7

（2）中间引导

中间引导是指用户在使用软件应用过程中，针对某个新功能或新版本进行说明和引导的页面。最常使用的形式是浮层引导，通常出现在用户需要引导进入某个特定页面或者完成某个特定操作时，以半透明的形式展示给用户，只包含必要的提示和操作步骤，避免使用过多的文字和图片，一般以文字、插画、手绘、标签表现形式为主，搭配箭头和圆圈，并使用高亮的颜色进行醒目的突出提示，如图6-8和图6-9所示。

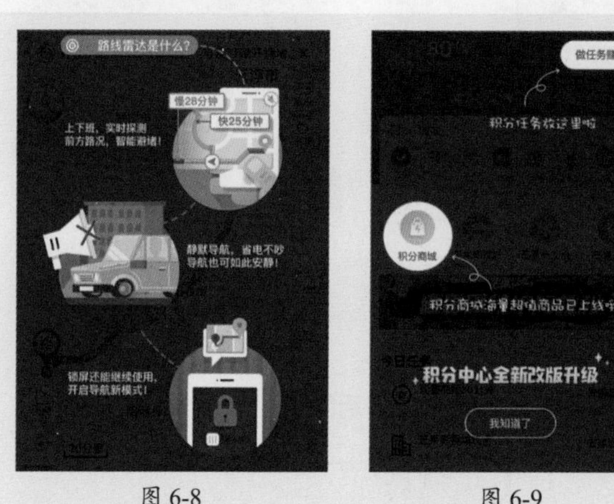

图 6-8　　图 6-9

6.1.3 注册登录页

注册登录页是用户首次使用软件时进行登录和注册的页面，通常包括输入框、按钮、图片等元素，以便用户输入用户名、密码、邮箱等个人信息，并完成注册或登录操作，图6-10～图6-12所示分别为不同类型的注册登录页。

图 6-10　　　　图 6-11　　　　图 6-12

6.1.4 空白页

空白页是指因为某些原因而导致的无内容页面，造成的原因包括数据未加载完成、网络异常、服务器故障等。在页面设计时，需要添加必要的信息提示，如错误提示、加载状态等，以便用户了解页面为空白的原因，如图6-13～图6-15所示。

图 6-13　　　　图 6-14　　　　图 6-15

6.1.5 首页

App首页是用户打开应用程序后首先看到的页面，通常会呈现应用程序的主要功能、特色和内容。常见的首页元素包括搜索框、导航栏、轮播图、推荐内容、快速入口、底部导航栏等。应用类型和设计理念不同，首页的表现形式也有所不同，下面是常见的首页表现形式。

- **列表型首页：** 列表型首页是指在一个页面上展示同一个级别的分类模块。模块由标题文案和图像组成，图像可以是照片，也可以是图标。列表型的首页更方便点击操作，上下滑动也可以查看更多的内容，如图6-16所示。
- **图标型首页：** 当首页分类为主要的几个功能时，可以以矩形模块进行展示。通过矩形模块的设计形式来刺激用户点击，如图6-17所示。
- **卡片型首页：** 卡片型首页可以将图形、图标、操作按钮、文案等元素全部放置在同一张卡片中，再将卡片进行有规律的分类摆放，形成统一的界面排版风格，让用户一目了然，同时还能有效地加强内容的点击性，如图6-18所示。
- **综合型首页：** 综合型的首页设计要注意分割线和背景颜色的设计，为保证页面模块的整体性，可以选择比较淡的分割线和背景色来区分模块，如图6-19所示。电商类产品模块的表现方式比较多，有图标形式也有卡片形式。

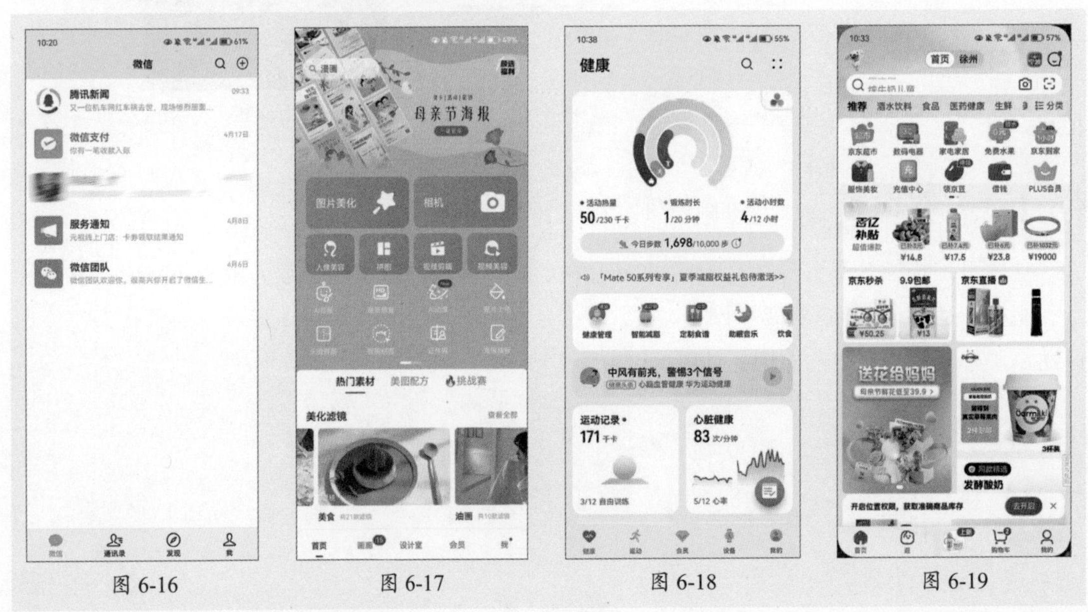

图 6-16　　图 6-17　　图 6-18　　图 6-19

6.1.6 个人中心页

个人中心页又称为“我的”页面，显示个人信息，通常会显示头像、用户名、用户级别等基本信息，还是个人设置、账户管理、隐私设置等常见功能的入口，如图6-20和图6-21所示。在个人中心页面的设计中，需要确保标题和图标清晰可见，并适当留白，使用户能够快速浏览和找到所需的功能，如图6-22所示。

图 6-20

图 6-21

图 6-22

6.1.7 其他界面

除了以上的页面类型，还有列表页、详情页、搜索页、播放页、设置页等。

- **列表页：** 用于展示同类信息的页面，通常包含列表、标题、图片、文字等元素，方便用户浏览和筛选。列表页可以是列表式、宫格式、卡片式等不同形式，图6-23所示为列表式。
- **详情页：** 展示App中某个具体页面或功能的详细信息的页面。它通常由图片、文字、视频等元素组成，用于向用户展示该页面或功能的详细介绍、特点、操作指南等信息，如图6-24所示。
- **搜索页：** 提供用户搜索信息的页面，通常包含搜索框、搜索结果列表等元素。搜索页可以帮助用户快速找到所需的信息或功能，如图6-25所示。

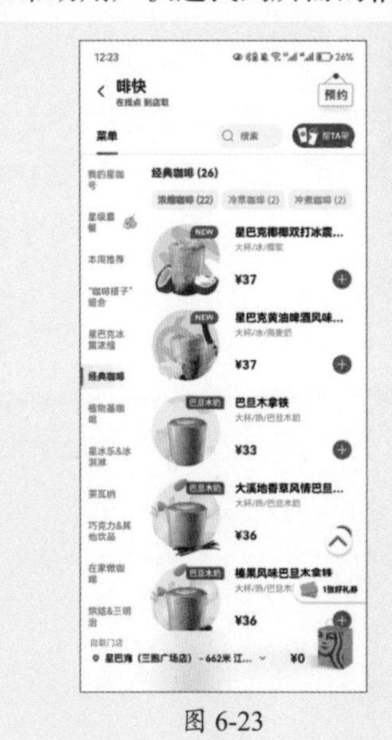

图 6-23

图 6-24

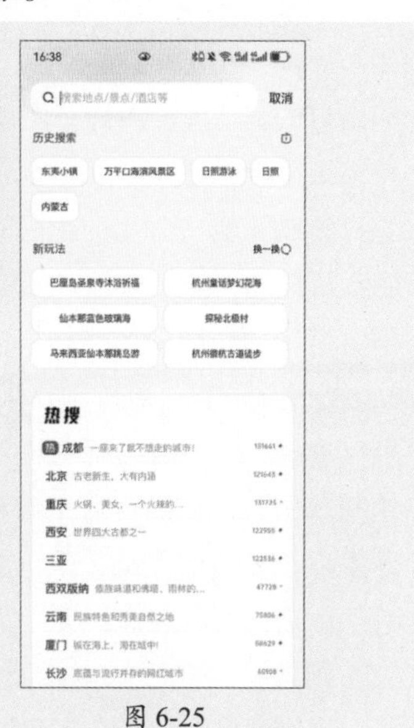

图 6-25

- **播放页：** 展示音/视频内容的页面，可以通过该页面对音/视频进行操作，例如暂停、播放、关闭、分享等参数设置。
- **设置页：** 提供用户设置和修改个人偏好、功能选项、账户信息等内容的页面。常见的设置项包括账户设置、功能设置、通知设置、通用设置、关于我们等。

6.2 App原型设计

App原型设计是制作App的第一步，它涉及对App的整体布局、功能模块、交互效果等方面的规划和设计。

6.2.1 草图的绘制

草图是一种快速、简洁的绘画方式，用于表达设计师对App的整体布局和交互的初步想法。通常在纸上或绘图软件中，以手绘的方式快速勾勒的应用程序界面设计、元素排列和交互效果，为后续的设计和开发工作提供基础和支持，如图6-26所示。

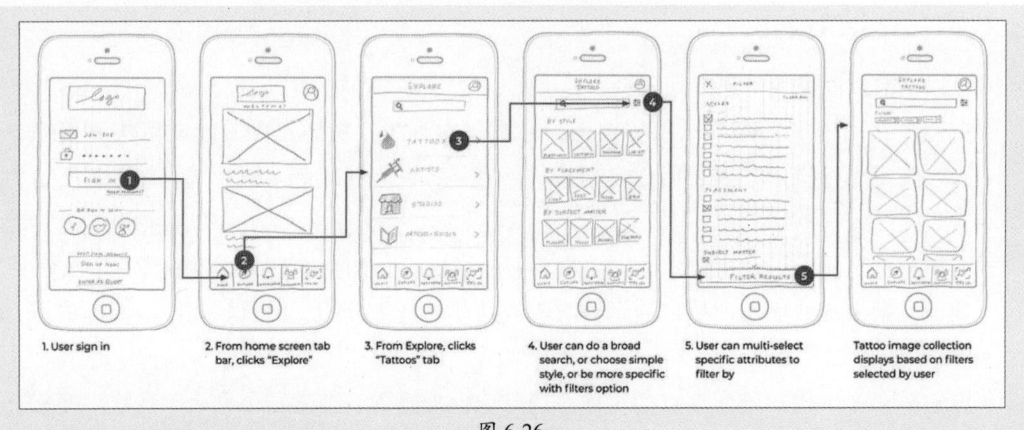

图 6-26

绘制App草图的基本步骤如下。

- **明确目的和范围：** 明确草图所表达的目的，展示布局或者交互效果，抑或是为了解决某个特定的设计问题。同时，需要考虑草图的受众是谁，以便更好地调整草图的风格和细节。
- **选择绘制工具：** 常用的工具有铅笔、马克笔、白板、纸等。如果需要绘制较为复杂的草图，可以使用绘图软件，如Sketch、Adobe Illustrator等。
- **确定草图的布局和风格：** 根据草图的目的和受众，确定草图的布局和风格。例如，展示App的导航流程，可以选择采用流程图或线框图的方式来展示；展示App的界面设计，则可以选择采用手绘或简单的图形来展示。
- **绘制草图：** 根据确定的布局和风格，开始绘制草图。在绘制草图时，线条要清晰明了，不要过于复杂或混乱；颜色要搭配合理，不要过于刺眼或单调；元素要简洁明了，不要过于烦琐或难以理解；交互效果要标注清楚，以便更好地理解草图的意图。
- **完善细节：** 在草图基本绘制完成后，可以进一步完善细节，如添加阴影、高光、纹理等，以增强草图的真实感和用户体验。

- **测试和修改：**在完成初步的草图后，可以进行测试和修改。测试可以发现草图中存在的问题和不足，并进行相应的修改和优化。

6.2.2 原型的设计

App原型是模拟用户交互的模型，用于在开发过程中展示应用程序的基本外观和功能。原型设计通常分为静态原型和交互式原型两种类型。静态原型通常只包含基本的页面布局和元素，如图6-27所示，交互式原型则具备一些简单的交互功能，可以模拟用户与应用程序的实际交互过程，如图6-28所示。

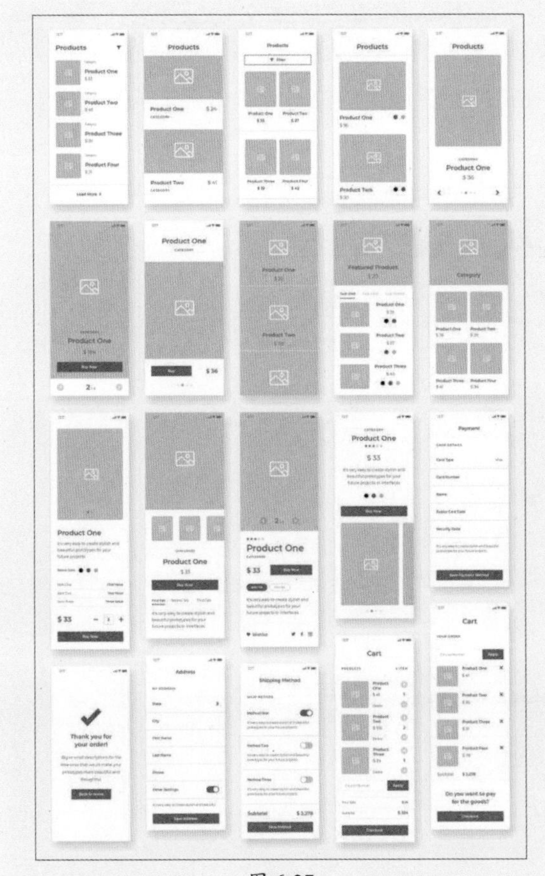

图 6-27

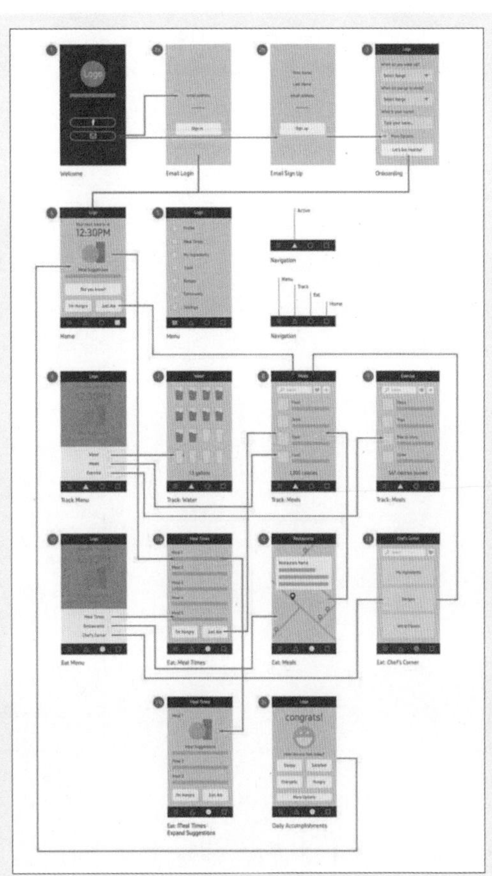

图 6-28

在进行App原型设计时，需要注意以下几点。

- **明确目的和受众：**在开始设计之前，需要明确原型的目的和受众，以便为不同的功能和页面设计提供方向。
- **选择原型工具：**根据需要选择合适的原型工具，如摹客RP、墨刀、Axure等。
- **确定尺寸和布局：**选择适合的页面尺寸和布局，常用的页面尺寸包括手机、平板、网页等，布局包括标签导航、驼式导航、抽屉导航等。
- **保持一致性：**在原型设计中需保持一致的风格和设计规范，包括色彩搭配、字体选择、图标样式等。
- **注重用户体验：**注重用户体验，方便用户操作和使用，减少不必要的步骤和环节。

- **合理使用动效：**添加适当的动效来增强用户体验，但要注意不要过度使用，以免影响性能和用户体验。
- **不断迭代和优化：**原型设计是一个不断迭代和优化的过程，需要根据用户反馈和测试结果不断进行调整和改进。
- **考虑性能和扩展性：**在设计和制作原型时，需要考虑应用程序的性能和扩展性，包括加载速度、响应时间、界面布局等方面的因素。
- **测试和验证：**在完成初步的原型后，需要进行测试和验证，以确保原型符合要求。

6.3 App设计规范

以App首页为例，该界面一般由四个部分组成，分别是状态栏、导航栏、内容区以及标签栏，如图6-29所示。

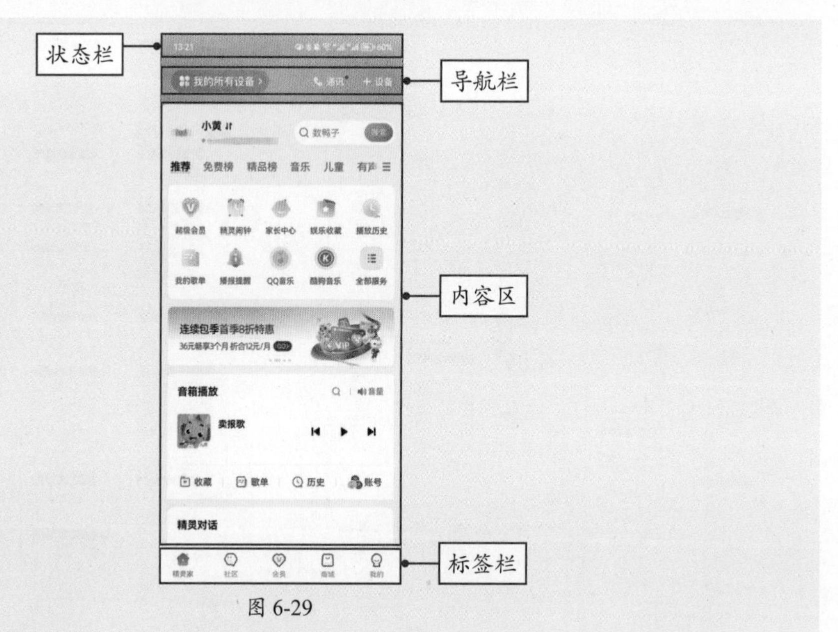

图 6-29

- **状态栏：**位于界面顶部，显示当前运行的应用程序的状态信息，如信号、电量等。
- **导航栏：**位于状态栏下方，包含应用程序的主要功能和操作按钮，如返回、主界面、搜索等。
- **内容区：**显示主要内容，如列表、卡片等，一般占据整个屏幕的主体部分。
- **标签栏：**位于界面底部，用来快速切换不同的功能模块或页面，一般由几个图标和文字组成。

6.3.1 iOS设计规范

在iOS系统中，App设计规范主要遵循以下原则。

1. 尺寸和布局

iOS的App设计尺寸需要根据具体的设备和应用场景进行适配和设计，以保证App的用户体验和可用性，同时还需要遵循相关的设计规范，可有效提高最终界面设计的适配。iOS常见设备尺寸如表6-1所示。

表6-1

设备名称	屏幕尺寸	像素	分辨率	倍率
iPhone 14 pro max	6.7in	1290px×2796px	430pt×932pt	@3x
iPhone 14 plus	6.7in	1284px×2778px	428pt×926pt	@3x
iPhone 14 pro	6.1in	1179px×2556px	393pt×852pt	@3x
iPhone 14/13pro	6.1in	1170px×2532px	390pt×844pt	@3x
iPhone 13 pro max	6.7in	1284px×2778px	428pt×926pt	@3x
iPhone 13 mini	5.4in	1080px×2340px	375pt×812pt	@3x
iPhone 11 pro max	6.5in	1242px×2688px	414pt×896pt	@3x
iPhone 11	6.1in	828px×1972px	414pt×896pt	@2x
iPhone X/XS	5.8in	1125px×2436px	375pt×812pt	@3x
iPhone SE	4.0in	640px×1136px	320pt×568pt	@2x
iPhone 8 plus	5.5in	1242px×2208px	414pt×736pt	@3x
iPhone 8/7/6	4.7in	750px×1334px	375pt×667pt	@2x

知识点拨

pt（点）是iOS的开发单位，即point，1pt=1/72英寸。

2. 边距和间距

边距是指页面板块内容到页面边缘之间的距离，在iOS中以@2x为基准，左右边距最小为20px，首选边距为30px。不同的App边距也有所区别，常用的边距有20px、24px、30px、32px。

页面中的卡片间距根据承载信息内容的多少来界定，通常不小于16px，使用最多的间距是20px、24px、30px、40px，间距的颜色多为20%左右的灰色，或是白色。卡片间距的设置是灵活多变的，可根据需要进行设置。

图6-30和图6-31所示分别为iOS系统和某软件的边距、间距示意图。

图 6-30

图 6-31

3. 字体和颜色

iOS中字体的最小字号为11pt，增长层级为1～6pt不等。一般标题的字体大小为20pt～40pt，而正文的字体大小为14pt～24pt，具体设置要根据应用的需求和用户的阅读习惯来决定。图6-32和图6-33所示为不同的文字层级示意。

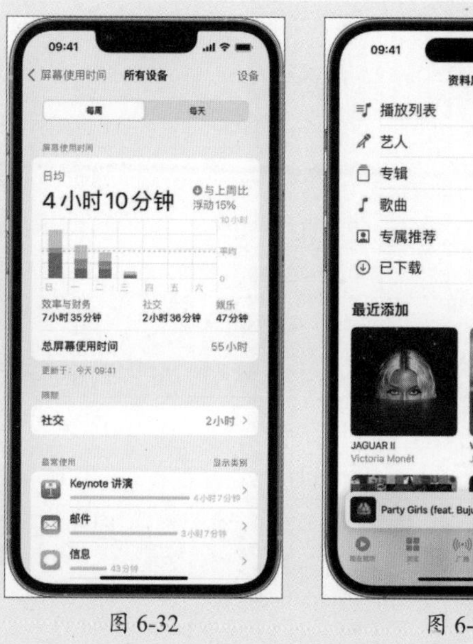

图 6-32　　图 6-33

注意事项

关于字体的详细信息可以参考1.5.1节的文字应用解析。

iOS中，App的字体颜色可以根据不同需求和场景进行设置。一般情况下，字体颜色会避免使用纯黑色，首选深灰色和浅灰色。在深色模式下，iOS系统的字体颜色也会自动调整为深色或白色，以适应不同的背景颜色和环境光，如图6-34所示。

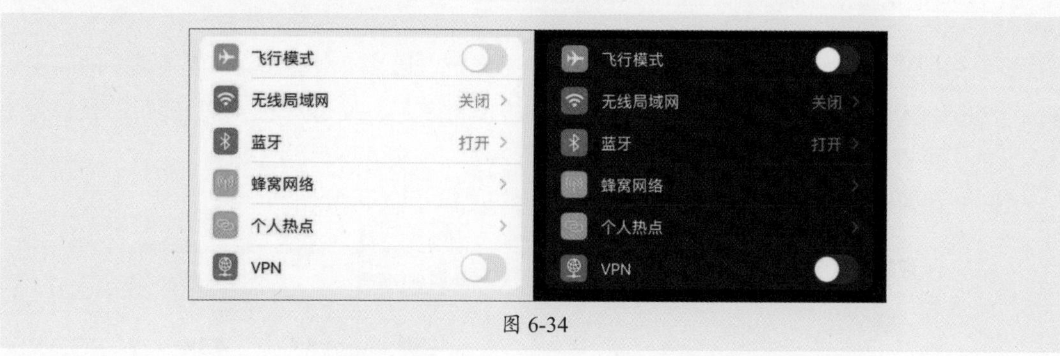

图 6-34

6.3.2 Android设计规范

在Android系统中，App设计规范主要遵循以下原则。

1. 分辨率和密度

在界面尺寸方面，Android设备一般采用dp（密度独立像素）单位来设计界面布局，根据不同的屏幕密度，Android系统会自动将dp单位转换为相应的像素单位，以保证界面的适配性。同时，还需要考虑屏幕分辨率对布局的影响，避免出现布局错位、重叠等问题。Android设备有多种屏幕分辨率和密度，如表6-2所示。

表6－2

密度	密度数	分辨率	倍数关系	Px、dp、sp 关系
xxxhdpi	640	2160px×3840px	4x	1dp=4px
xxhdpi	480	1080px×1920px	3x	1dp=3px
xhdpi	320	720px×1280px	2x	1dp=2px
hdpi	240	480px×800px	1.5x	1dp=1.5px
mdpi	160	320px×480px	1x	1dp=1px

2. 字体和颜色

Android中字体的最小字号为10sp，增长层级遵循偶数原则。在不同类型的标题和正文下，通过设置字体的字重、大小、间距等，有效展示界面的层次结构，如图6-35所示。

在文字颜色的使用上，标题和正文会以黑色为基调，通过调整不透明度生成不同级别的灰色，如图6-36所示。

图 6-35

图 6-36

文本颜色和背景颜色太相似，会导致阅读困难。对比度太大的文本也会难以阅读。文本应该保持至少4.5：1（基于亮度值计算）的对比度以保持文本清晰，最佳对比度为7：1。图6-37所示为不同模式下的背景与文本颜色对比效果。

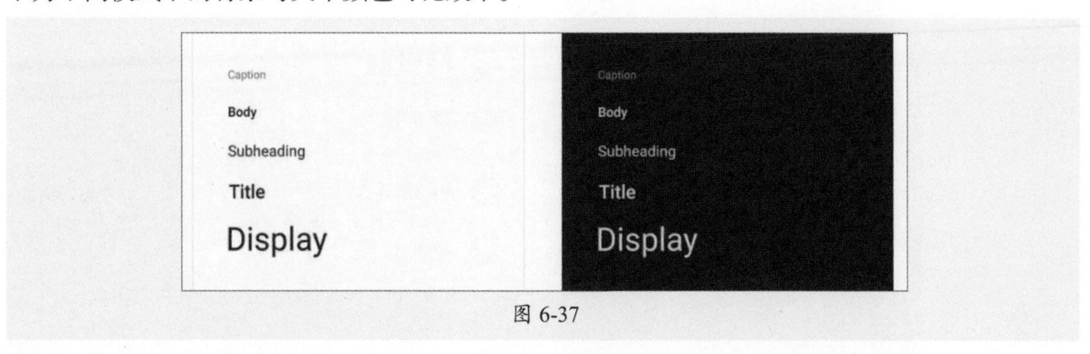

图 6-37

3. 边距和间距

Android界面的常用边距和间距可以是8dp、16dp、24dp或是40dp，内容与屏幕左边缘的间距为72dp，如图6-38所示。

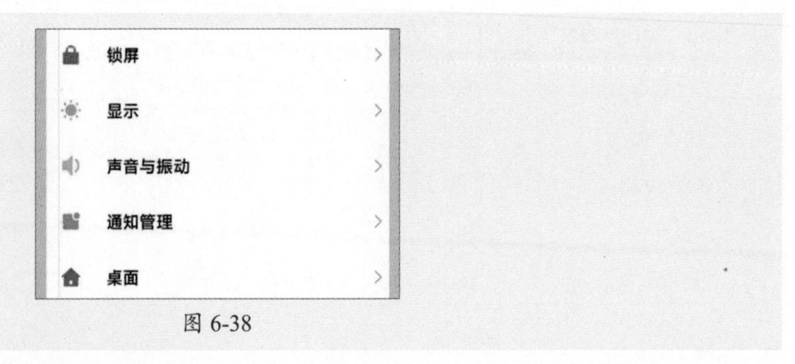

图 6-38

6.3.3 HarmonyOS设计规范

在HarmonyOS系统中，App设计规范主要遵循以下原则。

1. 单位尺寸

HarmonyOS中的设计单位为vp（virtual pixel，虚拟像素），是一台设备针对应用而言所具有的虚拟尺寸（区别于屏幕硬件本身的像素单位）。它提供了一种灵活的方式来适应不同屏幕密度的显示效果，如图6-39所示。使用虚拟像素，使元素在不同密度的设备上具有一致的视觉体量。华为手机默认设计尺寸为360vp×640vp（720px×1080px）。

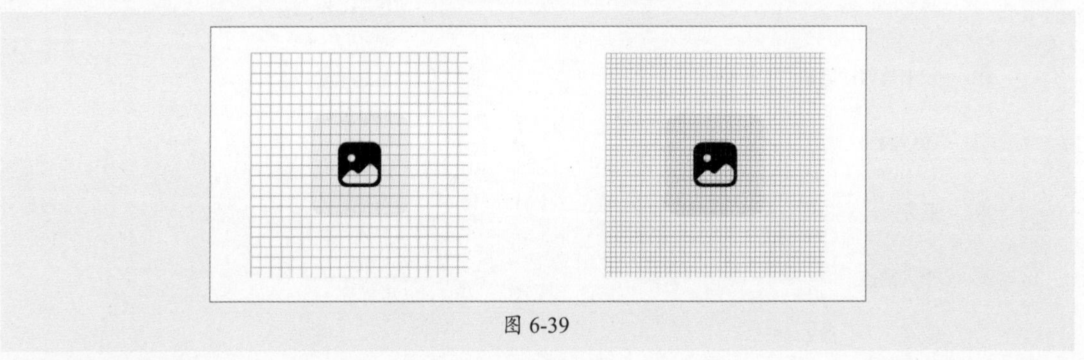

图 6-39

2. 间距和边距

HarmonyOS界面常用的边距为12vp、24vp，12vp用于旁边元素带热区的场景，24vp用于旁边不带热区的场景，如图6-40所示。卡片模块之间的间距为12vp，如图6-41所示。

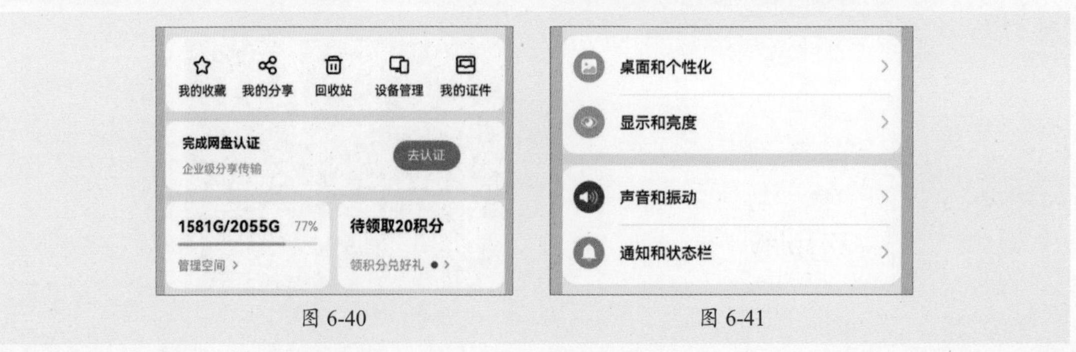

图 6-40　　图 6-41

3. 字体和颜色

HarmonyOS中字体最小字号为10fp，在@2x界面中将px换成20px，字号以偶数作为增长值，如图6-42所示。

	手机	智慧屏	智能穿戴
Display 4	Harmony 30fp	Harmony 36fp	Harmony 40fp
Display 3	Harmony 24fp	Harmony 30fp	Harmony 36fp
Display 2	Harmony 20fp	Harmony 24fp	Harmony 30fp
Display 1	Harmony 18fp	Harmony 20fp	Harmony 24fp
Body 1	Harmony 16fp	Harmony 18fp	Harmony 20fp
Body 2	Harmony 14fp	Harmony 16fp	Harmony 18fp
Body 3	Harmony 12fp	Harmony 14fp	Harmony 16fp
Caption 1	Harmony 10fp	Harmony 12fp	Harmony 14fp

图 6-42

知识点拨

字体单位为fp，即字体像素（font pixel）。大小默认情况下与vp相同，即默认情况下1fp=1vp。如果用户在设置中选择了更大的字体，换算方式为1fp =1vp×缩放系数。

HarmonyOS系统提供的文本专用场景色，分别适应浅色、深色以及透明主题背景中，如图6-43所示。

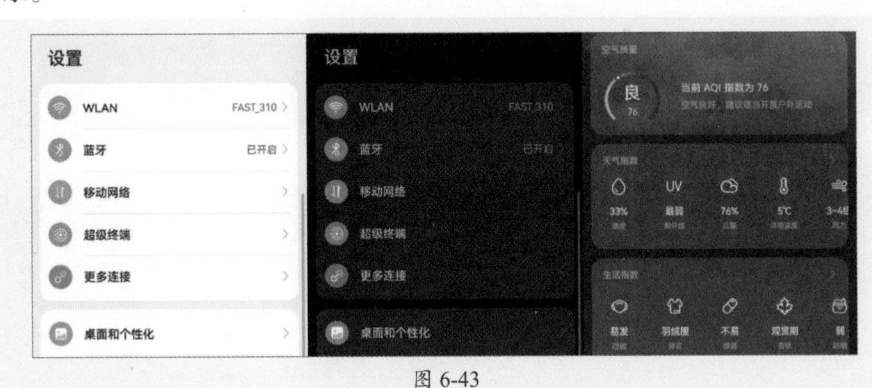

图 6-43

案例实战：制作美食App首页界面

本案例将利用前面所学知识制作美食App首页界面，包括原型图和效果图。涉及的知识点有容器的创建、矩形的绘制、图片的置入、文本的创建、组件资源库的应用以及导出功能等。下面介绍具体的绘制方法。

1. 创建参考线

本节将创建间距与边距的参考线。创建容器后，借助标尺创建状态栏、导航栏、标签栏以及左右边距的参考线，便于后面制作原型。

步骤 01 打开MasterGo官网，新建文件，使用“容器工具”在右侧属性栏中选择“华为Mate 30 5G”选项创建容器，如图6-44所示。

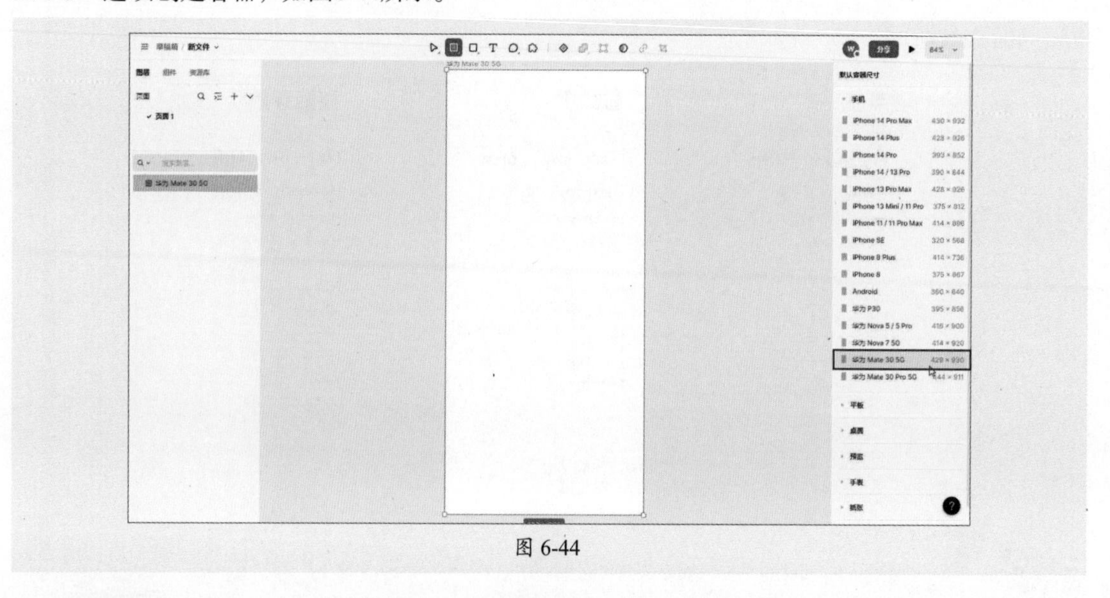

图 6-44

步骤 02 按Shift+R组合键显示标尺，分别创建参考线（水平：32、96，垂直：24、405），如图6-45所示。

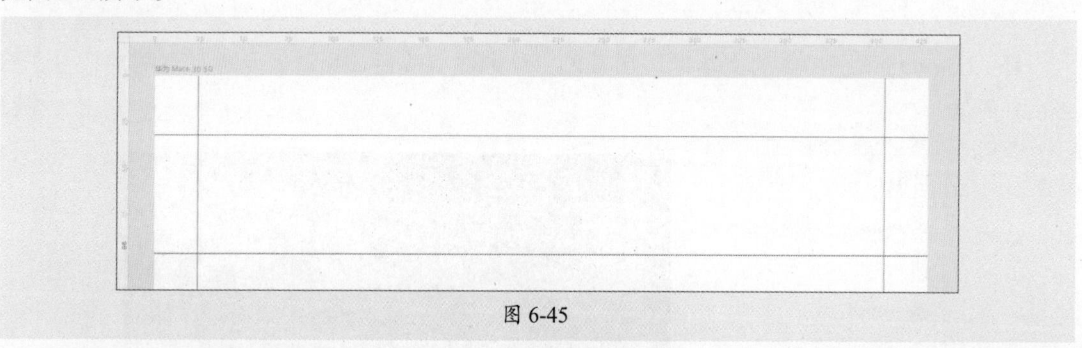

图 6-45

步骤 03 创建垂直参考线，坐标值为866，如图6-46所示。

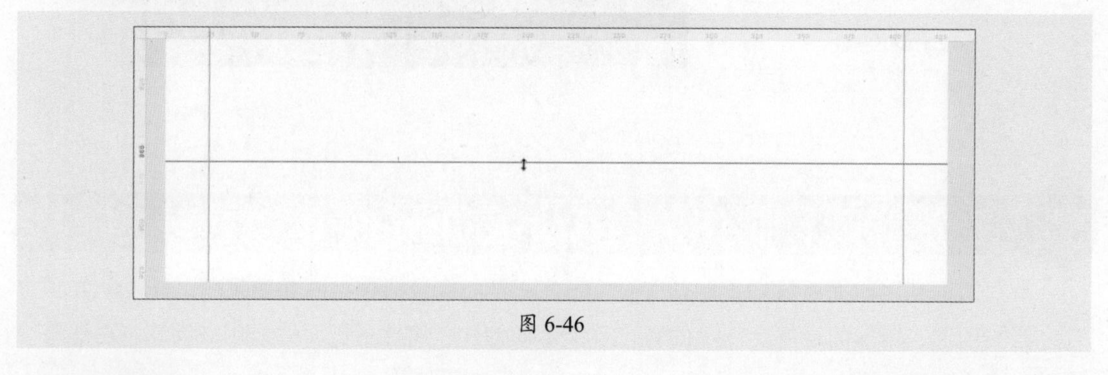

图 6-46

2. 创建原型图

本节将制作静态原型图。导入状态栏素材后，使用矩形工具和文字工具，对界面整体布局以及功能模块进行制作。

步骤 01 导入状态栏素材，如图6-47所示。

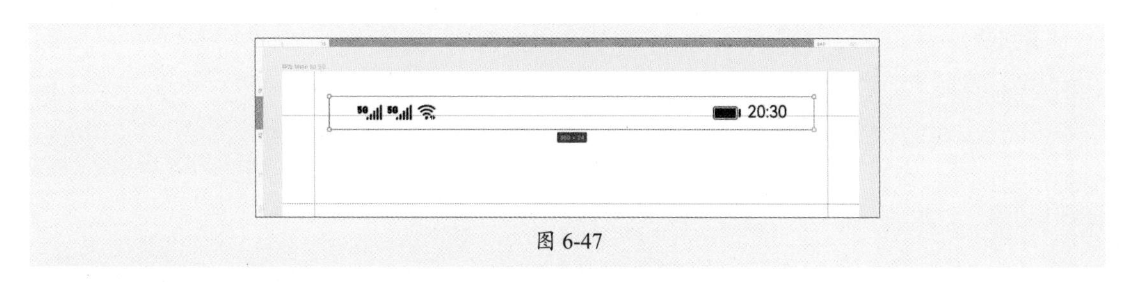

图 6-47

步骤 02 将高度设置为32，手动调整宽度，如图6-48所示。

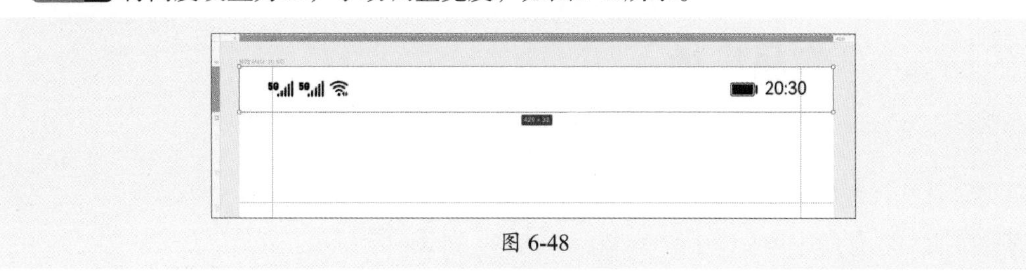

图 6-48

步骤 03 选择“矩形工具”，绘制宽和高各为24的矩形，按住Alt键移动复制后水平居中对齐，如图6-49所示。

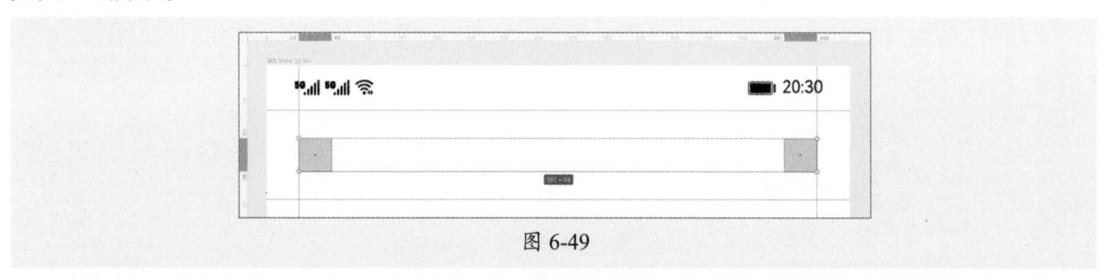

图 6-49

步骤 04 选择“矩形工具”绘制高度为40的矩形，将“圆角”半径调整为全圆角，如图6-50所示。

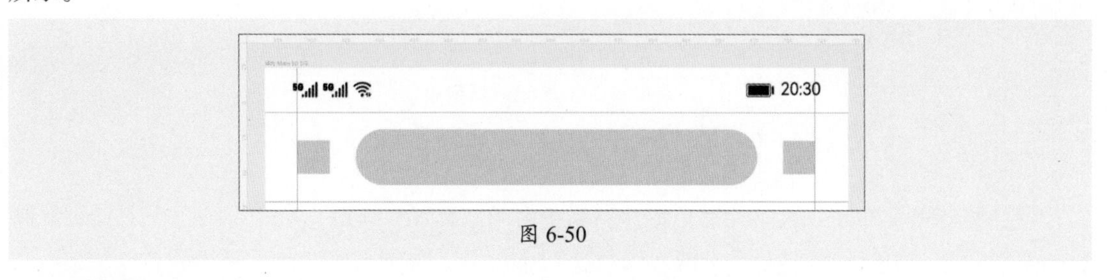

图 6-50

步骤 05 选择“文字工具”输入五组文字，如图6-51所示。

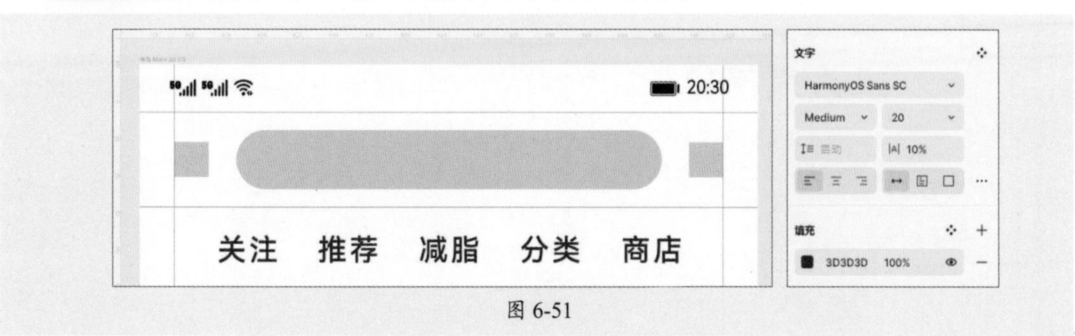

图 6-51

步骤 06 选择“文字工具”继续输入文字，字重为Bold，字号为24，如图6-52所示。

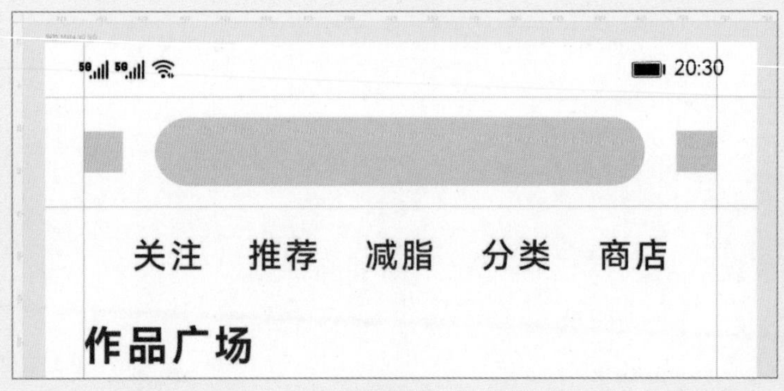

图 6-52

步骤 07 选择“矩形工具”绘制矩形，调整“圆角”半径为16，如图6-53所示。

步骤 08 复制“作品广场”，更改为“人气榜单”，如图6-54所示。

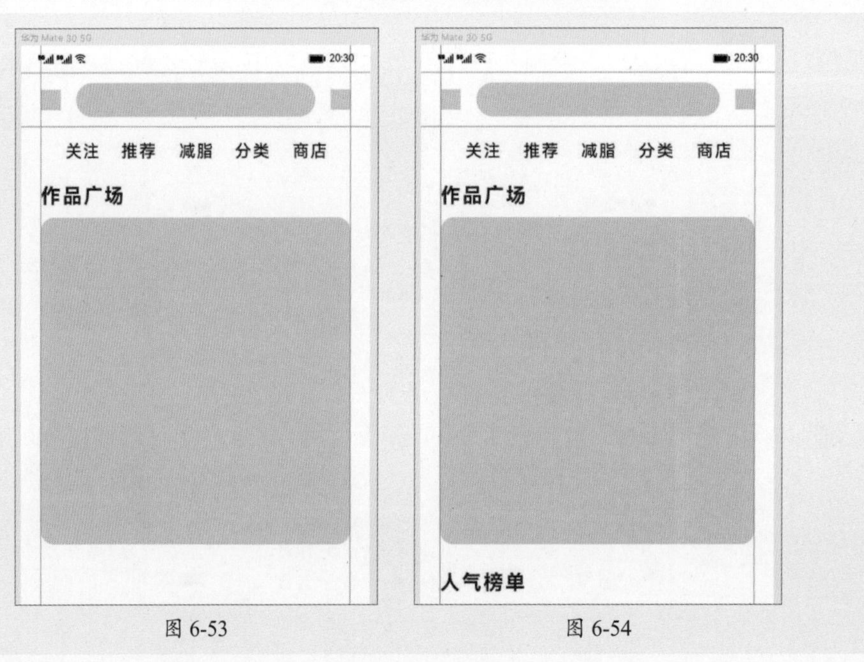

图 6-53　　图 6-54

步骤 09 选择“矩形工具”绘制矩形，宽高各为80，设置“圆角”半径为10，按住Alt键复制移动至最右侧，中间位置复制移动两次，框选四个矩形，分别点击“水平平均分布”按钮和“上下居中对齐”按钮，如图6-55所示。

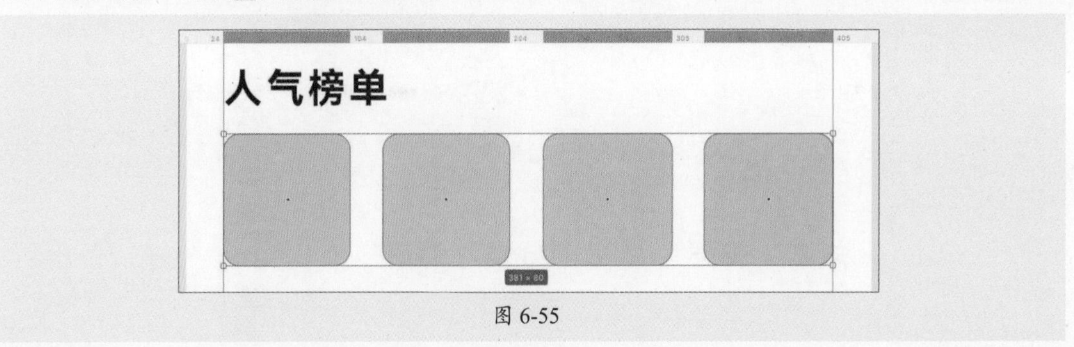

图 6-55

步骤 10 框选四个矩形，分别单击“水平平均分布”按钮和“上下居中对齐”按钮，如图6-56所示。

图 6-56

步骤 11 选择“矩形工具”绘制宽高各为24的矩形，复制3次，设置为水平平均分布和上下居中对齐分布，如图6-57所示。

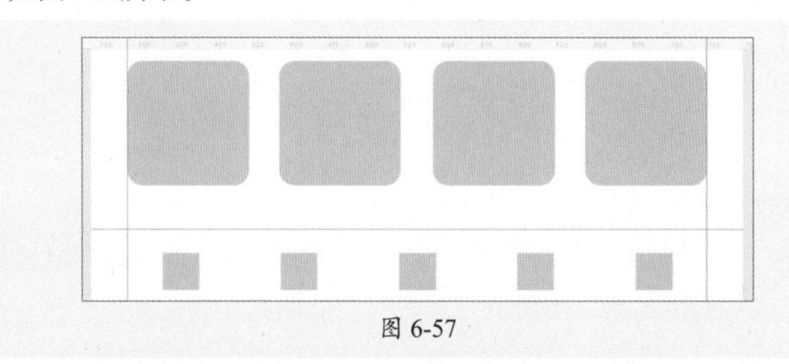

图 6-57

步骤 12 选择“文字工具”输入文字，如图6-58所示。

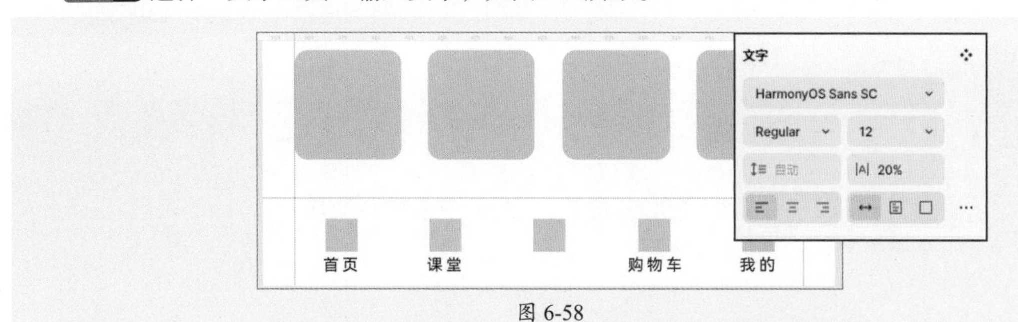

图 6-58

步骤 13 选择中间位置的矩形，更改“大小”为48，“圆角”半径为全圆角，如图6-59所示。

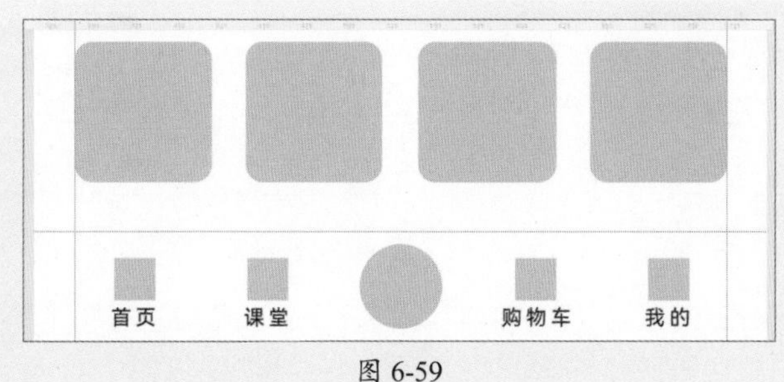

图 6-59

步骤 14 选中容器，按住Alt键移动复制，分别重命名，如图6-60所示。

步骤 15 隐藏命名为“原型效果”的容器。

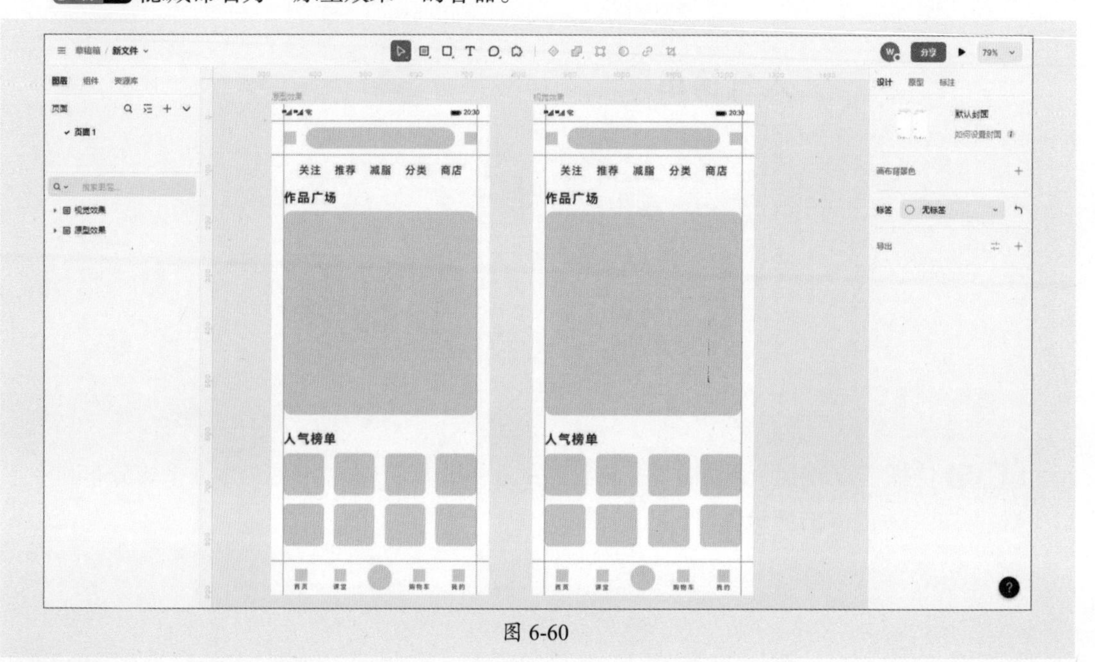

图 6-60

3. 创建效果图

本节将创建视觉效果图。使用组件、资源库中的预设图标填充界面图标，使用“文字工具”创建文字，使用填充、特效功能填充并美化图片。

步骤 01 执行“组件”|“线框图组件”|“图标”|“图标/图标库”中的图标menu和“通知”应用，如图6-61所示。

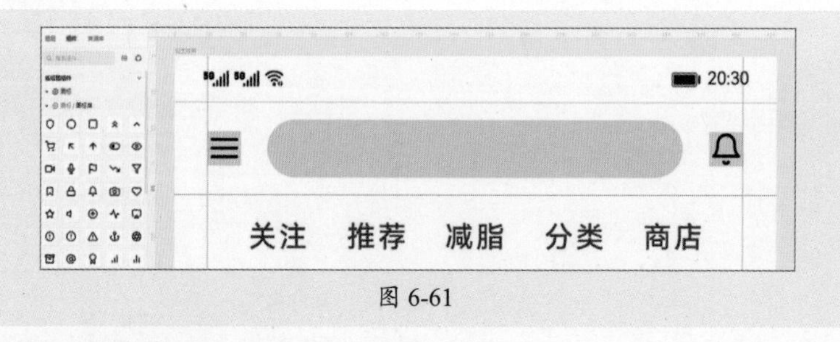

图 6-61

步骤 02 删除底部矩形，如图6-62所示。

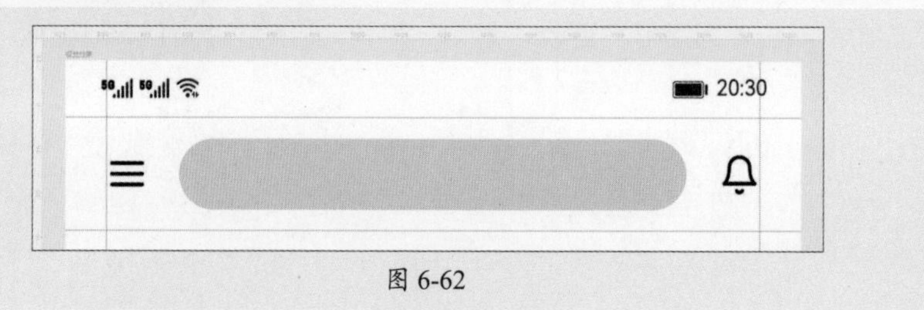

图 6-62

注意事项

图标和矩形重合，可以在锁定图标后，选择矩形进行删除。

步骤03 更改圆角矩形的“填充”不透明度，如图6-63所示。

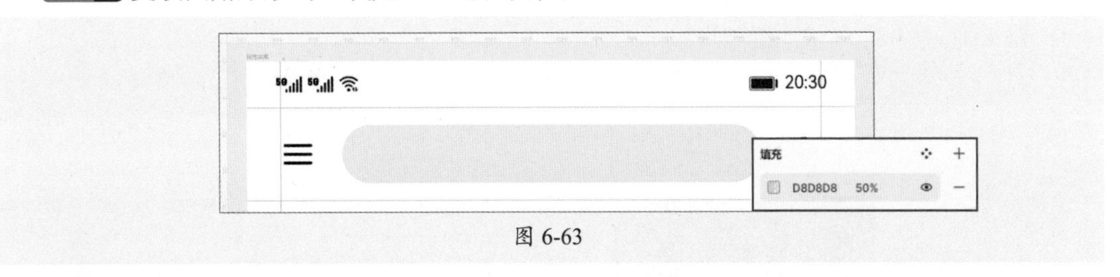

图 6-63

步骤04 查找并选择图标库中的search图标应用，调整“大小”为16、“穿透”为20%，如图6-64所示。

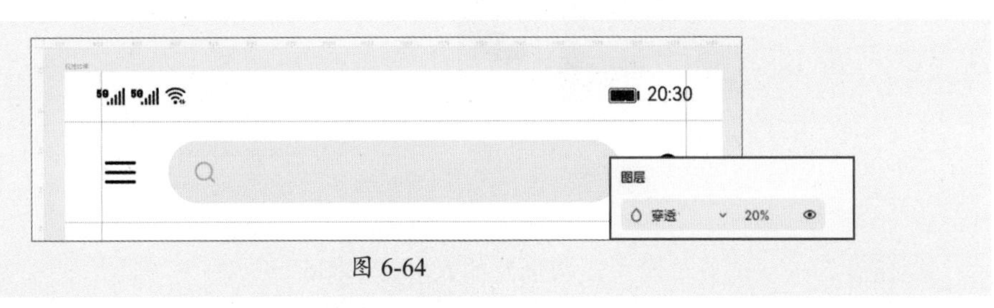

图 6-64

步骤05 选择“文字工具”输入文字，如图6-65所示。

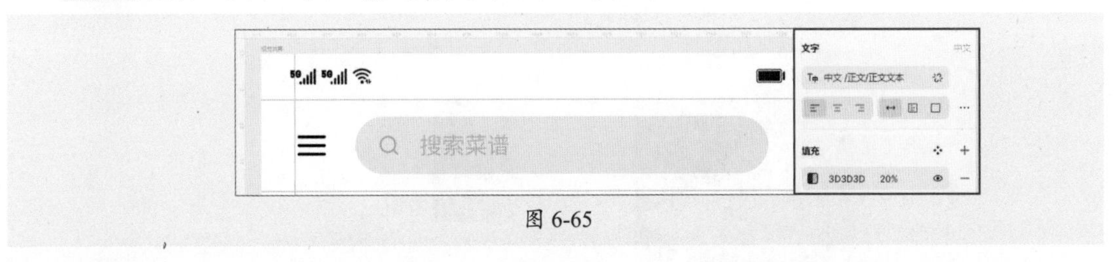

图 6-65

步骤06 选择部分文字，更改“填充”不透明度为60%，如图6-66所示。

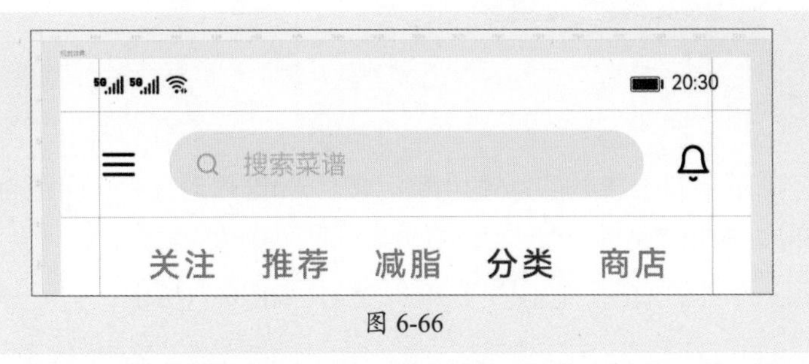

图 6-66

步骤07 选择“矩形工具”绘制矩形，高度为4，“圆角”半径为4，如图6-67所示。

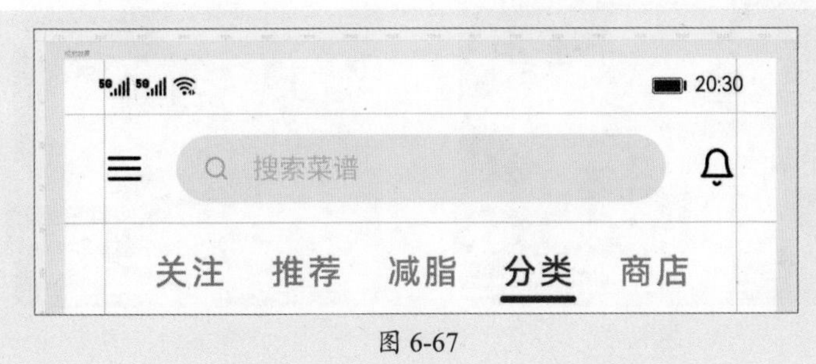

图 6-67

步骤 08 选择矩形后在右侧点击“填充”图标，选择图片填充，如图6-68所示。

图 6-68

步骤 09 选择“裁剪”模式，调整显示效果，如图6-69所示。

图 6-69

步骤 10 选择“圆工具”绘制半径为6的正圆，按住Alt键移动复制，间距为4，按Ctrl+D组合键连续复制，如图6-70所示。

步骤 11 更改第三个圆的颜色，色值为（#fd8a1e），如图6-71所示。

图 6-70

图 6-71

步骤 12 在“人气榜单”中分别置入图片并调整显示，如图6-72所示。

图 6-72

步骤 13 选择第一个矩形，添加“线性渐变”，并设置“不透明度”为30%，如图6-73所示。

图 6-73

步骤 14 对剩下七组矩形添加相同的渐变填充效果，如图6-74所示。

图 6-74

步骤15 选择“文字工具”输入文字，如图6-75所示。

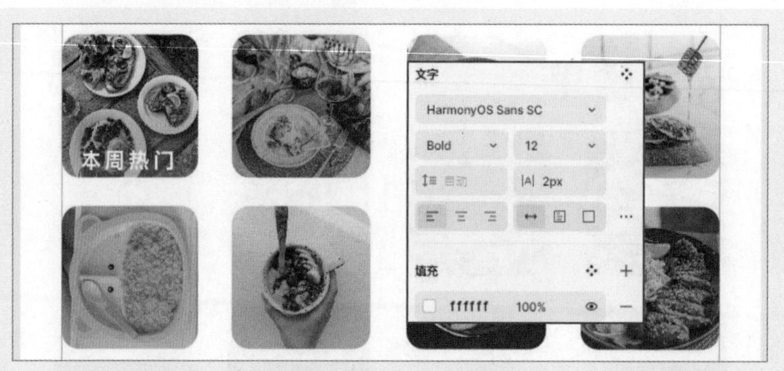

图 6-75

步骤16 继续输入文字，如图6-76所示。

图 6-76

步骤17 在图标库中选择合适的图标应用，锁定后删除矩形，如图6-77所示。

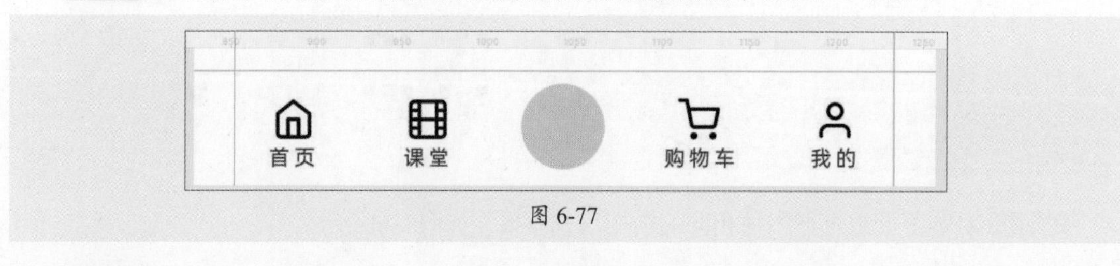

图 6-77

步骤18 更改中间圆形的颜色，在图标库中选择“相机”图标应用，更改颜色为纯白，如图6-78所示。

图 6-78

步骤19 双击“首页”图标，添加“外阴影”特效，如图6-79所示。

步骤20 选择“直线工具”，按住Shift键绘制直线，删除全部参考线后，设置“描边”为0.5，描边色为“描边色/描边色浅色”，如图6-80所示。

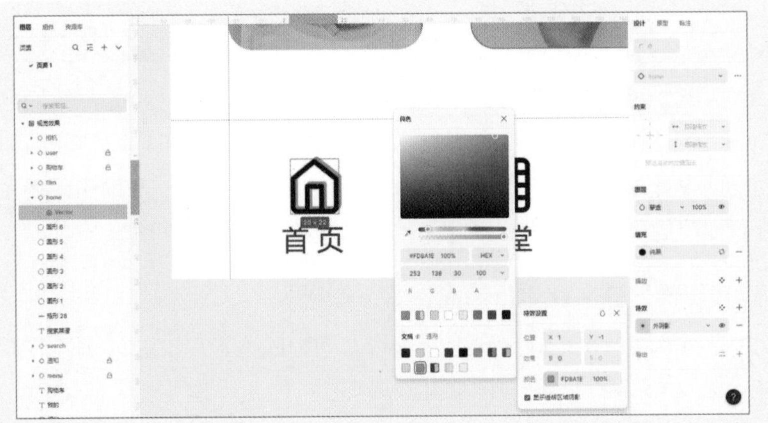

图 6-79

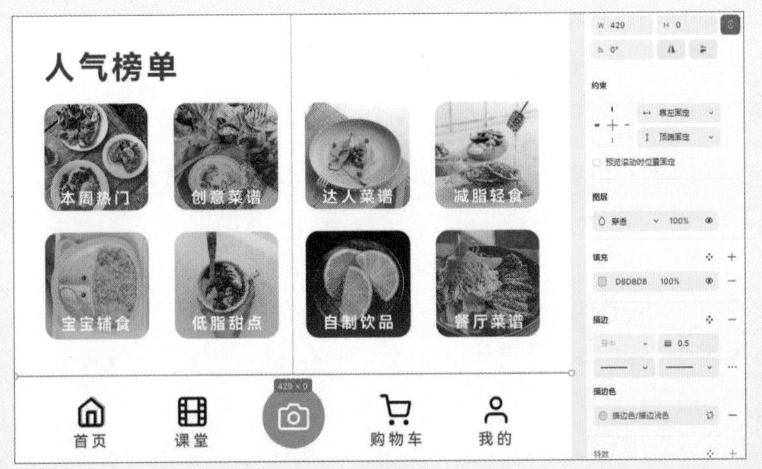

图 6-80

步骤21 在“原型”中设置设备模型，如图6-81所示。

步骤22 点击“预览”按钮▶，效果如图6-82所示。

图 6-81

图 6-82

新手答疑

1. Q：同款 App 在不同系统中显示一样吗？

A：同款App在不同的操作系统中，其显示和操作可能会有所不同。这是因为每个操作系统都有自己的设计语言、用户界面规范以及特定的开发框架。开发团队需要针对每个目标平台进行专门的优化和调整，以确保用户体验的一致性和高质量。

2. Q：制作 App 界面为什么要进行适配？

A：进行App界面适配是为了确保在不同设备上的不同屏幕尺寸、分辨率和方向下，用户能够获得一致的良好体验，同时降低开发成本。

3. Q：制作 App 必须要进行草图设计和原型设计吗？

A：草图设计和原型设计是制作App的重要步骤，但不是必需的。是否需要取决于多种因素，包括项目规模、预算、团队技能以及项目的复杂性。然而，在大多数情况下，涉及用户交互应用，草图和原型的设计可以有效提高项目的效率和质量。

4. Q：在 App 界面设计中需要进行响应式设计吗？具体的方法有哪些？

A：响应式设计是一种让网页或App自动适应不同设备的屏幕尺寸、分辨率、系统平台的设计方法。它可以让用户在不同设备上获得更好的体验，提高App的可用性和用户满意度。实现响应式设计的方法如下。

- **媒体查询**：使用CSS媒体查询来检测设备的特性，如宽度、高度、像素密度等，并据此应用不同的样式规则。
- **流式布局**：采用百分比而不是固定单位（如像素或点）来定义元素的宽度，使布局可以根据屏幕大小伸缩。
- **弹性盒模型**：利用Flexbox布局可以轻松创建动态布局，自动调整子元素的排列方式和尺寸。
- **网格系统**：基于栅格系统的布局允许按照比例分割屏幕，从而更好地控制元素的位置和大小。
- **自适应图像**：使用HTML 5的srcset属性或者CSS背景图片的background-size属性，为不同分辨率提供合适的图片资源。
- **字体可读性**：选择具有良好可读性的字体，并根据屏幕大小调整字体大小和行高。
- **触摸优化**：考虑到移动设备上的触屏操作，设计易于点击和触摸的目标区域。
- **内容优先**：始终优先考虑内容的可读性和易用性，确保关键信息在任何屏幕上都能清晰呈现。
- **渐进增强**：首先构建一个基本的功能完善且对所有设备友好的版本，然后针对更高级的设备添加额外的交互和视觉效果。
- **测试与迭代**：在多种设备和屏幕尺寸上进行测试，根据反馈不断调整和优化设计。
- **使用响应式框架**：一些前端开发框架，如Bootstrap、Foundation等，提供了内置的响应式工具，可以帮助用户快速实现响应式设计。

第7章 PC端界面设计

PC端即计算机端，PC端界面设计主要针对源生系统的界面设计以及各种桌面应用程序的界面设计，旨在提高用户在操作计算机时的效率和舒适度，同时提供清晰、美观、易用的界面。本章将对PC源生界面、客户端以及网页端界面的类型和设计规范进行讲解。

7.1 PC端界面设计简介

PC端界面设计是指对个人计算机的用户界面进行设计和开发的过程，其设计范围包括软件、桌面应用程序以及网站。在PC端UI设计中，设计师需要考虑用户的使用习惯和操作流程，结合软件、应用程序或网站的功能和特点，设计出易于理解和操作的界面，如图7-1所示。

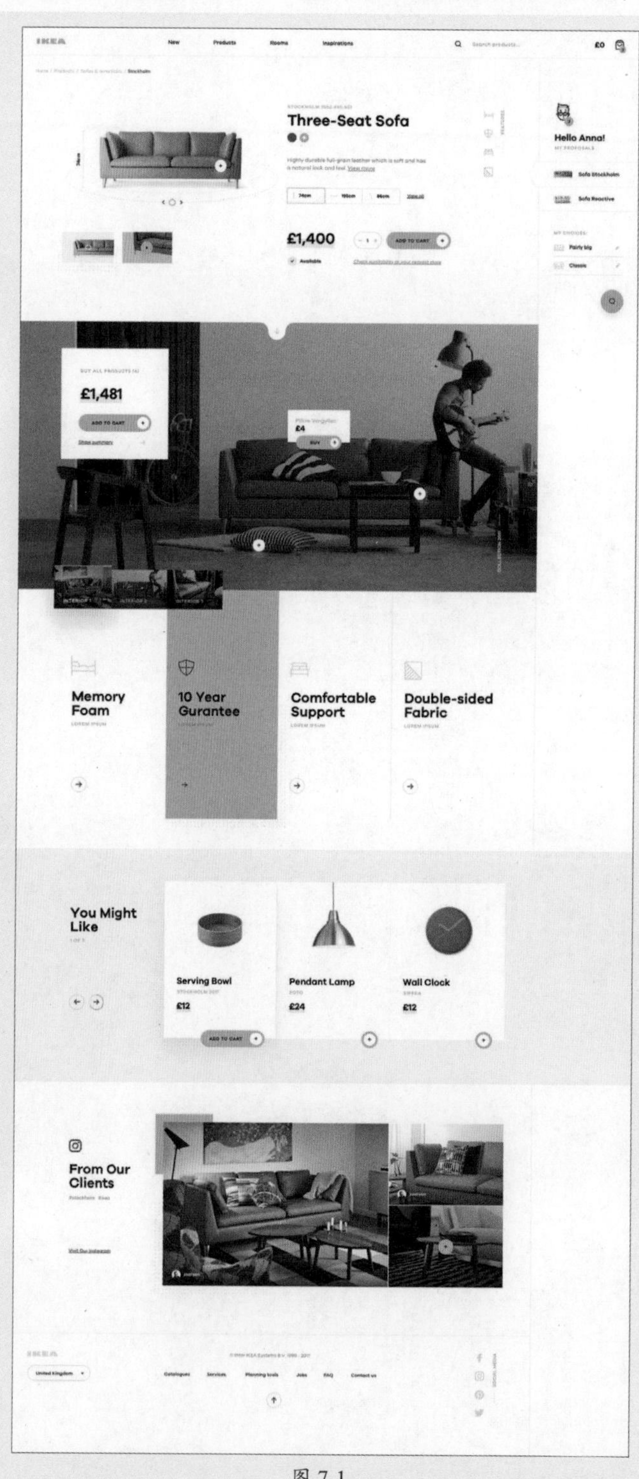

图 7-1

7.2 PC源生界面

PC源生界面设计是指针对PC终端的操作系统或应用程序的界面设计，涉及使用操作系统提供的原生控件、遵循操作系统的设计准则和风格，以及优化用户体验和系统集成等方面。

PC源生界面主要包括以下几类。

- **操作系统界面：** 如Windows、macOS、Linux等操作系统的界面设计，包括桌面、开始菜单、任务栏、通知中心等。
- **应用程序界面：** 计算机上安装的各类应用程序的界面设计，如Microsoft Office套件、Photoshop、Illustrator等。
- **浏览器界面：** 计算机上使用的浏览器的界面设计，例如Microsoft Edge、Chrome、Firefox、Safari等。

图7-2所示为Windows系统中浏览器Microsoft Edge的设置界面。

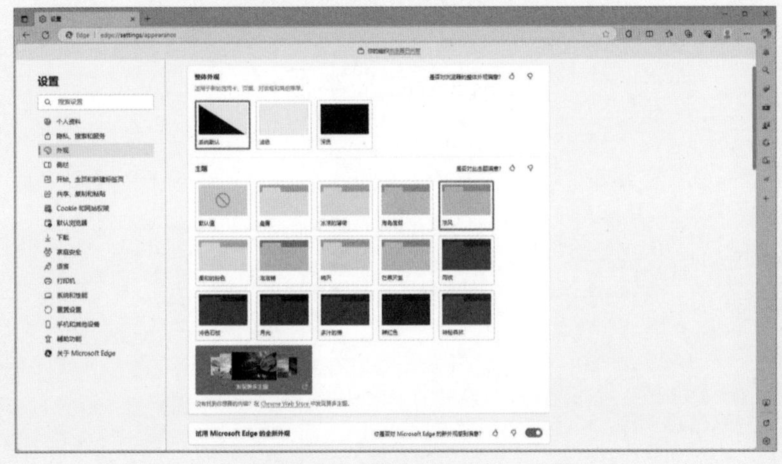

图 7-2

PC端界面设计包括图标、图形界面、按钮、菜单、工具栏、窗口、布局设计，以及色彩搭配、字体选择等。界面设计师需要根据不同的平台和应用程序特点，进行针对性的设计，以提高用户的使用效率和满意度。图7-3所示为Windows系统中控件使用主题色的显示状态。

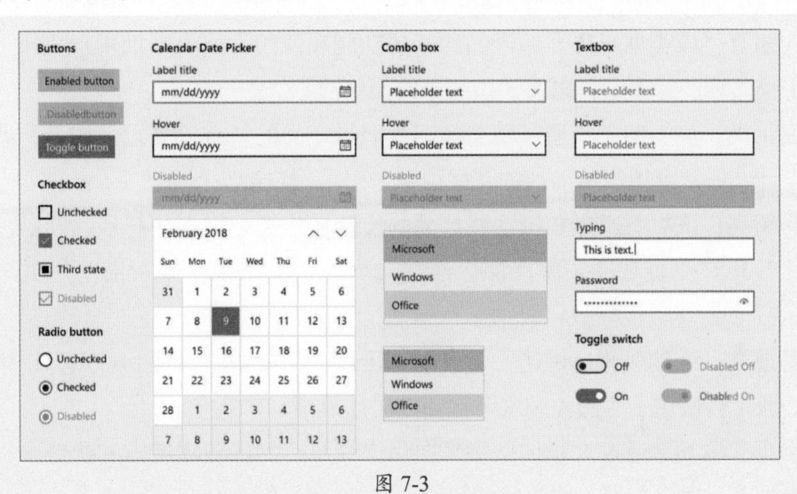

图 7-3

7.3 客户端界面

客户端界面是指在PC端或移动设备上运行的应用程序的用户界面，如QQ、微信、飞书、英雄联盟等。通俗来说就是安装之后才能使用的软件统称为客户端，这些软件的界面就统称为客户端界面。

7.3.1 客户端界面的类型

客户端界面主要包括引导页、首页、列表页、详情页、搜索页、设置页、个人页等界面类型。

1. 引导页

引导页是在用户第一次使用产品时出现的页面，目的是介绍产品的概况内容、核心功能、比同类产品更具竞争力的功能，以及重要的操作步骤等，如图7-4所示。

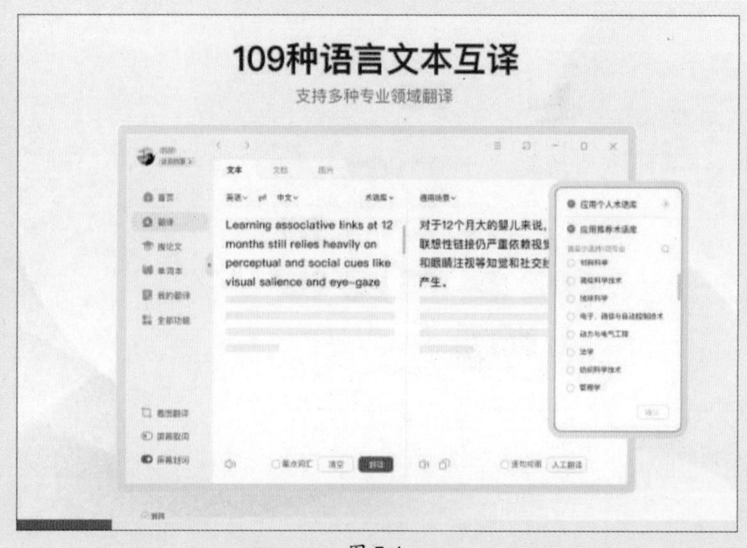

图 7-4

以下是客户端引导页的一些常见类型。

- **功能介绍类：** 该类型主要介绍产品的各项功能和使用方法，帮助用户快速上手。通常包括文字描述和图片展示，以及一些简单的操作演示。
- **图片展示类：** 该类型主要通过精美的图片展示产品的特点和亮点，以及一些优秀的用户体验设计。通常会用一些简洁的文字说明来引导用户浏览图片。
- **视频介绍类：** 该类型通过拍摄一些产品的实际操作视频来向用户展示产品的功能和使用方法，让用户更直观地了解产品。通常会配一些文字说明来帮助用户更好地理解视频内容。
- **故事讲述类：** 该类型通过讲述一个故事来传达产品的核心价值和特点，以吸引用户的注意力。通常会使用一些图片和文字来辅助讲述故事。
- **纯文字类：** 该类型通过大量的文字来向用户介绍产品的各项特点和优势，以及一些基本的操作指南。通常会配一些简单的图片来增加视觉效果。

2. 首页

首页是用户进入产品时的初始界面，也叫“主界面”，通常用于展示重要信息、提供用户导航和快速访问其他页面的功能，如图7-5所示。

图 7-5

以下是一些常见的PC客户端首页设计要素。

- **LOGO和应用名称**：在页面的顶部或左上角展示应用的LOGO和名称，用于标识应用的品牌和身份。
- **导航菜单**：通常位于页面的顶部或左侧，提供各功能模块的入口，用户可以通过导航菜单快速切换到其他页面。
- **搜索栏**：在页面的顶部或导航菜单旁边，提供搜索功能，输入关键词进行搜索。
- **重要信息展示区域**：在页面的中间或上半部分，展示重要的信息、数据统计、最新动态等，吸引用户的注意力。
- **快速访问入口**：在页面的中间或下半部分，提供快速访问常用功能或常用页面的入口，方便用户快速操作。
- **广告或推广位**：在页面的侧边栏或底部，展示广告或推广内容，用于推广产品或服务。
- **个人信息和设置**：在页面的顶部或右上角，提供用户个人信息和设置入口，用户可以查看和编辑个人信息，进行系统设置等。
- **消息通知**：在页面的顶部或右上角，展示系统通知、消息提醒等，用户可以查看、处理或清除通知。
- **底部导航**：在页面的底部，通过底部导航快速切换到其他页面。

3. 列表页

列表页通常用于展示一系列的条目，例如应用程序的主页、商品列表页、聊天列表页、文章列表等，如图7-6所示。

PC客户端列表页的设计要素主要包括以下几项。

- **界面布局**：列表页的界面布局应该简洁明了，方便用户浏览和操作。可以采用上下或左右分页的方式，将信息按照列表形式展示出来。

- **列表项设计：** 每个列表项应该包含必要的标题、描述和其他相关信息，以便用户快速了解每个条目的内容。
- **分隔符设计：** 为了方便用户快速浏览和区分不同的列表项，通常会在每个列表项之间添加分隔符。
- **筛选器设计：** 筛选器可以帮助用户快速找到目标信息。筛选方式如关键字搜索、分类筛选等。
- **加载状态设计：** 当列表页中的数据需要从服务器获取时，应该显示加载状态，以便用户知道数据正在加载。加载状态的设计应该明显可见，并且要避免用户在等待过程中感到无聊或焦虑。
- **其他操作按钮设计：** 根据需求，可以在列表页中添加一些操作按钮，例如编辑、删除、收藏等。

图 7-6

4. 详情页

详情页通常位于列表页之后，用户可以通过点击列表页中的链接进入详情页，进一步了解感兴趣的产品或服务，如图7-7所示。

图 7-7

PC客户端详情页的设计要素主要包括以下几项。

- **内容丰富性：**详情页需要展示足够的产品或服务信息，包括产品特点、功能、规格、价格、售后服务等。此外，还可以添加额外的用户评价、相关文章。
- **页面布局：**页面布局清晰、简洁，使用户能够快速获取所需信息。通常采用两栏或三栏布局，左侧为主要内容，右侧可以放置相关信息、推荐内容等。
- **标题和副标题：**详情页的标题应该突出显示，清晰地描述产品或内容的名称。副标题可以进一步说明产品的特点或关键信息。
- **图片和视频：**图片和视频可以直观地展示产品或服务的特点和效果。在详情页中添加高质量的图片和视频，可以增强用户的感知和理解。
- **交互设计：**通过合理的交互设计，可以增强用户与详情页的互动性和体验。例如，添加表单、按钮等元素，方便用户提交订单、联系客服等。
- **关联营销：**加入关联营销可以有效地提高转化率。
- **安全性：**采用安全的技术手段，如加密存储、权限控制等，以保证用户数据的安全性，避免用户信息泄露和被篡改。

5. 搜索页

搜索页提供了一个方便用户查找信息的工具。在PC客户端中，搜索页通常放置在首页，以便用户能够快速地找到搜索框并输入关键词进行搜索，如图7-8所示。搜索页面的设计应该简洁明了，易于理解和操作，同时还需要考虑页面的响应速度和搜索效率。

图 7-8

PC客户端搜索页的设计要素主要包括以下几项。

- **搜索框设计：**位于页面的显著位置，方便用户输入查询词。搜索框应该支持关键词推荐和自动补全功能，提高用户的搜索效率和体验。
- **搜索结果页面：**搜索结果页面是用户点击“搜索”按钮后呈现的页面。页面主体结构包括广告和自然搜索结果两个部分。
- **搜索入口多样性：**PC客户端搜索页面的搜索入口形式有多种，包括页面顶部搜索框、导航栏搜索图标、底部导航Tab键的搜索按钮、隐藏的搜索框等。
- **搜索建议和自动完成：**根据用户的输入实时显示相关的搜索建议，可以根据用户的输入自动补全关键词。

- **高级搜索和筛选：** 高级搜索可以提供更多的搜索选项，如时间范围、价格区间、地理位置等，筛选功能可以根据用户选择的条件进行结果筛选。
- **搜索历史和收藏：** 提供搜索历史和收藏功能，以便用户查看和管理之前的搜索记录和收藏内容。

6. 设置页

设置页是用户进行系统设置和个性化配置的页面，通常位于PC客户端的首页或菜单选项中。设置页的设计特点根据不同的客户端和产品而有所不同，图7-9所示为设置页。

图 7-9

PC客户端设置页的设计要素主要包括以下几项。

- **界面布局：** 可以采取选项卡式、列表式、图标式等布局方式，方便用户快速找到所需的功能设置。
- **色彩搭配：** 色彩搭配应该与品牌形象保持一致，同时要考虑到用户阅读的舒适度。色彩不宜过于刺眼或过于单调，以清新、简洁、舒适的风格为主。
- **字体和排版：** 字体大小要适中，行距和段落要合理，以提供良好的阅读体验。
- **图标和按钮：** 设置页中需要使用图标和按钮来引导用户进行操作。图标和按钮的设计应该简洁明了、易于理解，同时要与品牌形象保持一致。
- **功能设置：** 提供全面的功能设置，包括用户账户设置、系统参数设置、网络设置、语言和时区设置等。在设置上应清晰明了，避免过于复杂和重叠。

7. 个人页

个人页是用户登录后进入的个人主页，通常包含个人信息、个性化设置、意见反馈以及关于等功能，如图7-10所示。

PC客户端个人页的设计要素主要包括以下几项。

- **个人信息：** 在个人页中通常会显示用户的头像、用户名、昵称等基本信息，同时还可以包括用户的个性签名、简介等信息。
- **个人动态：** 个人动态通常是用户在社交应用中的最新动态，包括发表的文章、评论、点赞等信息。这些信息应该按照时间顺序排列，同时还可以支持用户对动态进行筛选和排序。

- **消息通知：** 消息通知通常包括应用内的通知、私信、未读消息等信息，方便用户随时查看并回复。
- **我的收藏：** 我的收藏通常包括用户收藏的文章、视频、音乐等信息，方便用户随时回顾和欣赏。
- **设置管理：** 设置管理通常包括用户的个人资料、密码、账号安全、隐私设置等功能，方便用户进行个性化的设置和管理。
- **其他功能：** 个人页还可以包括一些其他功能，例如关注的人、粉丝、喜欢的内容、积分商城等。

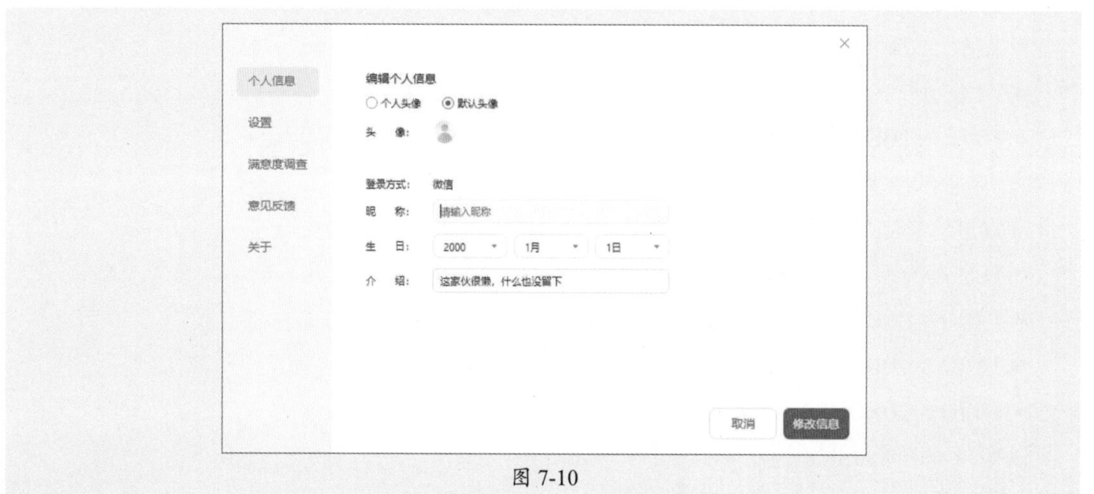

图 7-10

知识点拨

客户端软件的登录界面属于对话框。它是一种用户与应用程序进行交互的界面，用户通过输入用户名和密码等身份验证信息来登录应用程序。

7.3.2 客户端界面设计规范

客户端界面主要分为导航区、工具区和内容区三部分，如图7-11所示。

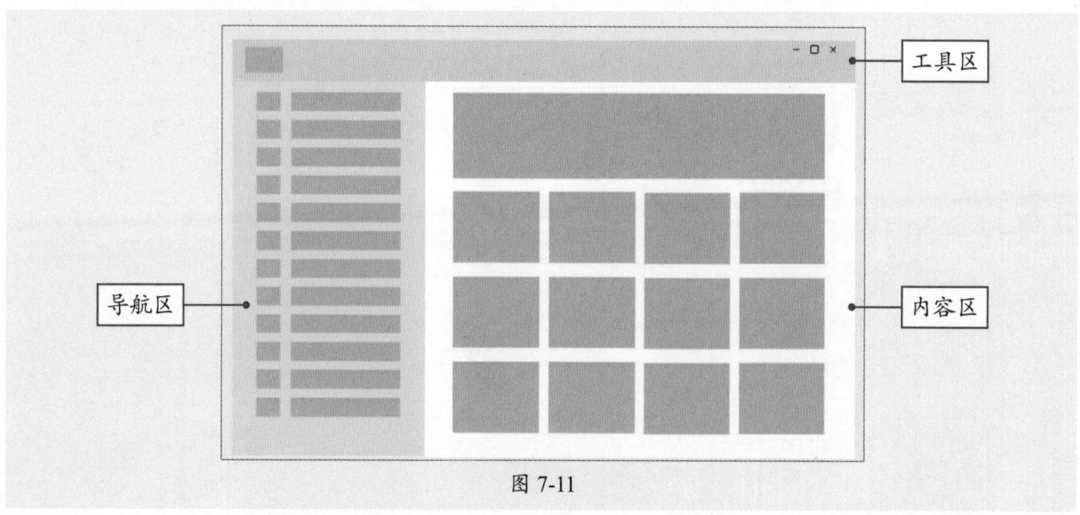

图 7-11

- **导航区：**放置软件图标+导航栏目，可分为侧导航和顶部导航。
- **工具区：**包括标题栏、菜单栏等部分，方便用户快速切换不同的页面或功能。
- **内容区：**占据界面的主要区域，用于展示导航、工具栏中栏目对象的交互内容。

1. 界面尺寸

客户端UI界面尺寸通常是根据不同的操作系统和桌面环境来选择的。常见的界面尺寸如下。

（1）Windows系统

Windows系统常用的界面尺寸包括如下几种。

- **1280×768：**宽高比为16：9，是HD高清电视的标准尺寸。
- **1366×768：**宽高比为16：9，是目前主流的桌面计算机标准尺寸之一。
- **1440×900：**宽高比为16：10，适合高清视频播放和游戏。
- **1920×1080：**宽高比为16：9，是目前主流的高清显示器标准尺寸之一。

（2）macOS系统

macOS系统常用的界面尺寸包括如下几种。

- **1024×768：**宽高比为4：3，是传统的桌面计算机标准尺寸之一。
- **1280×800：**宽高比为16：10，适合高清视频播放和游戏。
- **1440×900：**宽高比为16：10，适合专业图形设计等需求。
- **1920×1080：**宽高比为16：9，是目前主流的高清显示器标准尺寸之一。

以1920×1080为例，不同部分尺寸参考如下。

- **导航部分：**宽度为208～240px。
- **工具栏：**高度为64px，标题栏为32px，顶部和底部边距为8px，若设置全局搜索，可以将搜索框添加至标题栏中，高度增加至48px，窗口图标的大小为16px×16px。
- **内容区：**边距为24～56px，间距为8的倍数，例如8px、16px。

2. 界面布局

客户端的界面框架类型通常可以分为以下三种类型。

- 顶部为工具栏，左侧为导航栏，其他为点击工具栏/导航后对应的内容区域，例如，百度网盘、网易云音乐等，如图7-12所示。

图 7-12

● 顶部无工具栏，界面依次是左侧一级和二级导航/操作区域，右侧是内容交互区域，例如微信、阿里云盘等，如图7-13所示。

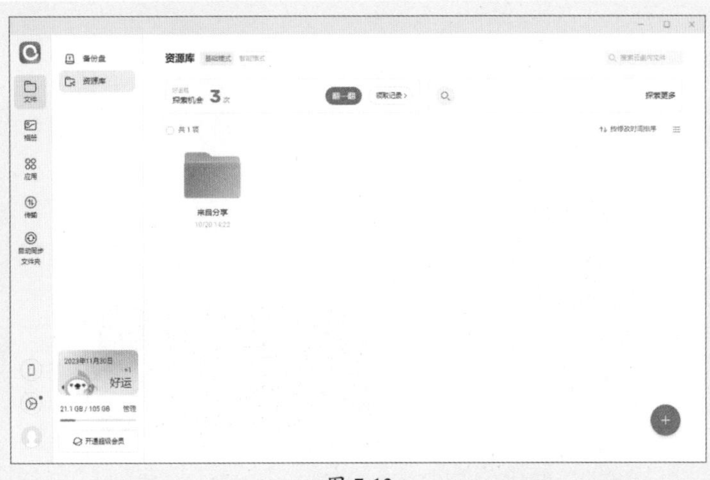

图 7-13

● 顶部为工具栏和顶部导航，下面是内容交互区域，例如360卫士、360压缩等，如图7-14所示。

图 7-14

7.4 网页端界面

网页端界面主要针对网站的用户界面设计，包括网站的首页、分类页、详情页等，通常具有较为动态和灵活的界面元素，如导航栏、搜索框、图片轮播等，设计时需要考虑用户的浏览习惯和网站的整体风格。

7.4.1 网页端界面类型

一个网站是由若干个网页构成的，根据网站的内容划分，可将网页页面划分为首页、栏目页、详情页以及专题页等。

1. 首页

首页是网站的首要页面，承载了一个网站中最重要的内容展示功能。首页通常包含网站的主要信息，如标题、标志、导航菜单、搜索框等，以及一些重要的内容，如轮播图、公司信息、联系方式和客服信息等，如图7-15和图7-16所示。

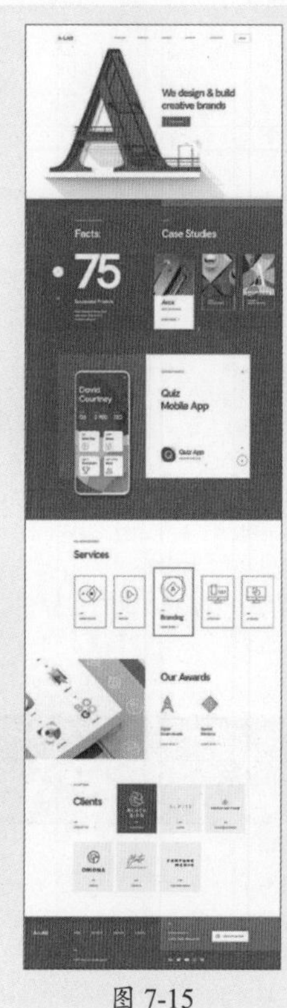

图 7-15

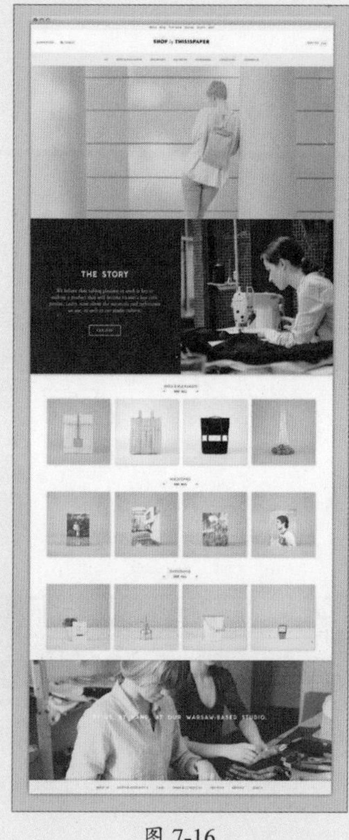

图 7-16

网页中首页的表现形式可以根据不同的设计风格和目的而有所不同，下面是常见的表现形式。

- **文字列表型：**以文字列表形式呈现网站的主要内容，通常用于资讯类网站的首页。
- **图片轮播型：**在首页中设置图片轮播，展示网站的最新内容、产品、新闻等，同时设置相应的链接和导航菜单。
- **综合型：**将文字列表、图片轮播、产品展示、新闻资讯等元素综合在一起，根据网站的内容和目的进行分类和布局。
- **瀑布流型：**采用错落式的布局方式，将网站的内容按照不同的类别和层次进行排列，通常用于社交类网站的首页。
- **侧边栏导航型：**侧边设置导航菜单或者标签页，方便用户快速找到所需内容。
- **搜索框和筛选器型：**在首页中加入搜索框和筛选器，方便用户快速查找和筛选所需内容。
- **个性化定制型：**根据客户需求进行个性化定制，展示公司的品牌形象、产品特点和服务优势等。

2. 栏目页

栏目页是用于展示特定类别或主题内容的页面，通常是在网站首页或具体内容页之间的过渡页面。栏目页的主要作用是方便用户快速找到目标类别或主题，增强用户体验。通常包含该类别的所有文章或产品列表，以及相应的导航菜单和搜索框，如图7-17和图7-18所示。

图 7-17

图 7-18

栏目页的表现形式通常为一种导航或者目录的形式，方便用户快速找到所需信息。根据网站的结构和内容划分，栏目页可以包括以下几种形式。

- **文字列表：**文字性的列表链接，一般用于新闻中心等资讯类型的栏目。
- **图文结合：**在文字的基础上添加图片，一般的产品列表页面会采用这种形式。
- **栏目封面：**类似于首页，但比首页更加简洁。
- **搜索框和筛选器：**添加搜索框和筛选器，方便用户快速查找和筛选所需要的内容。
- **面包屑导航：**添加面包屑导航，显示用户当前位置和网站结构，方便用户快速导航到其他栏目或者页面。
- **侧边框导航：**在页面侧边添加导航菜单或标签页，方便用户快速切换不同的栏目或者内容。
- **标签页导航：**将栏目页分为多个标签页，每个标签页显示不同的内容，方便用户快速浏览和切换不同的内容。

3. 详情页

网页中的详情页是一种展示特定内容或产品详细信息的页面。通常由一系列的文字、图片、视频等元素组成，用于提供关于产品或服务的详细信息，以及回答用户可能提出的问题，如图7-19和图7-20所示。

图 7-19

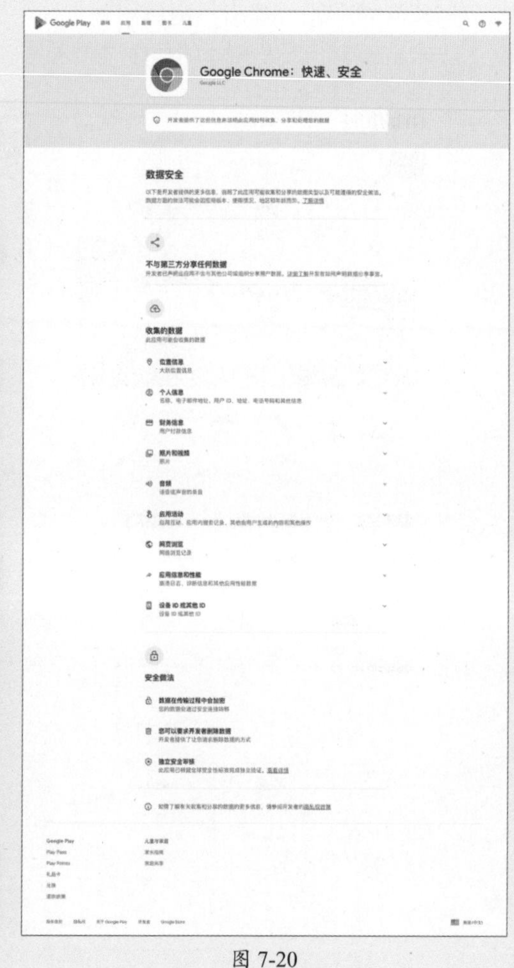

图 7-20

网页中详情页的表现形式可以有多种，以下是一些常见的形式。

- **文字和图片：**最常见的详情页表现形式之一。以文字和图片为主要元素，通过排版和布局来展示产品的详细信息、特点、优势等。该形式适用于大多数产品或服务的详情页。
- **视频：**通过在详情页中嵌入视频，可以让用户更直观地了解产品的外观、功能和特点。该形式适用于需要展示操作过程或者复杂功能的产品。
- **图表和数据：**通过使用图表、表格、数据等形式，展示产品的性能指标、销售数据等信息。该形式适用于需要展示大量数据和对比信息的详情页。
- **交互式：**通过添加交互式元素，如表单、弹窗等，可以让用户更深入地了解产品并收集用户反馈。
- **个性化设计：**根据不同的产品或服务类型，采取个性化的设计风格和表现形式。

4. 专题页

专题页是网站中针对特定主题或内容而创建的页面，可以是独立的页面，也可以是网站中的一个板块或栏目。根据不同的需求和目的，专题页可以分为多种类型，例如介绍产品的专题页，报道某个事情的新闻专题页，抑或是介绍品牌文化、历史的品牌专题页，如图7-21和图7-22所示。

图 7-21

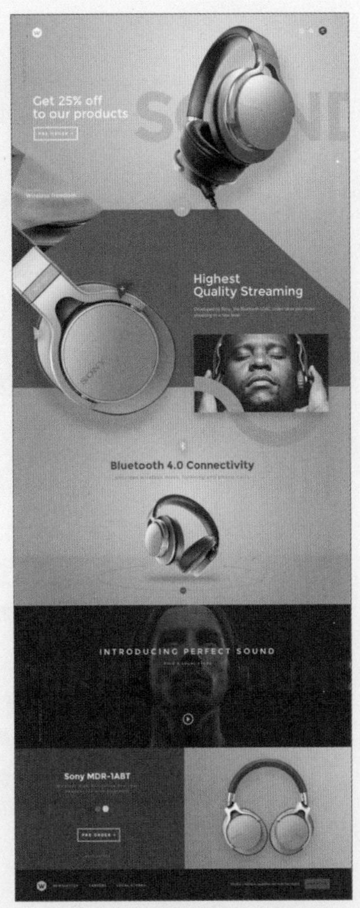

图 7-22

网页中专题页的设计要点包括以下几个方面。

- **明确目标与内容：**在设计前需明确专题的目标和内容，以及针对的目标用户。
- **选择版式与布局：**采用清晰的导航结构和排版风格，以方便用户浏览和获取信息。
- **图片和视频：**使用高质量的图片和视频来展示专题内容，有助于提高用户体验和转化率。
- **添加交互元素：**添加按钮、表单、弹窗等交互元素，以方便用户互动和反馈。
- **个性化设计：**根据不同的专题类型和内容，可以采取个性化的设计风格和表现形式。同时，设计应该简洁、大方、易于理解和记忆，不要过于复杂或花哨。
- **测试和优化：**测试和优化可以确保页面在不同浏览器、设备和屏幕尺寸下的显示效果和交互体验。同时，根据用户反馈和数据分析结果进行不断优化和改进。

7.4.2 网页端界面设计规范

网页界面主要分为页头区、内容区和页脚区，如图7-23所示。

- **页头区：**位于网页的顶部，包括网站的LOGO、网站名称、链接图标和导航栏等内容，可以让用户更容易识别网站，并访问其他页面，提高网站的可用性。
- **内容区：**包括横幅（Banner）和内容相关信息。
- **页脚区：**位于网页的底部，包括版权信息、法律声明、网站备案信息、联系方式等内容。

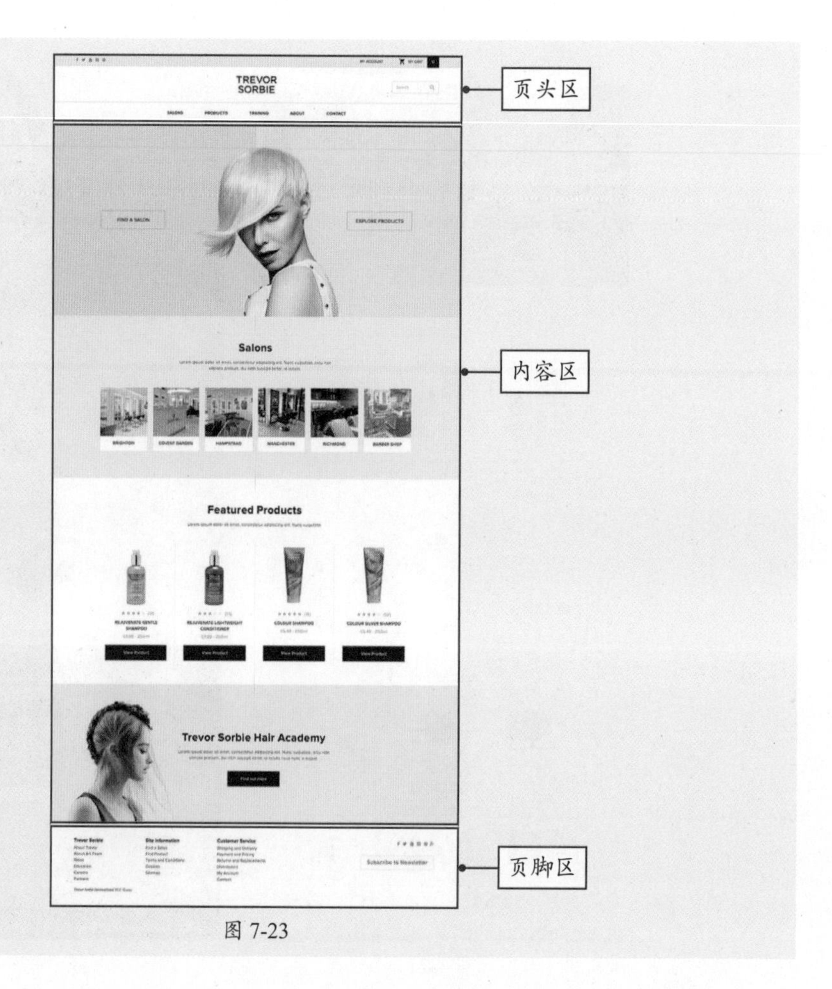

图 7-23

网页界面设计时需要考虑到不同屏幕分辨率和浏览器大小的影响，常见的网页界面设计尺寸如下。

（1）固定布局

固定布局是指网页的宽度和高度是固定的，不随屏幕分辨率的变化而变化。常用的尺寸有960px、1200px、1920px等。这种布局方式通常适用于一些特定的网站或页面，例如企业官网、产品页面等。

（2）自适应布局

自适应布局是一种结合了响应式布局和固定布局的网页设计方法。在这种布局方式中，网页的宽度是固定的，例如750px、1000px等，而高度可以根据屏幕分辨率和浏览器窗口的大小进行调整。

（3）响应式布局

响应式布局是一种灵活的网页设计方法，可以自适应不同的屏幕尺寸和设备类型。在设计响应式布局时，通常需要考虑屏幕分辨率和浏览器窗口的大小。一般响应式布局的网页设计尺寸是根据以下几个关键的断点来设计的。

- **小型设备（小于600px）**：以单列布局为主，内容宽度可以根据屏幕大小调整。
- **中型设备（600～900px）**：以双列布局为主，内容宽度可以根据屏幕大小调整。
- **大型设备（大于900px）**：以三列布局为主，内容宽度可以根据屏幕大小调整。

网页端界面设计的主流尺寸宽度为1920px，高度不限，减去浏览器本身与插件和底部工具条等距离，有效的可视区为950～1200px。页头区为80～120px，主体内容区域的安全宽度为1200～1400px。图7-24所示为某官网网页构成尺寸，仅供参考。

图 7-24

案例实战：制作聊天类客户端首页

本案例将利用前面所学知识制作聊天类客户端首页。涉及的知识点有容器的创建、矩形的绘制、图片的置入、文本的创建、图形的绘制、组件资源库的应用以及原型模式的应用等。下面介绍具体的绘制方法。

1. 创建参考线和原型

本节将创建参考线以及绘制原型效果。创建容器后，借助标尺创建参考线，使用“容器工具”和“文字工具”创建界面原型效果。

步骤 01 打开MasterGo官网，新建文件，使用“容器工具”在右侧属性栏中选择“MacBook Air 13"”选项创建容器，如图7-25所示。

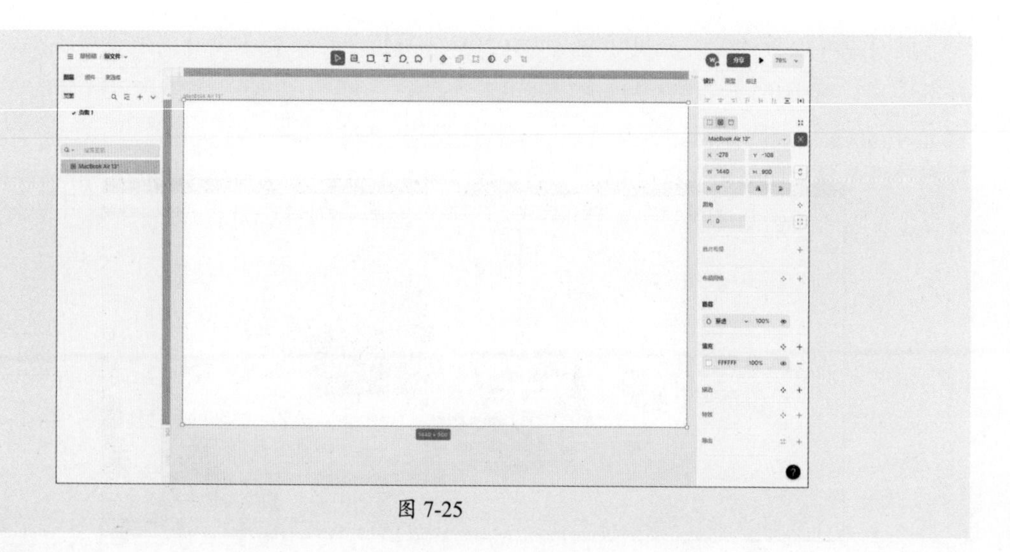

图 7-25

步骤 02 分别创建参考线（水平：32、96，垂直：84、468），如图7-26所示。

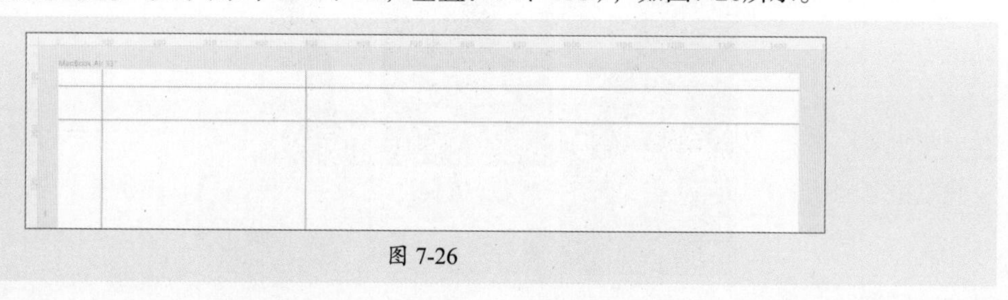

图 7-26

步骤 03 选择“矩形工具”绘制宽高各为56的矩形，如图7-27所示。

步骤 04 选择“矩形工具”绘制宽高各为36的矩形，按住Alt键向下移动复制，间距为26，按Ctrl+D组合键连续复制，如图7-28所示。

步骤 05 框选住三个矩形，按住Alt键向下移动复制，底部边距为32，如图7-29所示。

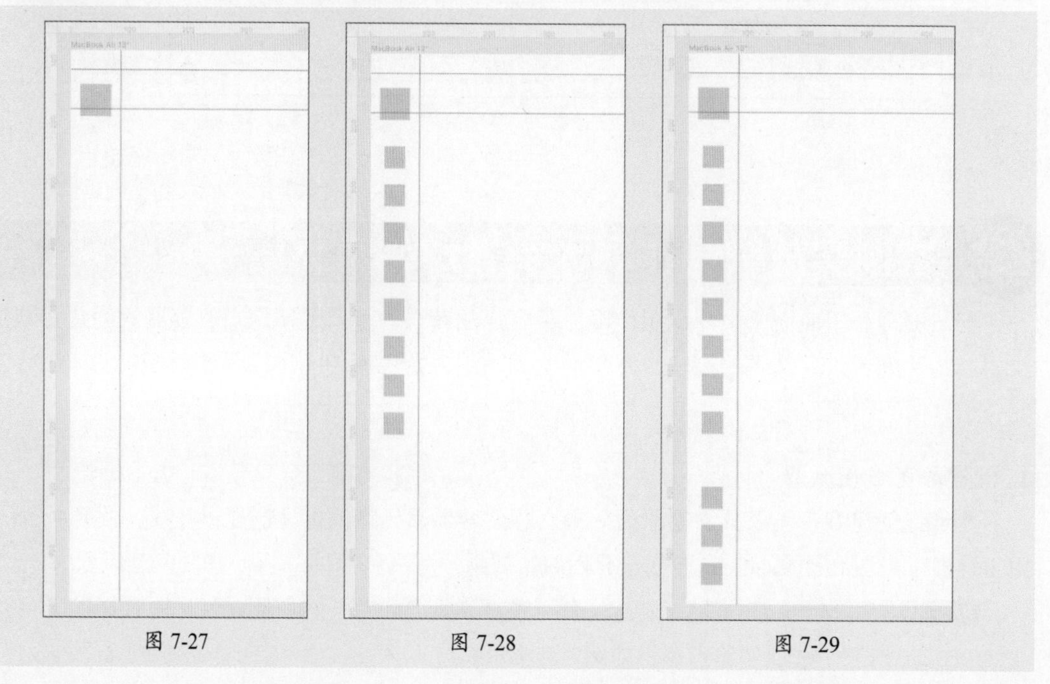

图 7-27　　图 7-28　　图 7-29

步骤 06 选择“矩形工具”绘制矩形，高为42，宽为294，如图7-30所示。

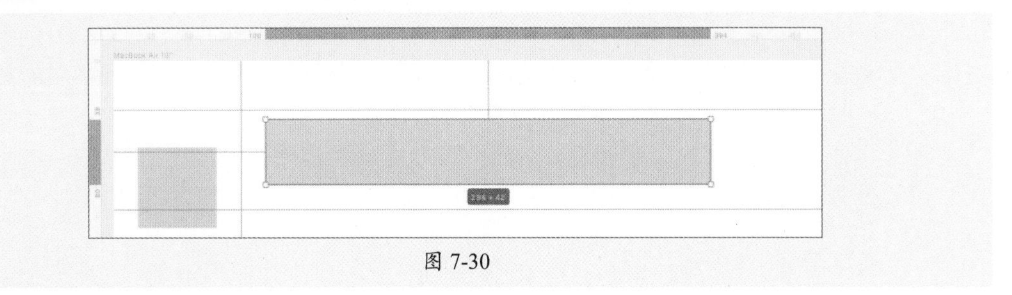

图 7-30

步骤 07 继续绘制矩形，宽高各为42，如图7-31所示。

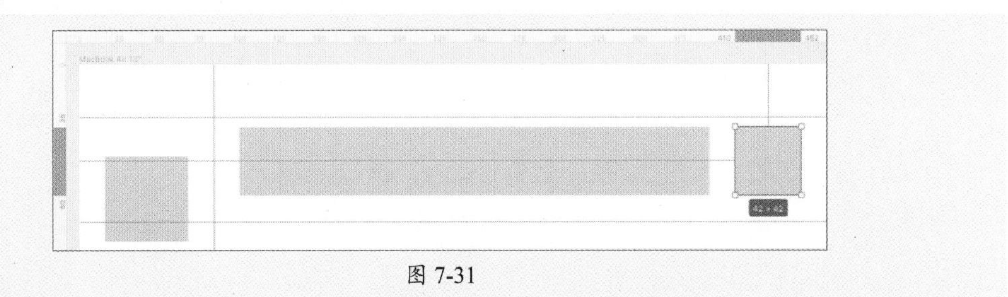

图 7-31

步骤 08 选择“文字工具”输入文字，设置文字为“中文/标题/标题二”，如图7-32所示。

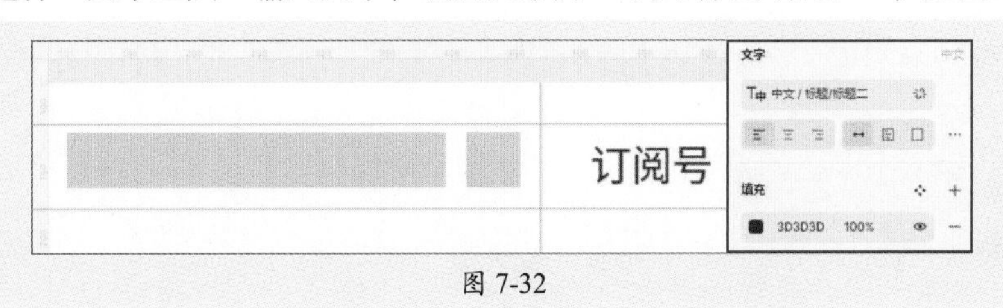

图 7-32

步骤 09 选择“矩形工具”绘制宽高各为24的矩形，如图7-33所示。

图 7-33

步骤 10 继续绘制宽高各为16的矩形，复制三组，间距为20，如图7-34所示。

图 7-34

步骤 11 使用“矩形工具”在页面创建宽高各为100的矩形，对齐参考线后创建水平参考线，如图7-35所示。

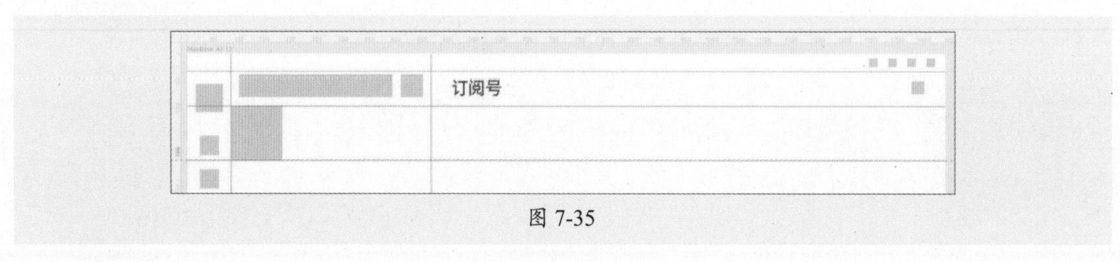

图 7-35

步骤 12 移动矩形，每隔100创建水平参考线，如图7-36所示。

图 7-36

步骤 13 选择“文字工具”输入两组文字，字号为18。按住Alt键移动复制矩形，如图7-37所示。

图 7-37

步骤 14 选择“圆工具”绘制半径为60的圆，间距为60。按住Alt键移动复制“更多”，分别与正圆垂直矩形对齐，间距为8，如图7-38所示。

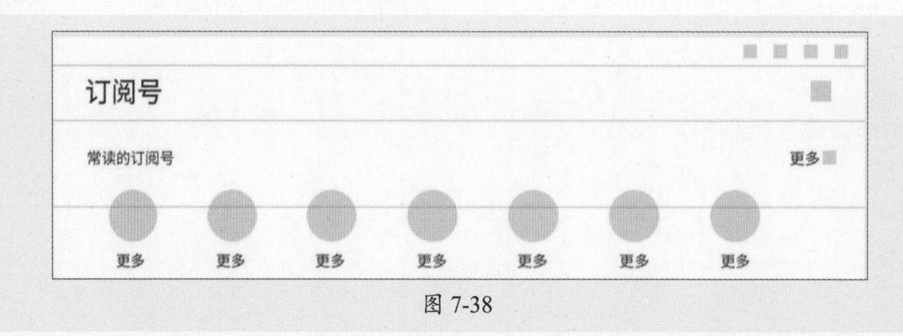

图 7-38

步骤 15 选择“矩形工具”绘制高为60、宽为192的全圆角矩形，如图7-39所示。

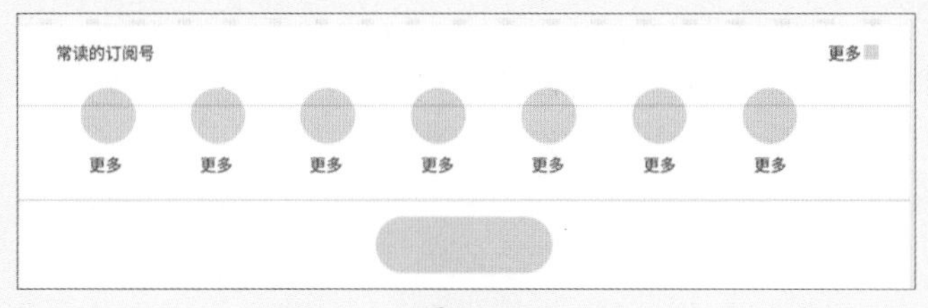

图 7-39

步骤 16 选择“矩形工具”绘制高为396、宽为436的矩形，“圆角”半径为18，按住Alt键移动复制，间距为28，如图7-40所示。

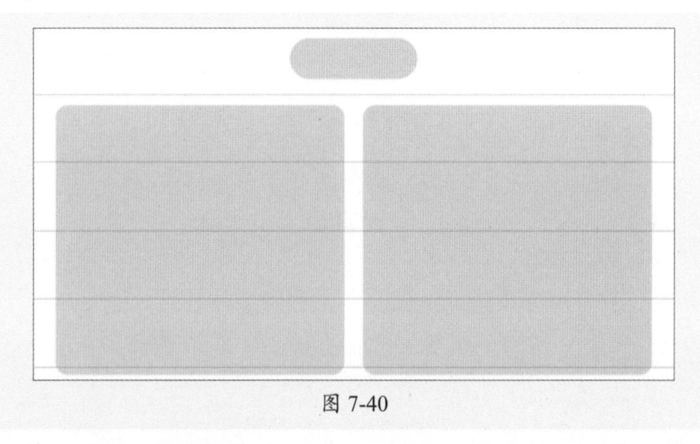

图 7-40

步骤 17 框选两个矩形，按住Alt键移动复制，调整矩形高度，如图7-41所示。

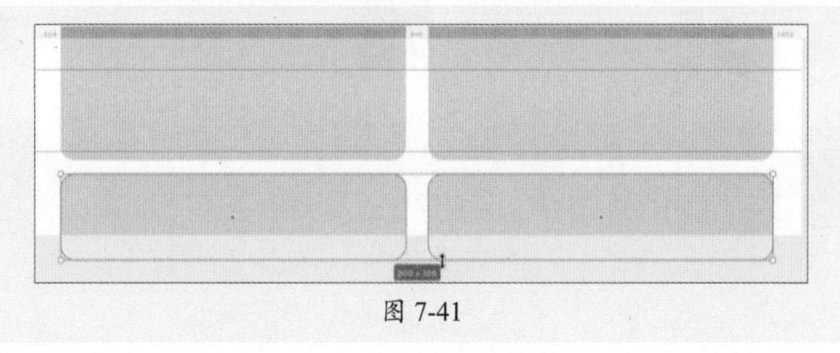

图 7-41

步骤 18 选择容器复制，分别重命名，隐藏原型图容器，如图7-42所示。

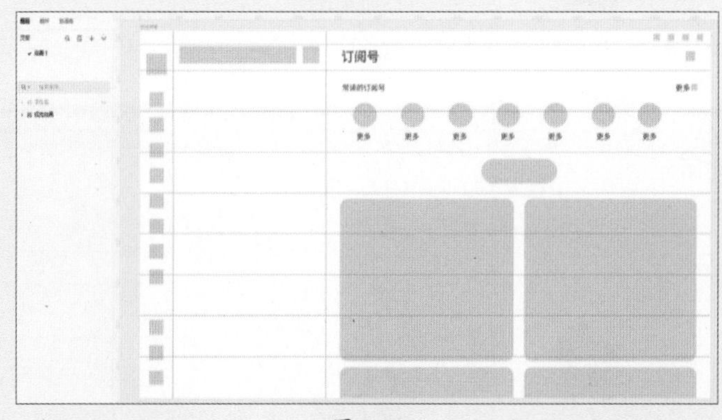

图 7-42

2. 创建视觉效果

本节将创建视觉效果图。使用组件、资源库中的预设图标填充界面图标，使用“文字工具”创建文字，使用填充、特效功能填充并美化图片。

步骤 01 在图标库中选择合适的图标填充，删除底部矩形，更改“chat-4-fill”颜色为蓝色（#1194ff），如图7-43所示。

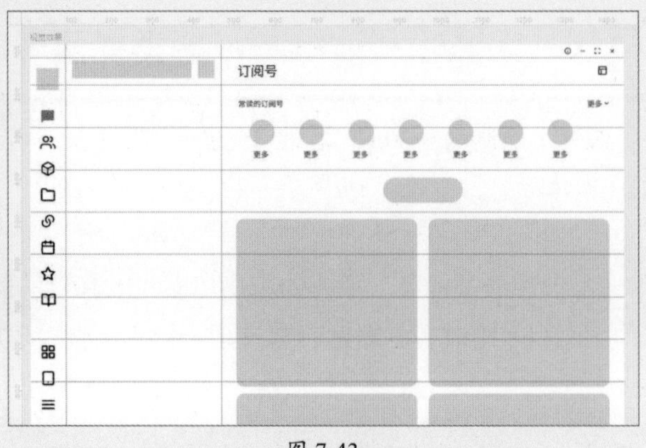

图 7-43

步骤 02 选择矩形，在资源库中选择“旅游”主题图片并置入，如图7-44所示。

图 7-44

步骤 03 选择两个矩形，调整“圆角”半径为8，如图7-45所示。

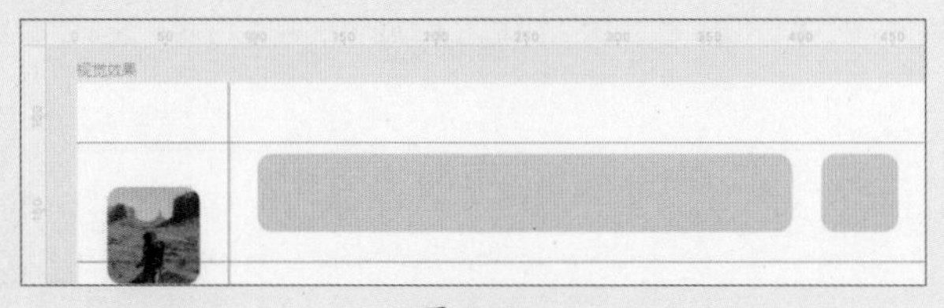

图 7-45

步骤 04 在图标库中选择合适的图标填充，更改颜色为“正文色/正文辅助色”，输入文字，字号为18，如图7-46所示。

图 7-46

步骤 05 选择“矩形工具”绘制宽高各为60的矩形，填充主题图片，分别使用“文字工具”输入两组文字，字号分别为20、18，颜色分别为正文色和正文辅助色。添加图标“notification-off-fill”，大小为24，如图7-47所示。

步骤 06 选择图片文字和图标创建组后，按住Alt键复制，按Ctrl+D组合键连续复制，如图7-48所示。

步骤 07 双击第二组，分别在资源库中更改图片、文字内容（姓名、时间、文本），如图7-49所示。

图 7-47　　图 7-48　　图 7-49

步骤 08 使用相同的方法更改图标、图片、文字内容，如图7-50所示。

步骤 09 更改图片和文字，如图7-51所示。

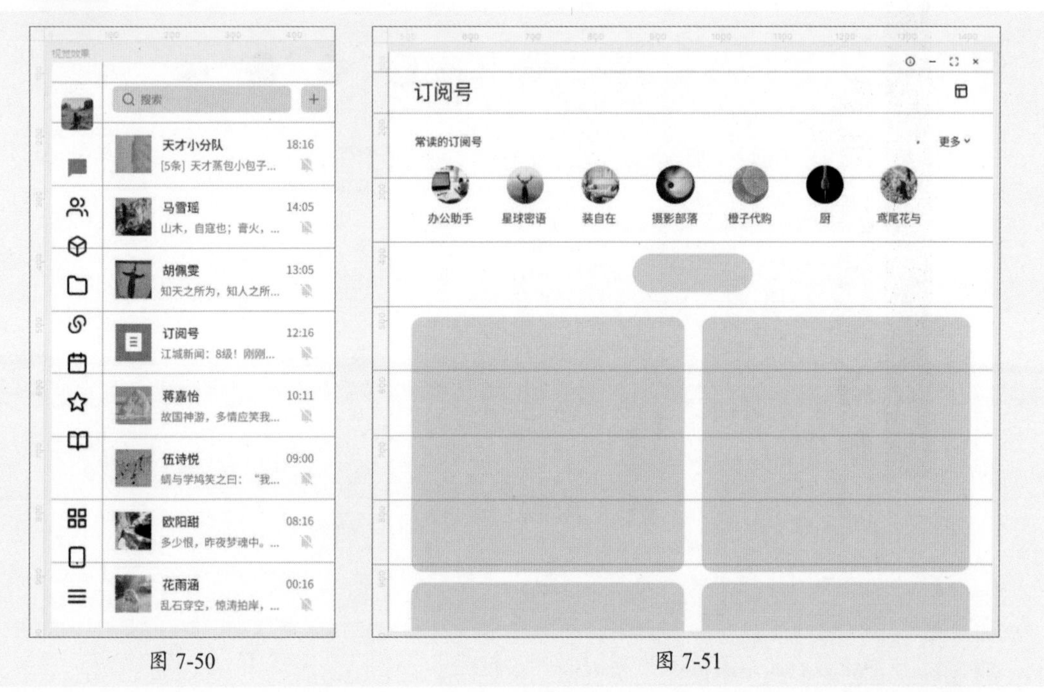

图 7-50　　图 7-51

步骤 10 更改图片和文字，选择第一个添加描边和特效，绘制全圆角矩形后输入文字，第二个图形执行相同的操作，如图7-52所示。

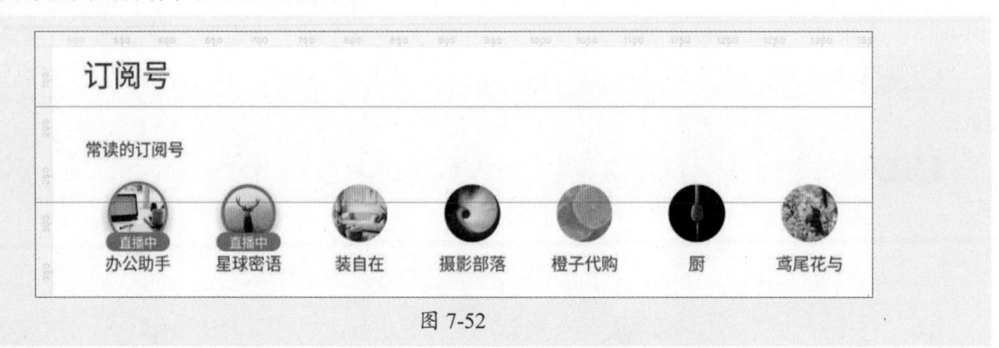

图 7-52

步骤 11 复制图片和文字，更改大小后添加左方向图标，如图7-53所示。

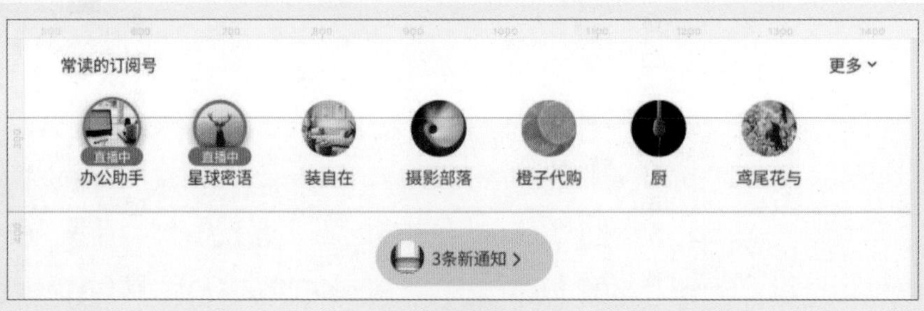

图 7-53

步骤 12 分别使用“矩形工具”绘制矩形，并调整图层顺序，更改部分矩形和图标的颜色，如图7-54所示。

图 7-54

步骤 13 分别添加图片和文字，如图7-55所示。

步骤 14 选择“直线工具”绘制直线，删除参考线，调整整体效果，如图7-56所示。

步骤 15 在右侧原型选项中设置设备模型，预览效果如图7-57所示。

图 7-55

图 7-56

图 7-57

新手答疑

1. Q：什么是安全宽度？

A： 安全宽度即内容安全区域，是一个承载页面元素的固定宽度值，可以确保网页中的元素在不同计算机的分辨率中都可以正常显示。在宽度为1920px的设计尺寸中，淘宝平台的安全宽度为950px；天猫平台和京东的安全宽度为990px；Bootstrap3.x平台的安全宽度为1170px；Bootstrap4.x平台的安全宽度为1200px。

2. Q：客户端和网页端在界面设计上的区别有哪些？

A： 客户端和网页端在界面设计上的区别主要体现在以下几个方面。

（1）布局和排版

- **客户端：** 更加注重布局和排版的细节，可以根据不同的功能和操作进行合理的布局和排版，使用户能够更加方便地使用软件。
- **网页端：** 需要考虑多种设备的适配，包括屏幕大小、分辨率等因素，因此需要更加灵活的布局和排版方式。

（2）交互元素

- **客户端：** 交互元素通常更加丰富和多样化，包括按钮、菜单、工具栏、对话框等，这些元素的设计需要更加注重用户体验和操作便捷性。
- **网页端：** 交互元素相对较少，主要依赖于鼠标点击和键盘输入等操作。

（3）色彩和风格

- **客户端：** 具有更加鲜明的色彩和个性化的风格，可以根据不同的应用场景和用户需求进行设计。
- **网页端：** 需要更加注重整体风格的一致性和协调性，同时需要适应不同的设备和浏览器环境。

（4）字体与排版

- **客户端：** 可以选择操作系统提供的任何字体，并且能够更好地控制文本渲染效果。
- **网页端：** 受限于浏览器的支持，可选择的字体有限，而且文本渲染效果可能因浏览器而异。

（5）离线状态

- **客户端：** 可以设计为离线状态下仍能工作的应用，这对于数据安全和可用性有重要意义。
- **网页端：** 依赖于网络连接，无法在离线状态下正常使用，除非使用了服务端缓存或本地存储技术。

（6）推送通知

- **客户端：** 可以通过推送通知向用户发送信息，及时地提醒用户关注的内容或事件。
- **网页端：** 需要用户主动打开网页才能获取最新的信息。

第8章 小程序界面设计

小程序UI界面设计是指在微信小程序平台上进行用户界面的设计和开发，在设计时需要遵循平台规范，结合用户需求和操作习惯进行设计，以提高用户体验和留存率。本章将对移动端、PC端微信小程序、小程序的创建以及小程序的界面设计规范进行讲解。

8.1 关于微信小程序

微信小程序是一种无须下载安装即可使用的应用平台，可以实现扫码点餐、下单购物、办事、了解企业信息、预约等功能。

8.1.1 移动端微信小程序

移动端微信小程序是一种在移动设备上使用的微信小程序，具有轻便、快捷、易于使用的特点，适合生活服务类线下商铺以及非刚需低频应用的转换。打开手机微信，在首页向下拉动，显示最近使用的小程序，如图8-1所示。在右上角点击搜索框可查找小程序，输入关键字或具体名称，如图8-2所示，点击目标小程序即可进入其页面，如图8-3所示。

图 8-1

图 8-2

图 8-3

8.1.2 PC端微信小程序

PC端微信小程序是一种在计算机端使用的微信小程序，与移动端微信小程序相比，PC端微信小程序具有更加丰富的功能和交互方式，例如可以实现扫码、支付、分享等多种功能。同时，PC端微信小程序的界面布局更加灵活多样，可以支持多个窗口和分屏操作。

登录PC端微信，在左侧单击“小程序”按钮，如图8-4所示。显示小程序页面，可直接选择最近使用的小程序，也可以单击按钮，在输入框中输入关键词查找小程序，如图8-5所示。在小程序页面单击任意一个小程序图标即可进入小程序页面，如图8-6所示。

图 8-4　　图 8-5

图 8-6

8.1.3　微信小程序的创建

微信小程序的创建，需要遵循以下步骤。

- 在微信公众平台（mp.weixin.qq.com）注册微信小程序账号，如图8-7所示。

图 8-7

- 填写小程序基本信息，包括名称、头像、介绍及服务范围等，如图8-8所示。
- 完成小程序开发者绑定、开发信息配置后，开发者可下载开发者工具、参考开发文档进行小程序的开发和调试。
- 完成小程序开发后，提交代码至微信团队审核，审核通过后即可发布（公测期间不能发布）。

图 8-8

8.2 微信小程序界面设计规范

微信小程序UI设计是指基于微信小程序平台的用户界面设计，旨在提供清晰、美观、易用的操作界面，增强用户体验。

8.2.1 微信小程序界面尺寸

微信小程序的界面尺寸是基于屏幕宽度750px为基准。微信小程序的开发单位为rpx（responsive pixel），是一种相对单位，用于适配不同设备的屏幕尺寸和像素密度。若在视觉设计中使用750px×1334px的尺寸，可以将设计稿中的尺寸按照1rpx=2px的比例进行换算。

在开发者工具中的机型中直接提供了不同机型的尺寸，如图8-9所示。

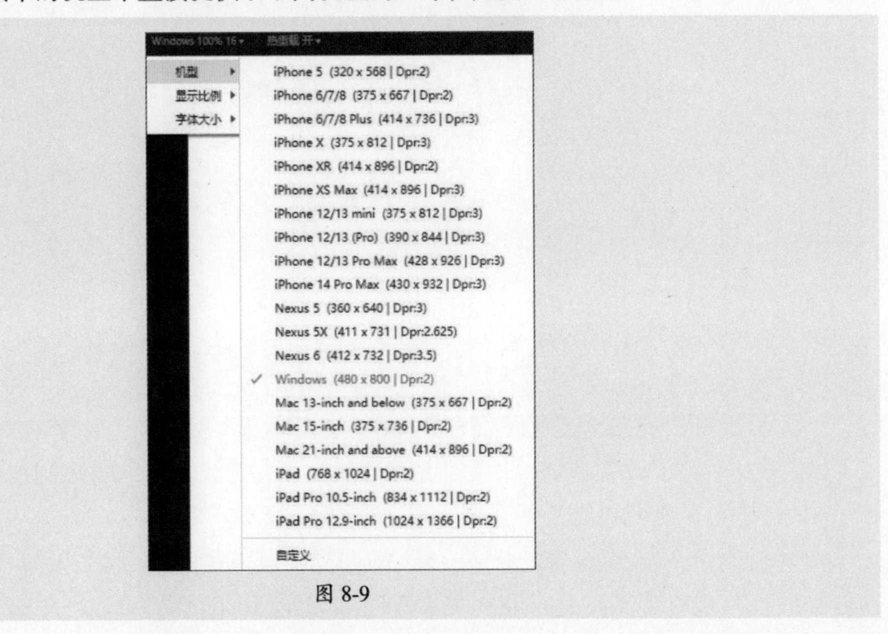

图 8-9

知识点拨

在PC端使用小程序，为了保证小程序在不同尺寸屏幕下的体验流畅友好，开发者可以根据用户的使用设备和场景，自行对小程序进行适配，适配方式主要包括以下几种。

- **栅格系统：**采用栅格系统进行页面设计，可以将页面按照一定规律进行划分，使不同分辨率下的页面布局保持一致性和可复用性。
- **响应式策略：**可以根据屏幕尺寸和分辨率的不同，制定不同的布局策略和样式调整，能够让小程序在任何一个尺寸的屏幕上的使用体验保持合理与连贯性。

未适配的微信小程序，将无法在PC端切换小程序窗口尺寸，具体展现规则如下。

- **竖屏展示的小程序：**无论屏幕大小，以手机尺寸414×736显示，如图8-10所示。
- **横屏展示的小程序：**无论屏幕大小，以平板尺寸768×1024显示，如图8-11所示。

图 8-10

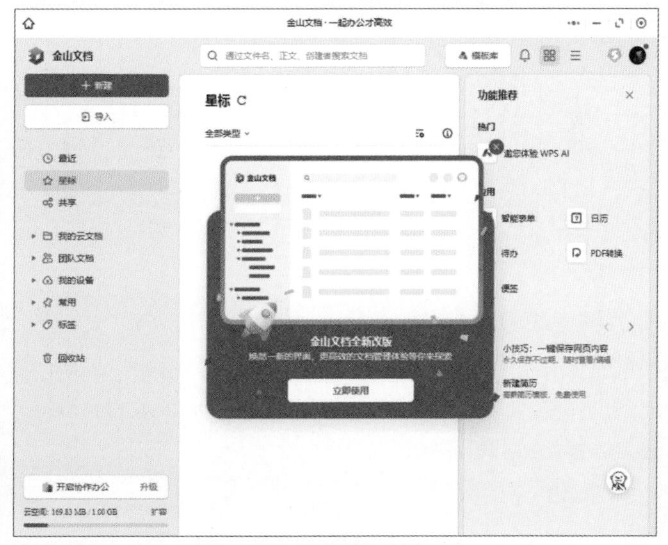

图 8-11

8.2.2 微信小程序视觉设计

下面对小程序中的导航栏、导航栏搜索框、标签栏、按钮、图标和列表进行介绍。

1. 导航栏设计

导航栏可分为导航区、标题区以及操作区三部分，其中导航区和标题区是可以自定义设计的，操作区是固定不可自定义的，如图8-12所示。

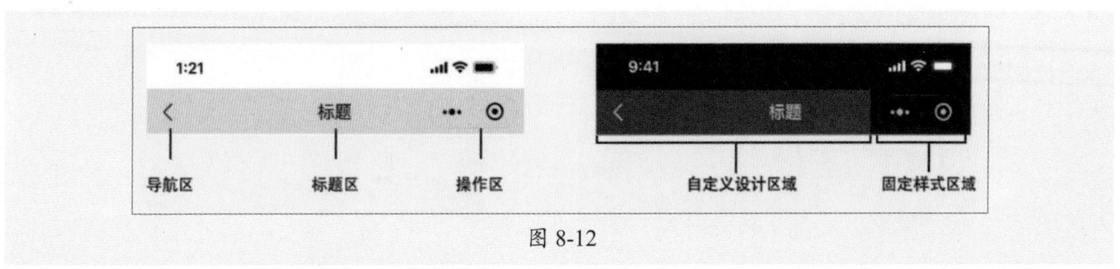

图 8-12

导航栏的样式可以根据品牌形象和整体风格进行设计，包括背景、颜色、文字、图标等，同时也可以根据实际需要调整导航栏的结构和布局，图8-13所示为不同样式的导航栏。

图 8-13

知识点拨

小程序菜单常见的三种状态：全局操作、调用录音、获取地理位置，如图8-14所示。

图 8-14

2. 导航栏搜索框设计

如果需要在导航栏中添加搜索框，应该提供简洁明了的搜索框设计，避免使用过于复杂的搜索框布局和操作方式。图8-15所示为常见的搜索框设计样式。

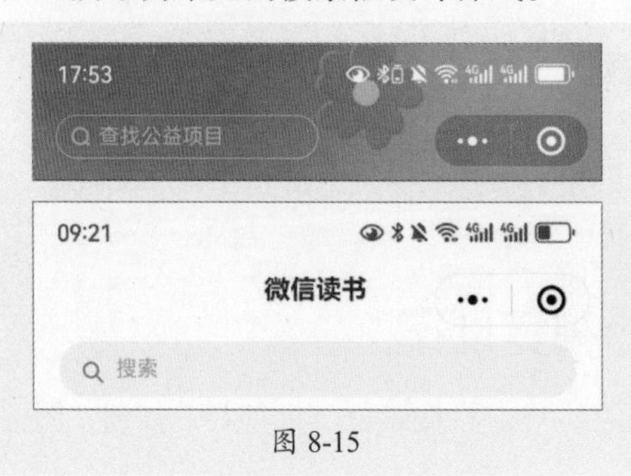

图 8-15

3. 标签栏设计

标签栏可固定在页面顶部或者底部，便于用户在不同的页面做切换。

（1）顶部标签栏

顶部标签栏颜色可自定义。在自定义颜色选择中，务必注意保持分页栏标签的可用性、可视性和可操作性，图8-16所示为官方样式。

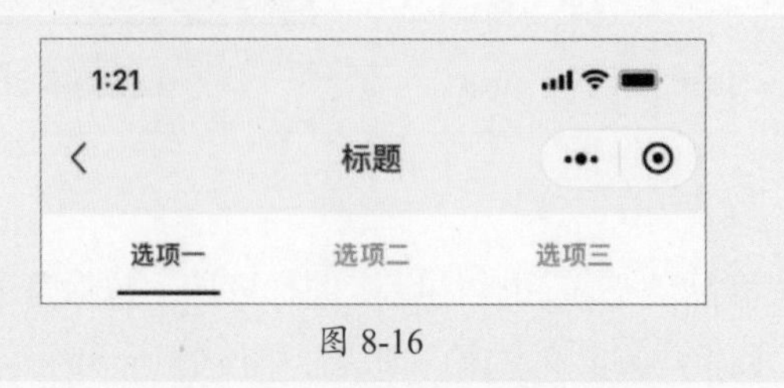

图 8-16

顶部标签具有导航的作用，可以直接点击，也可以进行滑动，常见的设计样式有滑动+抽屉型、点击+搜索型、按钮切换以及滑动型，图8-17所示为不同样式的顶部标签栏。

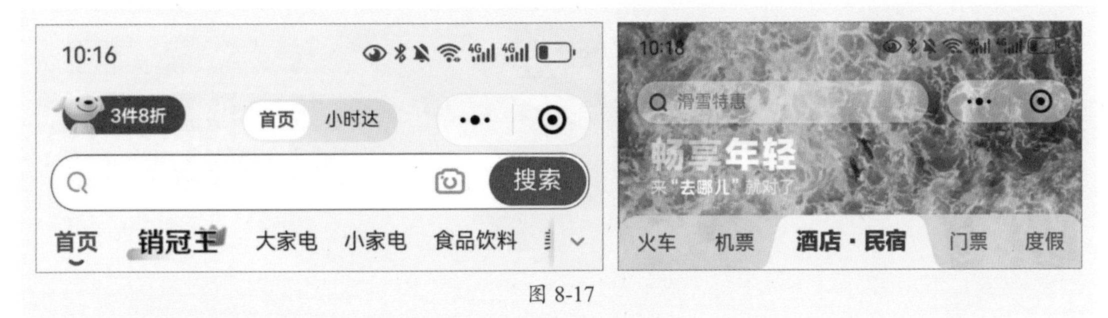

图 8-17

（2）底部标签栏

底部标签栏提供了四种不同图形的设计规范，有圆形、方形、纵向矩形和横向矩形，如图8-18所示，在设计时可根据设计规范进行调整。

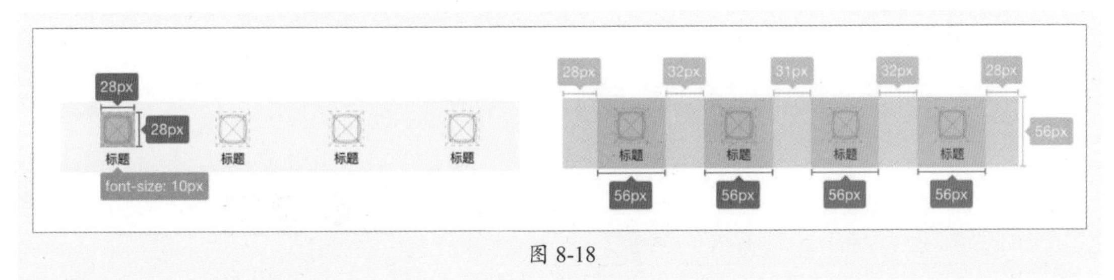

图 8-18

底部标签按钮可使用官方样式，也可以自定义图标样式、文案以及颜色。数量不得少于2个，最多不得超过5个，图8-19所示为不同数量标签的底部标签栏。

图 8-19

4. 按钮设计

微信小程序中的按钮根据尺寸可分为大按钮、中按钮以及小按钮，每种类别都包括正常态、Hover态、点击态以及禁用态。

（1）大按钮

大按钮通常用于页面的主要操作或重要功能的触发，以吸引用户的注意力并突出其重要性。常规情况下，按钮的高度为88px，圆角大小为10px，主操作按钮为绿色系，页面次要操作为灰色系，警告类操作为红色系，如图8-20所示。

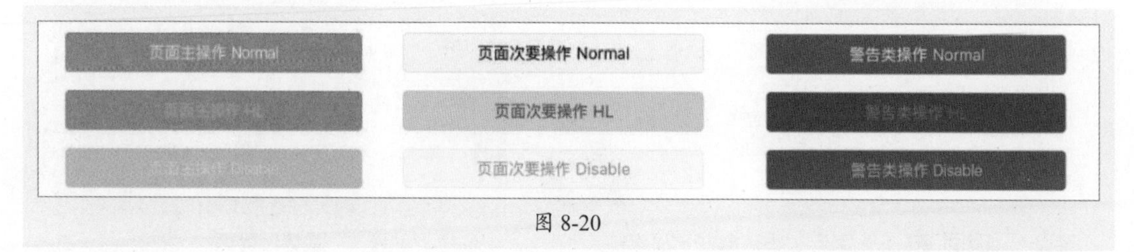

图 8-20

（2）中按钮

中按钮通常用于次要的操作或辅助功能，以提供更多的选项和操作。常规情况下，中按钮的高度为70px，宽度最小为360px，文本两边边距最小为60px，圆角大小为8～10px，如图8-21所示。

（3）小按钮

小按钮通常用于触发一些细微的或次要的交互，如关闭对话框、取消操作等。常规情况下，小按钮的高度为60px，宽度最小为120px，文字两边边距最小为30px，圆角大小为6px，如图8-22所示。

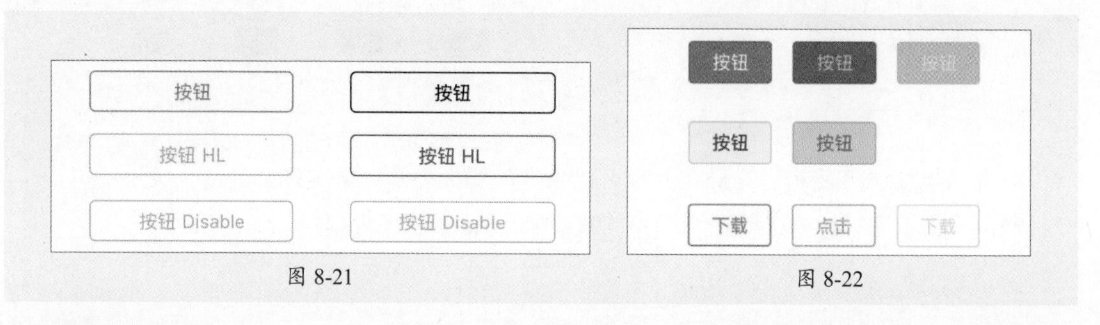

图 8-21

图 8-22

5. 图标设计

以操作结果页的图标为例，尺寸为100px×100px，可以根据结果的情况进行选择，如图8-23所示。

图 8-23

- **成功：**用于表示操作顺利完成。
- **提示：**用于表示信息提示，也常用于缺乏条件的操作拦截，提示用户所需信息。
- **普通警告：**用于表示操作后将引起一定后果的情况。
- **强烈警告：**用于表示操作将引起严重不可挽回后果的情况。
- **等待：**用于表示等待。

6. 列表设计

列表可分为单行列表、双行列表、文字标题、图文列表、文字列表、文字列表附来源、图文组合列表、文字组合列表以及小图文列表。在设计时可根据设计规范进行调整，如图8-24所示。

图 8-24

8.2.3 微信小程序文字设计

微信小程序内字体的使用与所运行的系统字体保持一致，不同场景中的字体大小如表8-1所示。

表8-1

使用场景	字号（pt）	字重
阿拉伯数字信息，如金额、时间等	40	Light
页面大标题，一般用于结果、空状态等信息单一页面	20	Medium
页面内大按钮字体，与按钮搭配使用	18	Regular
页面内首要层级信息，如列表标题、消息气泡	17	Regular
页面内次要描述信息，如列表摘要	14	Regular
页面内辅助信息，如链接、小按钮	13	Regular
说明文本，如版权信息等不需要用户关注的信息	11	Regular

当界面中文字背景为深色时，文字颜色首选为白色。当无背景色时，界面中选中的字体一般为品牌主题色，其他的文字则分别为不同色调的黑色，如图8-25所示。

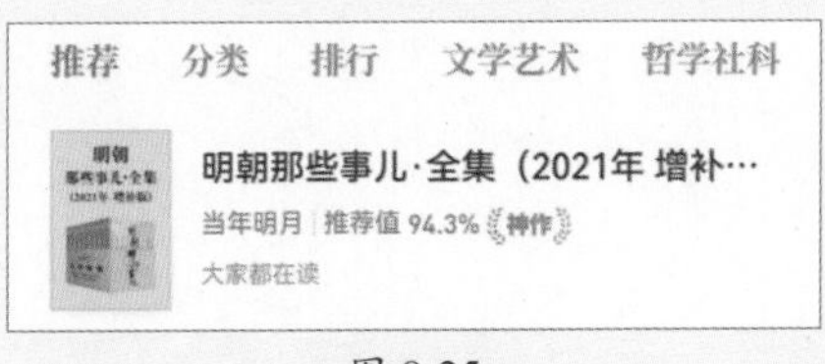

图 8-25

不同色调的黑色可以表现不同的层级，具体如表8-2所示。

表8-2

颜色	色值	使用场景
黑色	#000000	一级内容，评论内容 / 弹窗文字按钮
灰色	#666666/#999999	次要内容
浅灰色	#999999/#cccccc	时间戳与表单默认值颜色
半黑色	#333333	大段说明内容

案例实战：制作旅行类小程序界面

本案例将用前面所学知识制作旅行类小程序界面。涉及的知识点有容器的复制粘贴、文本的创建、图形的绘制、图片的置入、组件资源库的应用、特效的添加以及标注模式的应用等。下面介绍具体的绘制方法。

步骤 01 打开MasterGo官网，搜索小程序UI套件，复制模板，新建文件后粘贴，如图8-26所示。

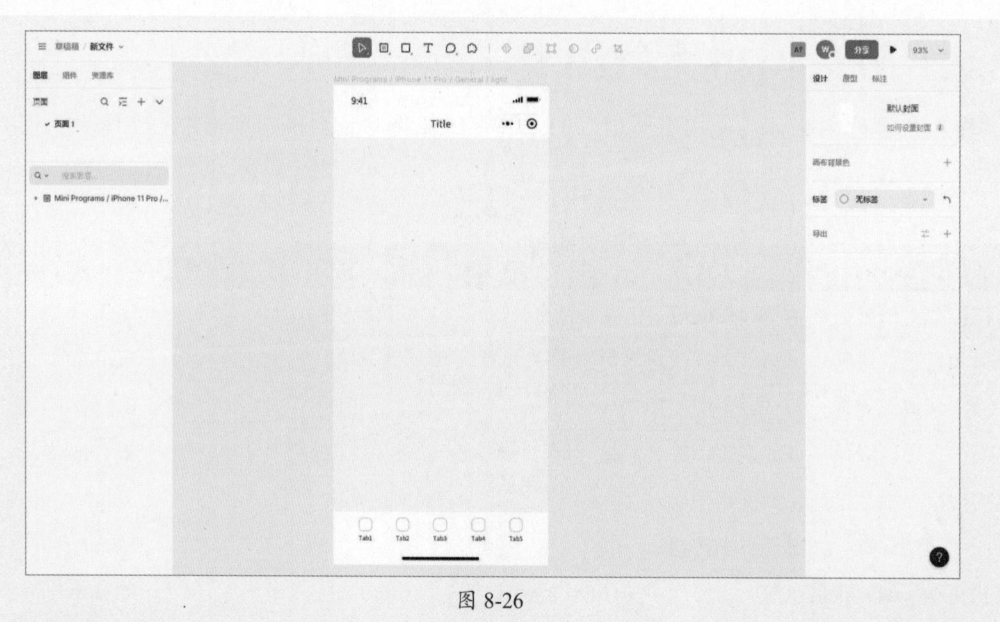

图 8-26

步骤 02 选择导航部分，右击，在弹出的快捷菜单中执行“解绑实例”命令，删除部分组件，效果如图8-27所示。

图 8-27

步骤 03 选择“文字工具”输入文字，设置文字参数，如图8-28所示。

步骤 04 在资源库中找到“arrow-down-s-fill”应用，移动到合适位置后更改颜色，如图8-29所示。

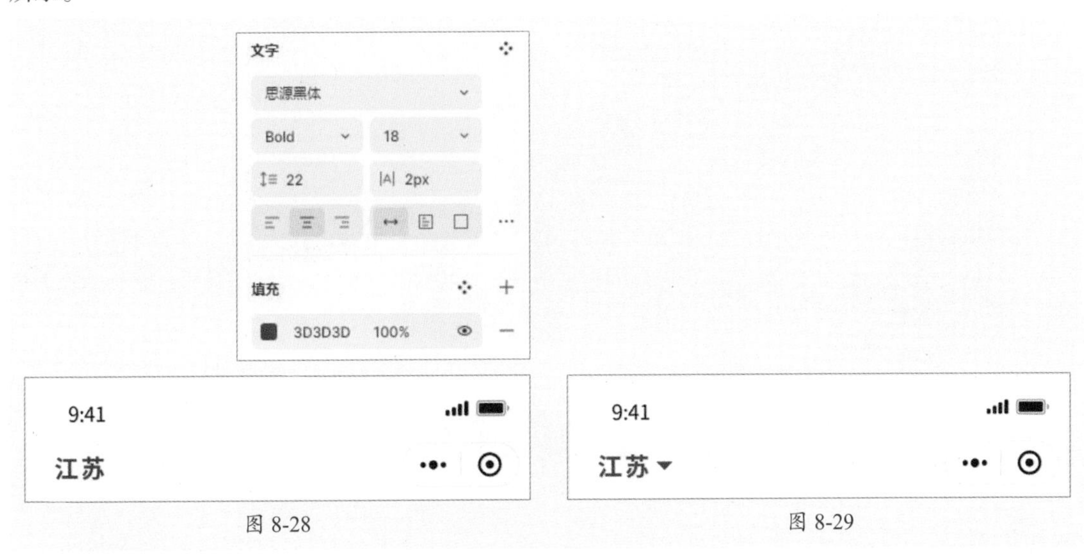

图 8-28　　图 8-29

步骤 05 选择“矩形工具”绘制全圆角矩形，如图8-30所示。

步骤 06 选择图标库中的search应用，使用“文字工具”输入文字，颜色皆为“描边色/描边色辅助”，如图8-31所示。

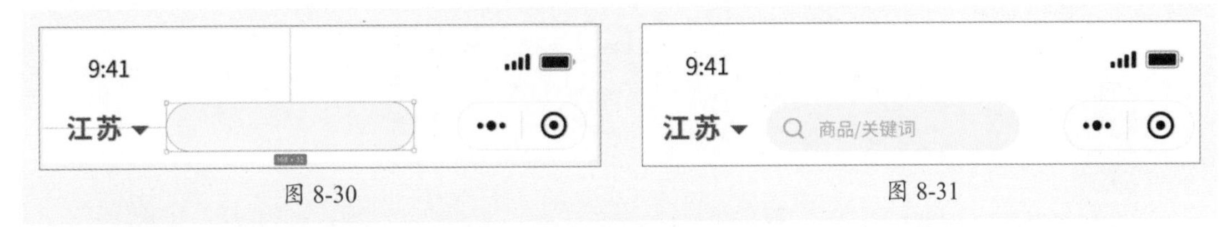

图 8-30　　图 8-31

步骤 07 选择“矩形工具”绘制矩形，如图8-32所示。

步骤 08 将纯色填充更改为图片填充，调整图片显示范围，如图8-33所示。

图 8-32

图 8-33

步骤 09 选择“矩形工具”绘制矩形，填充渐变效果，如图8-34所示。

图 8-34

步骤 10 选择“文字工具”输入文字，按住Alt键移动复制，更改下方文字颜色，如图8-35所示。

图 8-35

步骤 11 继续输入文字，如图8-36所示。

图 8-36

步骤 12 继续输入文字，如图8-37所示。

图 8-37

步骤 13 使用“文字工具”输入文字，更改第二组颜色（描边色/描边色辅助），添加图标，如图8-38所示。

图 8-38

步骤 14 使用“矩形工具”绘制矩形，添加描边和特效（外阴影），如图8-39所示。

图 8-39

步骤 15 继续输入文字，间距为12，其中“全部”和“徐州”为16，其他为14，如图8-40所示。

热门目的地 江苏 查看更多 >

全部 南京 无锡 徐州 常州 苏州 连云港 扬州

图 8-40

步骤 16 复制矩形，删除特效后调整大小，居中对齐，如图8-41所示。

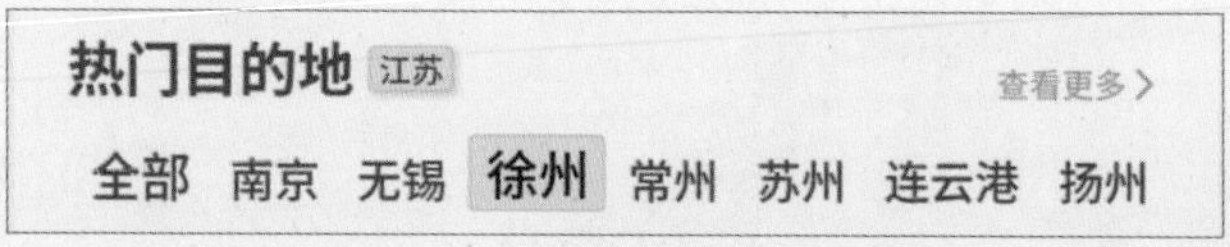

热门目的地 江苏
查看更多 >
全部 南京 无锡 徐州 常州 苏州 连云港 扬州

图 8-41

步骤 17 选择“矩形工具”绘制矩形，“圆角”半径为10，如图8-42所示。

步骤 18 选择“矩形工具”绘制矩形，部分“圆角”半径为10，如图8-43所示。

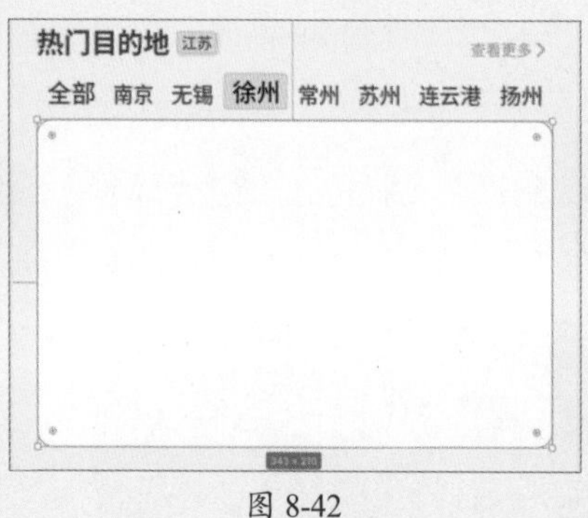

热门目的地 江苏
查看更多 >
全部 南京 无锡 徐州 常州 苏州 连云港 扬州

图 8-42

热门目的地 江苏
查看更多 >
全部 南京 无锡 徐州 常州 苏州 连云港 扬州
文字
Bold
14
0px

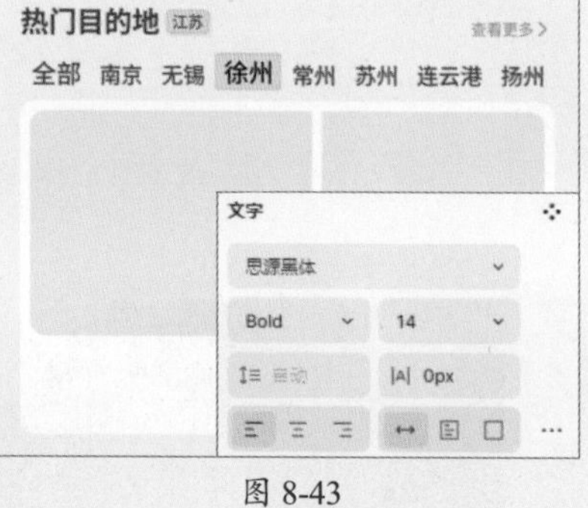

图 8-43

步骤 19 分别填充照片，调整显示范围，如图8-44所示。

步骤 20 选择“文字工具”输入文字，如图8-45所示。

热门目的地 江苏
查看更多 >
全部 南京 无锡 徐州 常州 苏州 连云港 扬州

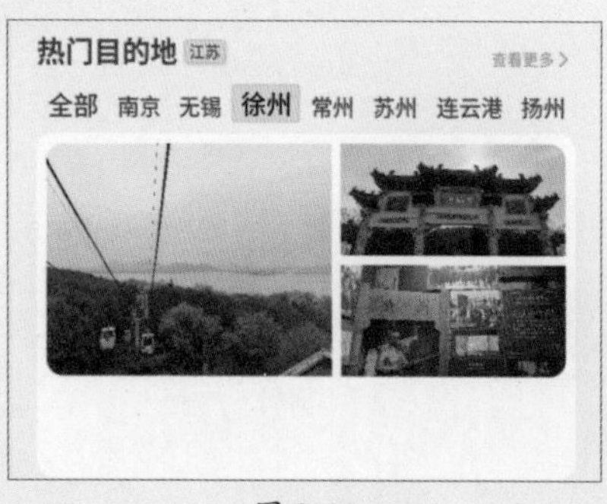

图 8-44

热门目的地 江苏
查看更多 >
全部 南京 无锡 徐州 常州 苏州 连云港 扬州
徐州

图 8-45

步骤 21 继续输入文字，更改字体和颜色，如图8-46所示。

步骤 22 选择“文字工具”输入段落文字，如图8-47所示。

热门目的地 江苏
查看更多 >
全部 南京 无锡 徐州
文字
Regular
12
0px
填充
FFCE0F 100%
徐州
推荐理由：

图 8-46

热门目的地 江苏
查看更多 >
全部 南京 无锡 徐州 常州 苏州 连云港 扬州
徐州
推荐理由：徐州市属温带季风气候，四季分明，是风景旅游城市，有云龙湖、云龙山、户部山、狮子山楚王陵、淮海战役烈士纪念馆等旅游景点。

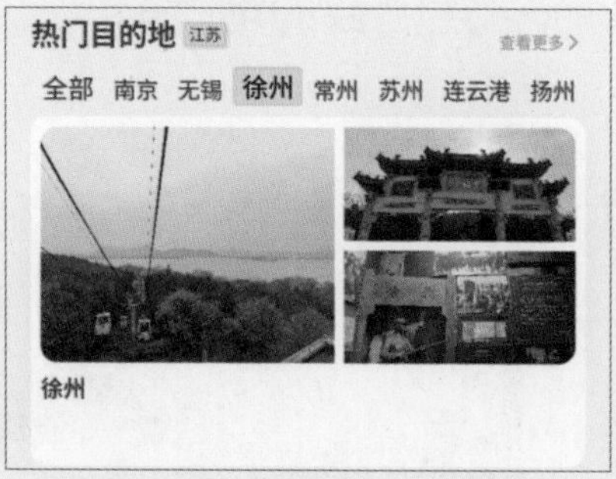

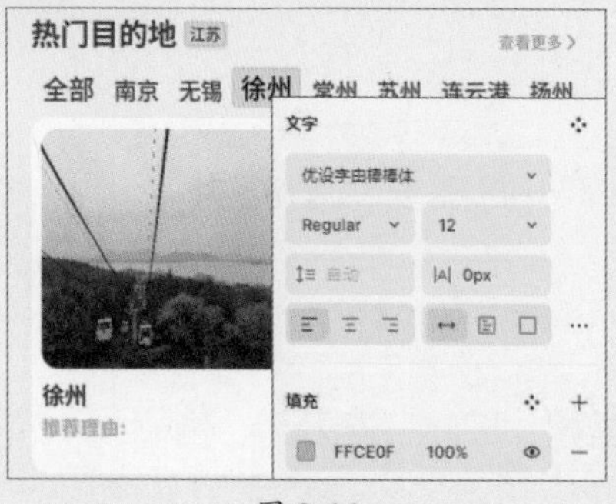

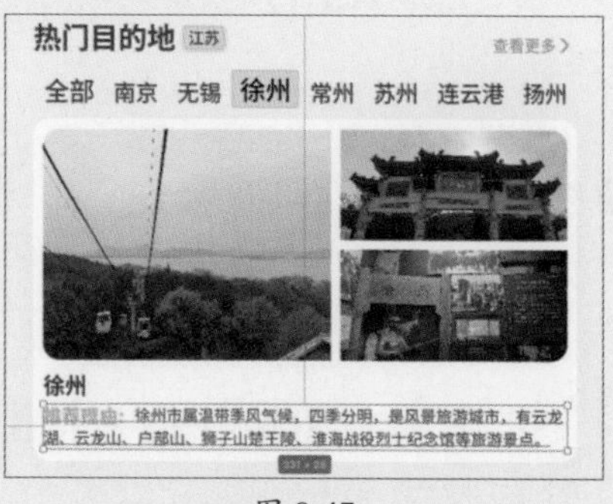

图 8-47

步骤23 选择“文字工具”输入文字，如图8-48所示。

步骤24 选择“矩形工具”绘制矩形，调整“不透明度”为20%，如图8-49所示。

图 8-48

图 8-49

步骤25 复制并更改部分文字，如图8-50所示。

步骤26 选择“矩形工具”绘制矩形，间距各为6，调整图层顺序，如图8-51所示。

图 8-50

图 8-51

步骤27 填充图片，调整显示范围，如图8-52所示。

图 8-52

步骤 28 选择“矩形工具”绘制矩形，调整“圆角”半径参数以及“填充”参数，如图8-53所示。

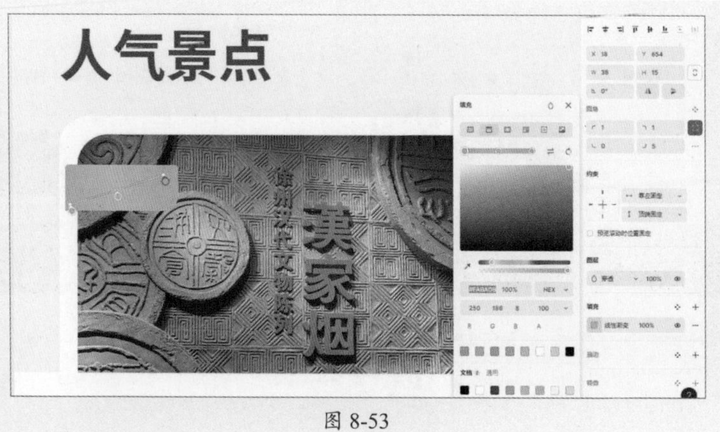

图 8-53

步骤 29 选择“钢笔工具”绘制路径，调整圆角以及“填充”颜色，如图8-54所示。

图 8-54

步骤 30 复制“推荐理由”，更改颜色和文字内容，调整图层顺序，如图8-55所示。

步骤 31 选择图形、路径以及文字，按Ctrl+G组合键创建组，复制后更改文字，如图8-56所示。

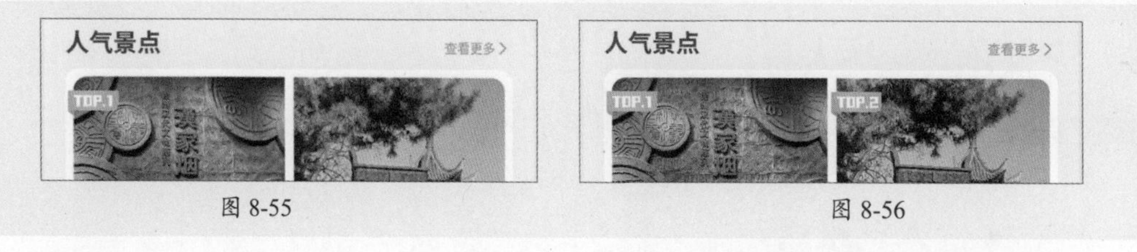

图 8-55　　图 8-56

步骤 32 选择“Tab Bar”选项，取消编组后解绑实例，调整图层顺序，如图8-57所示。

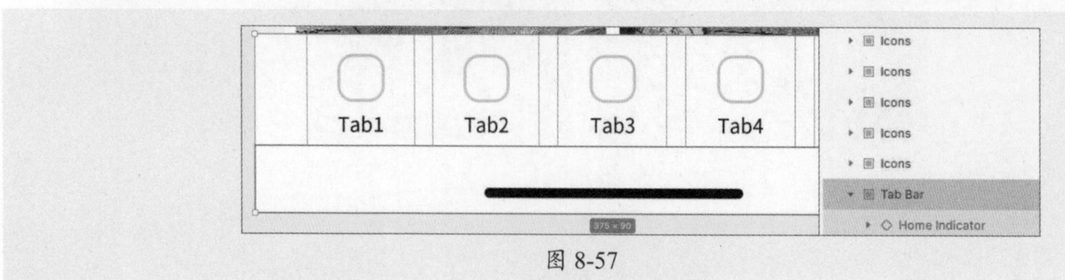

图 8-57

步骤 33 删除Tab4，选中所有的Tab，单击“水平平均分布”按钮[icon]，如图8-58所示。

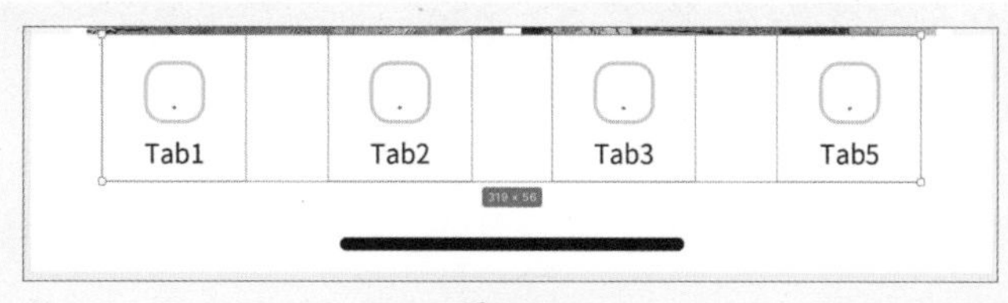

图 8-58

步骤 34 双击Tab1组件，在资源库中找到“home-smile-2-fill”应用，删除原轮廓，添加特效后更改文字为“首页”，如图8-59所示。

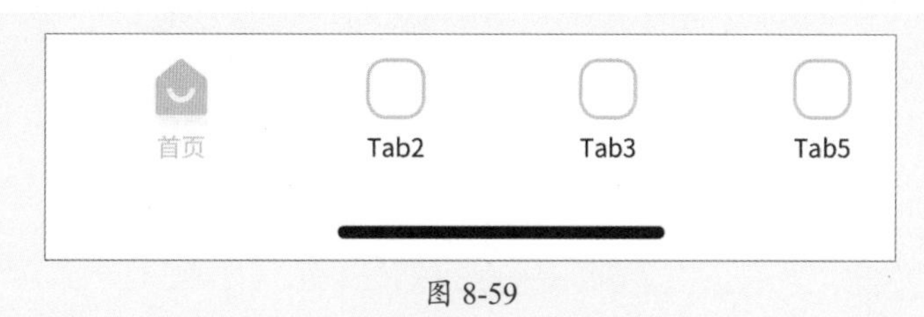

图 8-59

步骤 35 更改Tab2～Tab4的图标和文字，填充颜色为“正文色/正文辅助色”，如图8-60所示。

图 8-60

步骤 36 在“原型”中设置设备模型，如图8-61所示。

步骤 37 点击“预览”按钮[▶]，效果如图8-62所示。

图 8-61

图 8-62

新手答疑

1. Q：小程序和 App 在导航栏的设计上有什么区别？

A：小程序的导航栏右侧有一个固定的胶囊（标题栏），不能去除或编辑，而且在设计时也不能在导航栏上增加其他功能。App则可以自定义导航栏，包括是否保留导航栏、编辑内容以及添加额外功能。

2. Q：小程序和 App 在标签栏的设计上有什么区别？

A：小程序因为平台的原因，有特定的标签栏样式，需要与微信的界面风格保持一致，在设计上更加简洁和直观。App在设计上更加自由和多样化，可以根据需求和设计风格进行设计，更加个性化地展示自己的品牌形象和特色。

3. Q：小程序和 App 在交互方式上有什么区别？

A：小程序的交互方式相对简单，主要通过页面之间的跳转来实现交互，App则可以通过多种方式进行交互，如滑动、长按、拖动等。

4. Q：小程序和 App 在安装使用上有什么区别？

A：小程序用户无须下载安装，直接在平台上搜索或扫描二维码即可使用。App则需要从应用商店下载并安装到手机内存中，然后才能打开使用。

5. Q：小程序和 App 在文本设置上有什么区别？

A：小程序受制于平台，在字体的选择、版式设计方面的自由度相对较低，有特定的文本溢出处理方式与编辑功能。App可以自定义字体，设计自由度较高，可根据需要实现更加丰富的文本编辑功能。

6. Q：小程序和 App 在加载速度上有什么区别？

A：小程序依赖于网络连接，加载速度可能会受到网络条件的影响。App的加载速度快于小程序，部分资源可以本地缓存。

7. Q：小程序和 App 在组件设计上有什么区别？

A：小程序受限于平台提供的组件库，可能无法完全自定义组件大小和样式以适应不同屏幕尺寸。App可以根据实际需求自定义组件，更好地支持响应式设计。

8. Q：小程序和 App 在用户界面设计上有什么区别？

A：小程序受限于平台规定的色彩和样式指南，可能无法根据屏幕尺寸完全自定义UI元素。App可以根据屏幕尺寸调整UI元素的大小、位置和布局，以达到最佳的视觉效果。

UI

第9章 界面的标注、输出与动效制作

界面的标注、输出与动效制作是界面设计中不可或缺的环节，它们需要遵循统一性、清晰性、适度性、可读性和可维护性的原则，以确保界面的质量和用户体验的优秀。本章将对界面标注、界面切图以及动效制作的规范与常用工具等内容进行讲解。

9.1 界面标注

UI标注是指在用户界面设计完成后，对设计稿中各元素的尺寸、颜色、字体等进行标注，以便后期开发人员能更好地还原设计。

9.1.1 界面标注的作用

界面标注的作用主要有以下几个方面。

- **传递设计意图：** 通过标注，设计师能够将自己的设计意图准确地传达给开发人员，确保开发人员能够按照设计稿的要求进行开发。
- **提高开发效率：** 标注可以提供准确的尺寸、位置、颜色等信息，避免开发人员在实现界面时出现误差，从而提高开发效率。
- **保持一致性：** 通过标注，可以确保开发人员按照设计稿的要求进行开发，保持界面的一致性，提供统一的用户体验。
- **便于沟通和协作：** 标注可以作为设计师和开发人员之间沟通和协作的重要工具，减少误解和不必要的沟通成本。

9.1.2 界面标注的内容

UI标注的内容通常包括间距、位置、尺寸、文字、颜色等，如图9-1所示。

图 9-1

- **文字标注：** 标注文字的字号大小、粗细、颜色、不透明度等属性。
- **图标标注：** 标注图标的尺寸、形状、颜色等属性。
- **背景标注：** 标注背景颜色、不透明度等属性。
- **间距标注：** 标注各元素之间的间距，包括图标与文字之间、列表项与列表项之间等。
- **特殊状态标注：** 标注特殊状态下的元素属性，如按压状态、无效状态、选中状态等。

知识点拨

若使用标注工具或插件进行界面标注，应确保工具或插件的样式设置一致，包括线条样式、标记符号、背景色等。

9.1.3 界面标注的规范

界面标注时也要注意标注格式和样式的统一，例如字体大小、颜色、位置等，以提高标注的可读性和易用性。还要避免使用模棱两可或产生歧义的词汇以及表达方式，确保标注的准确性和清晰度。以下是一些常见的界面标注规范。

1. 尺寸标注

尺寸标注主要标注的是需要告知尺寸的内容，例如图标、图片、头像等。对于有圆角的地方，需要将圆角半径标出。对于部分控件，需要标注其状态，例如按压状态、无效状态。在适配情况下，图片需要标注比例，按钮则需要标出两边的间距，让整个按钮的宽度可以自适应，如图9-2所示。

图 9-2

2. 文字标注

文字标注的内容包括字体、字号、行高、颜色、不透明度、文字方向等，如图9-3所示。可以根据需要与开发人员进行沟通，对一些内容进行删减。

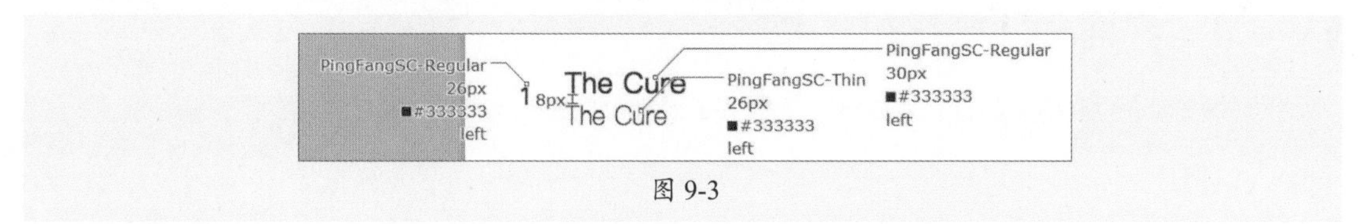

图 9-3

3. 间距标注

间距标注主要是标注元素之间的距离，以确定元素之间的相对位置，如图9-4所示。在进行间距标注时，设计师需要充分考虑各种因素，并与开发人员进行充分的沟通和协调，以确保标注的规范性和可实现性。

图 9-4

4. 颜色标注

标注颜色的内容有分割线颜色、背景色、按钮颜色等，如图9-5所示。

图 9-5

除了以上几点，还需要注意以下事项。

- **标注要统一规范：** 对于一些通用的控件，如按钮、输入框等，需要进行统一标注，以避免出现不同设计师标注不规范的情况。
- **标注要与开发人员沟通：** 标注的内容需要与开发人员进行充分的沟通和协调，以确保标注的规范性和可实现性。
- **标注要有针对性：** 对于不同的平台和设备，需要给出相应的标注，以确保界面在不同平台和设备上都能够呈现出最佳的效果。
- **标注要注重细节：** 对于一些细节的标注，如颜色、字体、间距等，需要注重细节的标注，以确保界面的整体效果和质量。
- **标注要有良好的用户体验：** 标注的内容需要考虑用户体验，以确保用户能够方便快捷地使用界面。

9.1.4 界面标注的常用工具

在对界面进行标注时，可以使用以下工具快速标注。

1. PxCook

PxCook是一款全能的切图设计工具软件，支持自动标注、智能标注、单位换算、切图协作等功能，适用于UI设计和开发团队。PxCook的优点在于将标注、切图这两项设计完稿后集成在一个软件内完成，支持Windows和macOS双平台，并且标注功能包括长度、颜色、区域、文字注释等。图9-6所示为PxCook工作界面。

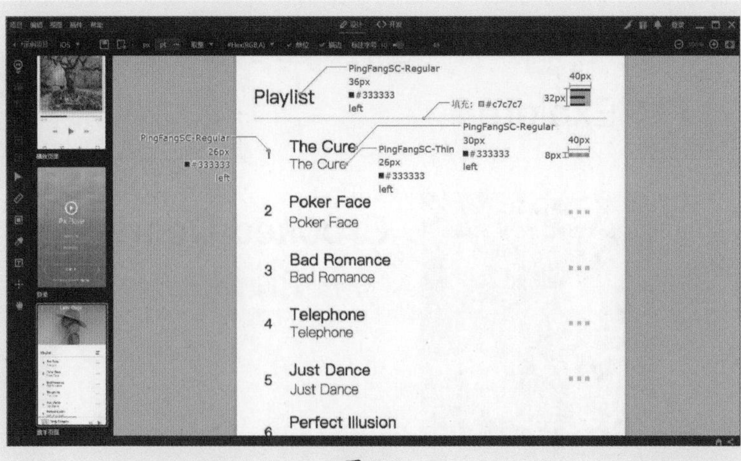

图 9-6

2. Markman

Markman是一款高效的设计稿标注、测量工具，并支持导出标注信息为txt或csv格式，适合UI设计师和前端开发者使用。Markman还支持在macOS和PC平台上使用，除了界面各种尺寸的测量，色彩的标注也能轻松实现，并且支持十六进制和RGB色值标注，如图9-7所示。

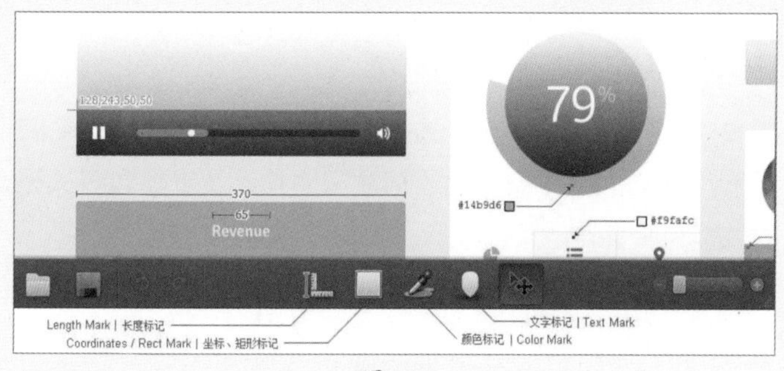

图 9-7

3. 摹客

摹客专注于一站式的产品设计和协作，同时支持Sketch、Photoshop、Adobe XD、Figma自动切图与标注。摹客可以智能生成标注，还可以手动补充标注内容，更加准确地传达设计要求，还有多种辅助工具，轻松查看标注细节，如图9-8所示。

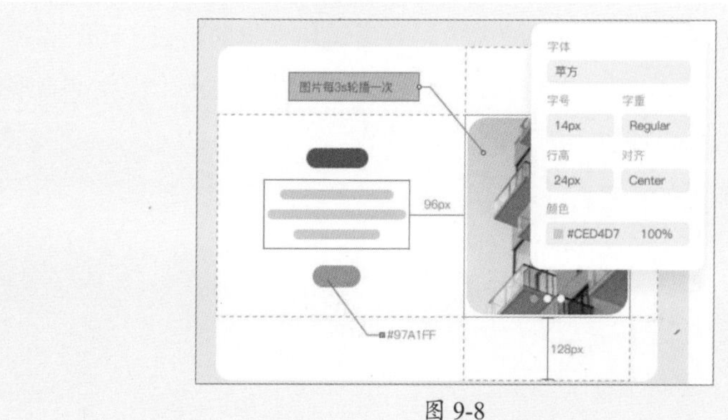

图 9-8

9.2 界面的切图

界面切图是指在移动应用或网站的设计中，将界面元素切割成多个小图片的过程。这些小图片通常是不同尺寸和分辨率的图像资产，用于在不同的设备和平台上显示。

9.2.1 界面切图的原则

在进行界面切图时，需要遵循以下原则。

- **准确性：** 准确地反映设计图中的元素和结构，确保图像的准确性。
- **清晰度：** 切片具有足够的清晰度，以便在各种设备和平台上清晰地显示。
- **命名规范：** 切图的命名应该规范、简洁、易于理解，以便开发人员快速找到所需的图像资源。

- **适配性：** 切图应该适配不同的设备和屏幕尺寸，以确保在不同平台上显示效果的一致性。
- **压缩优化：** 切图应该进行压缩和优化，以减小文件大小，提高加载速度和用户体验。
- **格式规范：** 切图的格式应该规范、标准，以便在不同的操作系统和浏览器中正确地显示和加载。

9.2.2 界面切图的要点

在界面切图前需要注意充分了解需求、选择合适的工具和格式、调整大小和分辨率、命名规范、适配不同设备和屏幕尺寸、压缩优化、标注和注释以及审核和测试等要点。这些要点的遵循可以提高切图的效率和质量，以及提高产品的用户体验和性能。

1. 输出格式

切图输出的格式有JPEG、PNG、SVG三种格式。

- JPEG：有损压缩格式，文件较小，适合网络传输和手机端显示。
- PNG：无损压缩格式，支持不透明度属性，适合在网页中使用。
- SVG：可缩放矢量图形格式，适合在网页中显示各种尺寸的图像，包括图标和背景等。

2. 尺寸大小

界面切片的尺寸需要根据具体的场景和设计需求确定。界面切片的大小建议使用偶数，可以保证最佳的设计效果，避免出现0.5像素的虚边。界面切片导出的倍数主要是根据设计稿的尺寸来决定的。一般来说，对于不同设备屏幕分辨率和显示效果的要求，需要准备多套切图，包括@1x、@2x和@3x等尺寸。图9-9所示为iOS切图示意图。

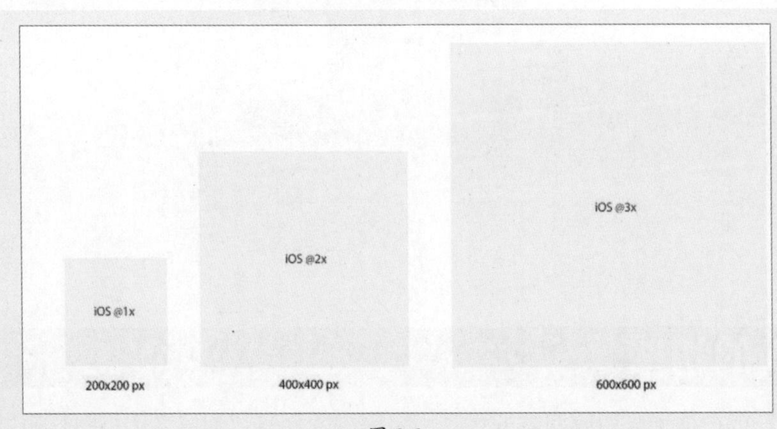

图 9-9

知识点拨

如果输出格式为JPEG，那么切图的尺寸大小与设计稿的尺寸相同；如果输出格式为PNG或SVG，那么切图的尺寸大小可以是设计稿尺寸的一半或等比例缩放。

3. 压缩大小

界面切图压缩需要在保证图像质量和显示效果的前提下进行，不能过度压缩导致图像失真或模糊。同时，需要根据实际情况选择合适的压缩方法和工具，以达到最佳的压缩效果。

- **压缩格式：**对于界面切图，应选择合适的压缩格式，如JPEG、PNG等，以保证图像质量和减小文件大小。
- **调整图像质量：**可以根据需要调整图像的质量，以进一步减小文件大小。需要注意的是，过度压缩图像会导致图像失真或模糊。
- **压缩图标和背景图片：**对于界面中的图标和背景图片，可以使用矢量图形来代替位图图像，以减小文件大小。
- **优化图片分辨率：**可以根据实际需要调整图片的分辨率，以减小文件大小。
- **使用图片压缩工具：**可以使用图片压缩工具（如TinyPNG、JPEGmini等）来自动识别和压缩图片，同时保持相对较好的图像质量。

9.2.3 界面切图的命名规范

切图的命名没有统一的规范，不同的工程师有着自己不同的命名规范和命名习惯，在切图前需和开发人员进行沟通，切图命名一般为小写英文名字+下画线，常用的命名规则为模块_类别_功能_状态@倍数.png。

- **模块：**指页面中的部分区块，也可以表示背景图等。通过这种方式，开发者可以很清楚地知道每张图片在页面中的位置和作用。
- **类别：**表示图标的类型，可以是不同类型的按钮、标签、图标等。通过这个部分，开发者可以快速地识别出图片的类型。
- **功能：**指需要操作或点击的某个点，例如按钮、表单等。通过这个部分，开发者可以了解图片的功能，从而更好地理解其在软件中的作用。
- **状态：**表示当前切图的状态区分，例如默认状态、点击时状态等。这个部分可以帮助开发者理解不同状态下图片的显示效果。
- **倍数：**表示切图的尺寸比例，例如@1x、@2x、@3x等。

常见的切图命名可参考表9-1～表9-6。

表9-1 界面命名

主程序	app	发现	find
首页	home	个人中心	personal center
软件	software	活动	activity
游戏	game	控制中心	control center
联系人	contacts	邮件	mail
锁屏	lock sereen	设置	setting

表9-2 系统控件

状态栏	status bar	分段控制	segmented contro
导航栏	navigation bar	弹出视图	popovers
标签栏	tar bar	编辑菜单	edit menu
工具栏	tool bar	滑杆	sliders

（续表）

搜索栏	search bar	选择器	popovers
表格视图	table view	弹窗	popup
提醒视图	alert view	扫描	scanning
活动视图	activity view	开关	switch

表9-3 功能命名

确定	ok	选择	select
默认	default	下载	download
取消	cancel	加载	loading
关闭	close	安装	install
最小化	min	卸载	uninstall
最大化	max	搜索	search
菜单	menu	暂停	pause
添加	add	后退	back
继续	continue	更多	more
删除	delete	更新	update
导入	import	发送	send
导出	export	重新开始	restart
查看	view	等待	waiting

表9-4 资源类型

图片	image	勾选框	checkbox
图标	icon	下拉框	combo
按钮	button	单选框	radio
静态文本框	label	进度条	progress
编辑框	edit	树	tree
列表	list	动画	animation
滚动条	scroll	按钮	button
标签	tab	背景	background
线条	line	标记	sign
蒙版	mask	播放	play

表9-5 常见状态

普通	normal	已访问	visited
按下	press	禁用	disabled
悬停	hover	完成	complete
获取焦点	focused	默认	default

（续表）

点击	highlight	选中	selected
错误	error	空白	blank

表9-6 位置排序

顶部	top	第二	second
中间	middle	最后	last
底部	button	页头	header
第一	first	页脚	footer

知识点拨

所有命名只能为小写英文字母，单词较长时可取前三个字母，例如navbar取nav。

9.2.4 界面切图的常用工具

界面切图工具可以根据个人需求和习惯进行选择，常见的工具包括Photoshop、Illustrator、Sketch、PxCook、Cutterman等。

- **Photoshop：** 最常用的图像处理软件之一，可以用于界面设计和切图输出。功能强大，可以满足多种需求。
- **Illustrator：** 矢量软件，可以无损失放大图片，适用于制作各种图标和界面设计。
- **Sketch：** 专门为UI设计的软件，适合新手使用，且具有强大的插件库和设计社区支持，可以快速完成界面设计和切图输出。
- **PxCook：** 切图设计工具软件，支持PSD文件的文字、颜色、距离自动智能识别。
- **Cutterman：** 运行在Photoshop中的插件，能够自动将需要的图层进行输出，以代替传统的手工“导出Web所用格式”以及使用切片工具进行切图的烦琐流程。支持各种各样的图片尺寸、格式、形态输出，方便在PC、iOS、Android等端上使用，如图9-10所示。

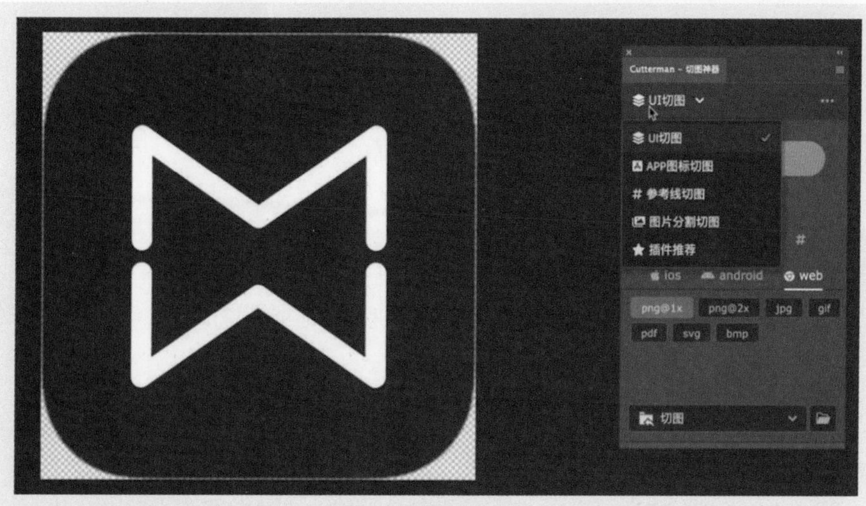

图 9-10

9.3 界面的动效制作

界面动效是指在用户界面中加入动态效果，以增强用户体验和交互性。

9.3.1 界面动效的属性

任何类型的动效都包含时长、曲线、帧率三大基本的动效属性。

1. 时长

动效的时长是指一个动效从开始到结束所持续的时间，如图9-11所示。时长的选择可以根据实际需求和效果来决定。

图 9-11

动效设计的时长单位一般使用毫秒（ms）表示，1秒等于1000毫秒。在帧率（fps）为60的环境下，1帧=16.67毫秒。下面举例说明不同类型特效的时长。

- **简单动画：**例如选中，前后状态只通过颜色动效来实现，时长为100毫秒。
- **复杂动画：**例如旋转图标，时长为300毫秒。
- **小范围内运动：**例如开关图标动效，时长为150毫秒。
- **局部范围内运动：**例如滑动删除列表，时长为200毫秒。
- **全屏范围内运动：**例如打开一张图片，时长为350毫秒。

2. 曲率

曲线是描述动效中元素运动轨迹的参数。通过调整曲线，可以控制动效中元素的速度和加速度，以达到期望的运动效果。曲率越大，曲线越弯曲，运动速度变化越快，反之则越平缓。

- **标准曲线：**运动前后始终在用户视线范围内的物体，符合物体启动和停止的真实规律。例如图片缩放、Tab切换、Switch开关等。
- **加速曲线：**适用于原本在视线中的物体，需要消失或出场，逐渐加速符合退场行为特征，例如窗口出现、卡片删除等。
- **减速曲线：**适用于从视线中新出现的物体，结束时通过相对较长的缓冲让人眼适应运动变化，例如弹框出现等。
- **弹性曲线：**适用于进行跟手运动的对象，或是需要表现弹簧特性的对象，例如列表上下滚动、桌面左右翻页、手势上滑退出应用等。

3. 帧率

帧率是指动画每秒播放的帧数，直接影响动画的流畅度和清晰度。高帧率可以使动画更加流畅和清晰，但同时也需要更多的计算资源和存储空间。低帧率则可能导致动画卡顿和模糊。

9.3.2 界面动效的作用

在界面设计中使用动效可以提升用户体验、增强品牌形象、增加趣味性、优化交互流程以及提升产品性能。在设计时也要考虑实现成本和性能问题，以确保动效的稳定性和兼容性。

- **提升用户体验：**动效能够提供视觉反馈，引导用户进行操作，使用户感到更加自然和舒适，提高操作效率和准确性。例如，在用户进行点击操作时，动效可以展示一个弹跳效果。

- **增强品牌形象：** 通过在界面设计中使用动效，可以更好地传递品牌理念与表达品牌特色。例如，在产品的LOGO或启动画面中加入动效，可以展示品牌的独特性和创意性，提高品牌形象和认知度。
- **增加趣味性：** 动效的加入可以使界面变得更加有趣和富有创意，增强用户的互动性和参与感，使用户更加喜欢和享受与产品交互的过程。例如，在用户进行拖曳时，可以展示一个拖曳轨迹或橡皮筋的效果。
- **优化交互流程：** 动效可以帮助用户更好地理解界面之间的转换和层级关系，使用户更加轻松地掌握产品的使用方法和操作流程。例如，在页面切换时，通过加入平滑的过渡效果，如淡入淡出、滑动等，使界面之间的转换更加自然流畅。
- **提升产品性能：** 通过优化动效的性能，可以提高产品的响应速度和流畅度，提升用户体验和产品性能。例如，减少动效的数量和复杂度，以提高产品的加载速度和响应时间。

9.3.3 界面动效的类型

界面动效的类型包括但不限于以下几种。

1. 转场过渡

转场过渡动效主要应用于界面之间的切换和跳转，通过平滑的过渡效果，使用户感到界面之间的转换更加自然流畅。转场过渡的表现形式主要有以下几种。

- **渐变过渡：** 通过渐变效果将一个场景平滑过渡到另一个场景。
- **滑动过渡：** 通过横向或纵向滑动操作切换到不同的页面或功能。
- **旋转过渡：** 通过旋转效果实现转场过渡，常用于展示重要信息或突出某个功能。
- **缩放过渡：** 通过缩放效果实现转场过渡，可以将用户的视线从一个场景聚焦到另一个场景。常用于不同层级信息的切换，使用户能够清晰地了解当前所处的信息层级。
- **翻页过渡：** 通过模拟翻页效果实现转场过渡，给用户一种类似于阅读书籍的体验。常用于电子书、文档等需要频繁翻页的场景，增强用户的沉浸感。
- **闪烁过渡：** 通过闪烁效果实现转场过渡，可以给用户一种瞬间的、切换的感觉。常用于需要快速切换的场景，如游戏、视频等。

图9-12～图9-14所示为横向滑动效果。

2. 层级展示

在界面动效中，层级展示的要点在于清晰地表达元素之间的逻辑关系和层级关系，同时通过过渡效果和交互行为来增强用户的体验和感知。层级展示的表现形式主要包括以下几个方面。

- **不透明度变化：** 通过改变元素的不透明度来展示其层级关系。例如，当光标滑过一个元素时，该元素不透明度增加，而其他元素不透明度降低，从而突出显示当前操作的元素。
- **大小变化：** 通过改变元素的大小来展示层级关系。主要的元素会放大显示，而次要的元素会缩小，以此来强调主要信息。
- **动态弹出：** 当用户点击或滑动到某个元素时，该元素可以以动态弹出的方式展示，表明它处于当前层级。

图 9-12

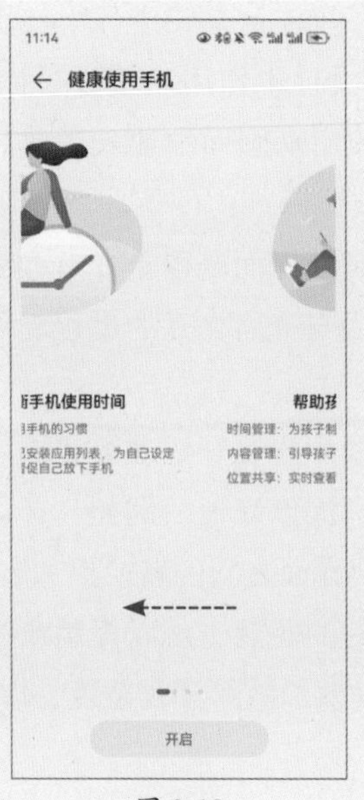

图 9-13

图 9-14

- **色彩对比**：通过改变元素的色彩对比度来强调其层级。重要的元素会使用更显眼的颜色，其他元素则使用较为柔和的色彩。
- **阴影和描边**：通过给元素添加阴影或描边效果，可以强调其层级关系。例如，主要的元素可以有更明显的阴影或描边，从而与其他元素形成对比。
- **Z轴变化**：在三维空间中，通过改变元素在Z轴上的位置来展示其层级关系。离用户视线更近的元素会显得更大、更突出。
- **元素叠加**：通过元素的叠加关系来展示层级，主要信息通常会被放置在最上层，次要信息则会被放置在下层。

图9-15～图9-17所示为大小层级变化。

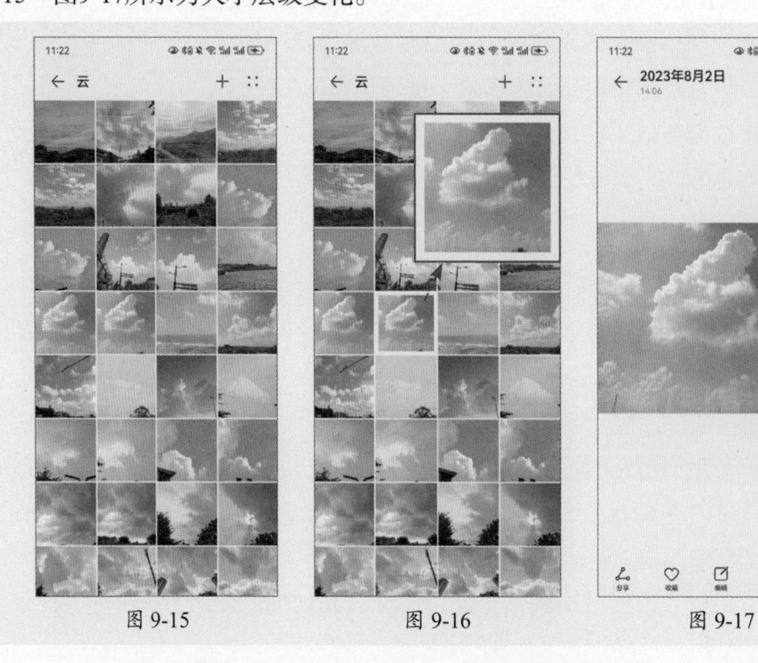

图 9-15　　图 9-16　　图 9-17

3. 空间扩展

空间扩展类动效主要是通过折叠、翻转、缩放等形式扩展附加内容的存储空间，以渐进展示的方式来呈现内容的变化。空间扩展的表现形式主要有以下几种。

- **折叠、翻转：** 由于屏幕空间有限，可以通过折叠、翻转等形式扩展附加内容的存储空间，以渐进展示的方式来减轻用户的认知负担。
- **缩放：** 通过缩放可以改变内容的大小，以便更好地呈现信息的层次结构和重点。
- **动态展示：** 动态展示可以吸引用户的注意力，同时增强界面的空间感和立体感。
- **3D旋转：** 通过3D旋转效果可以增强界面的空间感和立体感，使内容呈现得更加生动和形象。

图9-18所示为应用折叠动效的效果。

图 9-18

4. 聚焦关注

通过元素的动作变化，提醒用户关注特定内容信息。这种提醒方式不仅可以降低视觉元素的干扰，还能在用户使用过程中，轻盈自然地吸引用户注意力。下面是界面动效聚焦关注的常见方式。

- **放大突出：** 将需要关注的内容放大、加粗或高亮显示。
- **颜色区分：** 改变需要关注内容的颜色或背景色。
- **形状变化：** 改变需要关注内容的形状或轮廓。
- **动态效果：** 通过添加动画、渐变、旋转等动态效果来吸引用户的注意力，同时提醒用户关注特定的内容。
- **声音提示：** 添加点击声音、提示音等声音效果来提示用户关注特定的内容。
- **光影效果：** 添加高亮显示、阴影增强等光影效果来强调需要关注的内容。
- **3D旋转：** 通过3D旋转效果来吸引用户的注意力，同时强调需要关注的内容。

图9-19所示为用颜色区分“关注”前后的效果。

图 9-19

5. 内容呈现

按照一定的秩序规律逐级呈现内容元素，引导用户视觉焦点走向，帮助用户更好地感知页面布局、层级结构和重点内容。内容呈现的表现形式主要有以下几种。

- **文字呈现：** 通过选择合适的字体、字号、颜色和排版等，可以有效地传达信息并引导用户的视觉焦点。
- **图像呈现：** 通过使用合适的图片、图标和插图等，可以直观地展示内容，加深用户的理解和记忆。
- **视频呈现：** 通过使用短视频、教程视频或宣传视频等，可以吸引用户的注意力并提高他们的参与度。
- **音频呈现：** 使用背景音乐、音效或旁白等来增强用户的沉浸感和体验。
- **交互式呈现：** 通过结合动画、交互动画和交互设计等方式，将内容以更加动态和交互的方式呈现给用户。
- **虚拟现实呈现：** 通过头戴式显示器、手柄等设备，使用户能够身临其境地感受和操作界面中的内容。

图9-20～图9-22所示为图像和文字图像呈现的引导动效效果。

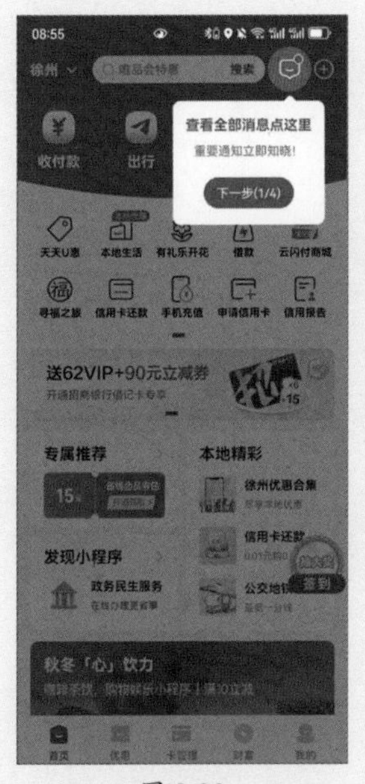

图 9-20

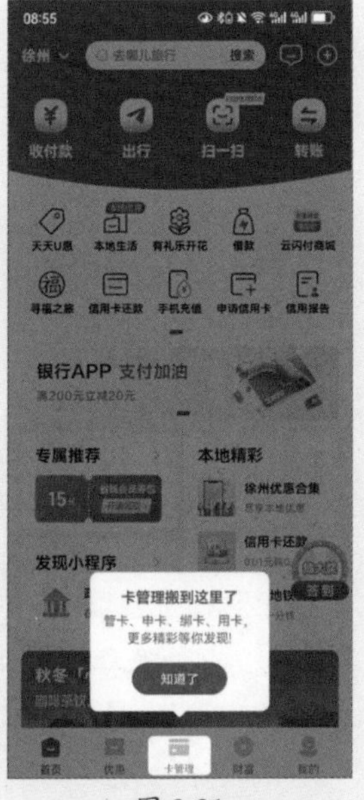

图 9-21

图 9-22

6. 操作反馈

在用户进行点击、拖曳、滑动等操作时，系统都应即时反馈，以视觉或动效的方式展现，帮助用户了解当前系统对交互过程的响应情况。

- **点击反馈：**用户点击界面元素时，给予反馈。例如按钮的形状变化、颜色改变或微小的位移等。
- **拖曳反馈：**用户拖动界面元素时，元素会产生跟随移动和拖动手势的视觉反馈，例如元素的形状变化、大小调整或不透明度改变等。
- **滑动反馈：**用户滑动界面元素或屏幕时，元素会产生平滑移动和滑动效果的视觉反馈，例如列表的滚动、图片的平滑移动或页面的切换等。
- **输入反馈：**用户在输入框中输入文本时，输入框中的文本会产生变化，并伴随输入效果的视觉反馈，例如输入框的光标闪烁、文本自动补全或输入错误的提示等。
- **加载反馈：**用户进行网络请求或加载数据时，会出现加载指示器的变化和数据加载的视觉反馈，例如转圈动画、进度条的移动或数据加载的动态效果等。

图9-23所示为点击前后效果。

图 9-23

9.3.4 动效制作的常用工具

动效制作的常用工具有Photoshop、Illustrator、After Effects、Sketch、Flinto等。

- **After Effects：**简称AE，适用于制作网页交互动画、3D转换效果、动画效果等，功能强大，可以模拟真实的运动效果。图9-24所示为AE工作界面。

- **Sketch**：适用于制作UI动效，能够轻松制作出精美的交互动画和过渡效果。
- **Flinto**：一款轻巧而全面的原型制作和UI动画工具，设计师为应用程序和Web创建交互式和动画原型提供了动画工具，供设计人员快速创建基于过渡的动画。

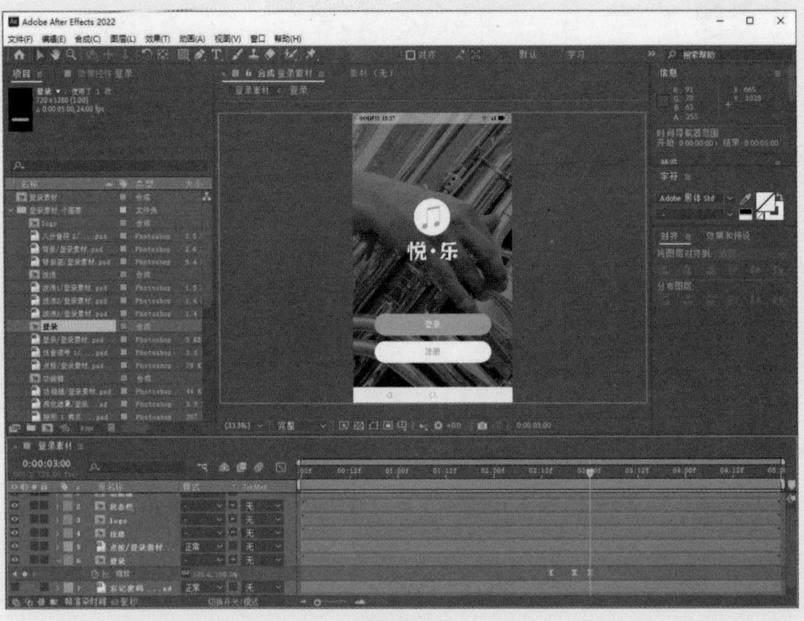

图 9-24

案例实战：标注App登录界面

本案例将用前面所学的知识标注App登录界面。涉及的知识点有项目的创建、参数的设置、区域的标注、文本的标注、间距的标注、矢量图层样式的标注以及导出等。下面介绍具体的标注方法。

步骤 01 打开PxCook，单击右上角的“新建项目”按钮，在弹出的对话框中设置参数，如图9-25所示。

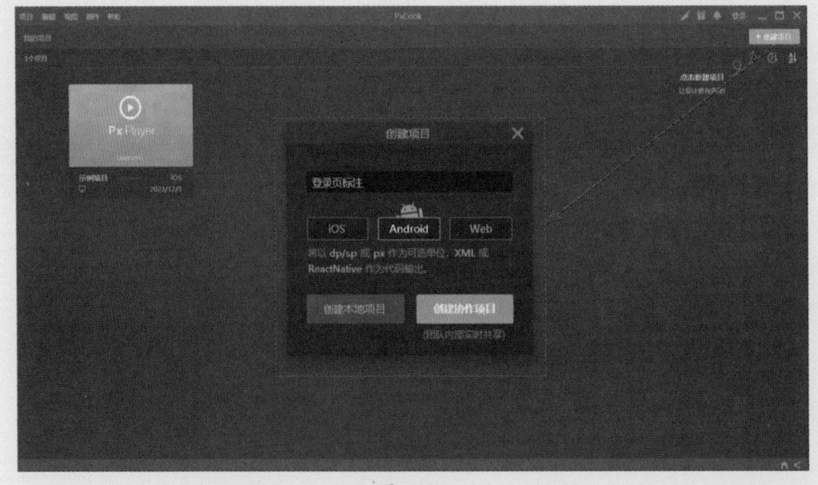

图 9-25

步骤 02 单击“创作本地项目”按钮，将素材文档拖曳至PxCook中，如图9-26所示。

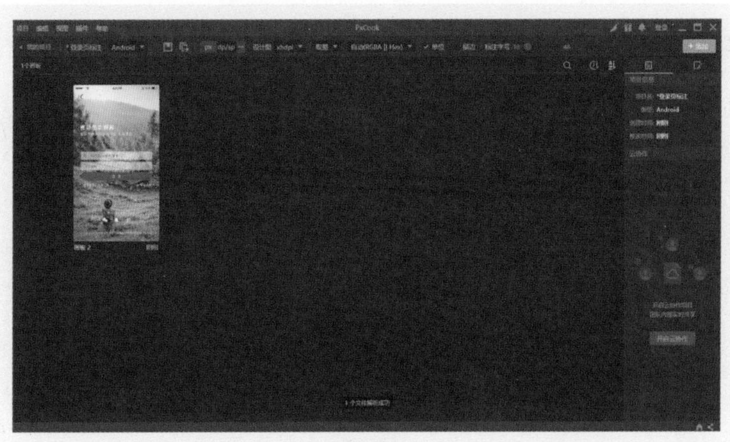

图 9-26

步骤 03 双击打开画板，设置设计图为xxhdpi，如图9-27所示。

图 9-27

> **知识点拨**
>
> PSD、PNG以及JPEG格式文档可直接拖曳至PxCook中。

步骤 04 选择图标，在左侧依次单击“智能标注”按钮和“生成区域标注”按钮，如图9-28所示。

图 9-28

步骤 05 继续选择图标，生成区域标注，如图9-29所示。

图 9-29

步骤 06 向下拖动，继续选择图标生成区域标注，如图9-30所示。

图 9-30

步骤 07 选择文字，在左侧依次单击“智能标注”按钮和“生成文本样式标注”按钮，调整显示位置和颜色，如图9-31所示。

图 9-31

步骤 08 继续选择文字，生成文本样式标注，如图9-32所示。

步骤 09 向下拖动，继续选择文字，生成文本样式标注，如图9-33所示。

步骤 10 选择矩形，在左侧依次单击“智能标注”按钮和“矢量图层样式标注”按钮，调整显示颜色，取消勾选“填充颜色”和“描边颜色”，勾选“自定义备注”按钮后添加备注，如图9-34和图9-35所示。

图 9-32

图 9-33

图 9-34

图 9-35

步骤 11 选择全圆角矩形，生成矢量图层样式标注，取消勾选“自定义备注”，勾选“填充颜色”，如图9-36所示。

图 9-36

步骤 12 单击“距离标注”按钮，拖动创建距离标注，如图9-37所示。

图 9-37

步骤 13 继续创建距离标注，如图9-38所示。

图 9-38

步骤 14 向下拖动，继续创建距离标注，如图9-39所示。

图 9-39

步骤 15 执行“项目”|“导出标注图”|“当前画板”命令，在弹出的对话框中设置参数，如图9-40所示。

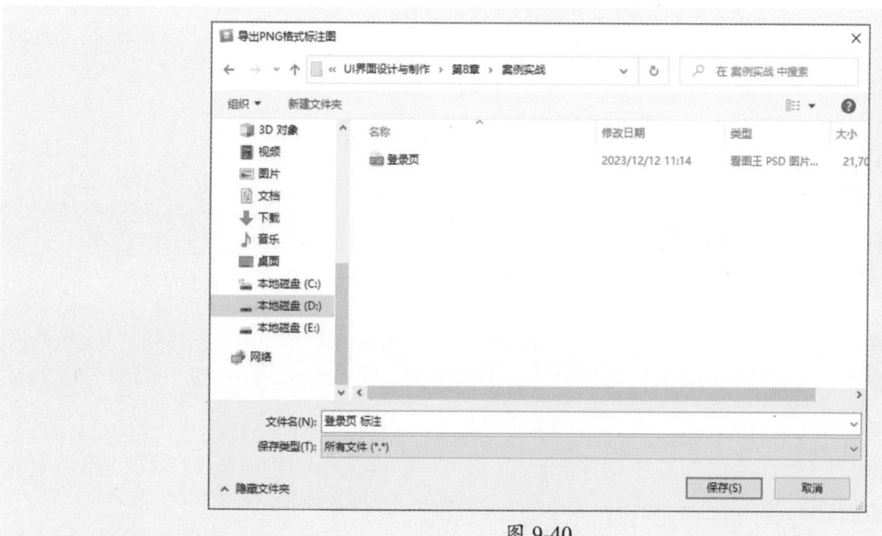

图 9-40

步骤 16 关闭该文档，在弹出的对话框中选择保存项目，如图9-41所示。

图 9-41

新手答疑

1. Q：界面中所有内容都需要标注吗？

A：不一定。标注的主要目的是便于工程师将其还原，在标注前设计师应和工程师沟通交流，选择合适的标注方法。在标注时相同或相似的页面标注一次即可；标注尺寸时，根据适配原则标注尺寸或间距即可。

2. Q：界面中所有元素都需要切图吗？

A：不是。只有没有办法通过代码实现的内容才需要切图，如图片、按钮、图示等，文字、卡片背景、线条及标准的几何图形不需要提供切图，直接使用系统原生的设计元素修改参数即可。具体可以和工程师沟通后再进行切图。

3. Q：切图应切几套？

A：一般来说，iOS系统中需要切3套图，分别为@1x、@2x和@3x，以与不同系统进行适配；Android系统的尺寸较多，需要切图的套数也多，一般包括mdpi、hdpi、xhdpi、xxhdpi、xxxdpi等。

4. Q：切图输出后图片较大怎么办？

A：图片过大的话，用户在使用时就会出现加载过慢等问题，若切图输出的图片较大，可以通过压缩软件将其压缩，或转存处理。

5. Q：UI 动效的应用范围有哪些？

A：UI动效在用户体验设计中的应用范围非常广泛，可以用来增强视觉效果、提升交互性和改善用户感知，包括但不限于以下几个方面。

- **交互反馈**：UI动效可以提供用户操作的反馈，如按钮点击效果、滑动效果等，增加用户与界面的互动性。
- **加载状态**：通过动效展示加载状态，可以让用户了解当前的操作进度，缓解等待的焦虑感。
- **导航切换**：UI动效可以在用户切换导航或页面时提供流畅的过渡效果，帮助用户更好地理解页面结构和内容。
- **信息展示**：通过动态展示信息，如弹出窗口、下拉菜单等，可以吸引用户的注意力，提高信息的传递效率。
- **品牌宣传**：具有品牌特色的UI动效可以提升品牌的认知度和形象，增强用户对品牌的印象。
- **游戏娱乐**：游戏中的UI动效可以增加游戏的趣味性和互动性，提高用户体验。